经典实例学设计

AutoCAD 2015 建筑设计与制图

刘建东　余健文　等编著

机械工业出版社

本书基于 AutoCAD 2015 中文版编写，全书分为 13 章，依次介绍了 AutoCAD 2015 的基本绘图方法、基本编辑方法、图块的应用、尺寸标注方法、文字与表格的创建与处理、建筑平面图、立面图、剖面图、建筑详图、建筑装饰图的绘制以及三维基础图形的创建与渲染等内容。

本书在讲解中力求紧扣操作，语言简洁，避免冗长的解释说明，使读者能够快速了解 AutoCAD 2015 的使用方法和操作步骤；在绘制建筑图样的过程中，严格遵照《建筑制图标准》的要求，使读者在练习的过程中不仅能够掌握 AutoCAD 2015 的基本应用，而且能够对建筑制图的常用国家标准有所认识，从而在学完本书之后就能绘制出合格的建筑图样。

本书既可作为 AutoCAD 软件初学者的学习教程，也可作为各大中专院校、教育机构 AutoCAD 课程的培训教材，也可作为建筑设计等领域从业者的参考用书。

图书在版编目（CIP）数据

AutoCAD 2015 建筑设计与制图/刘建东等编著 . —北京：机械工业出版社，2015.1

（经典实例学设计）

ISBN 978-7-111-48839-2

Ⅰ. ①A… Ⅱ. ①刘… Ⅲ. ①建筑制图-计算机辅助设计-AutoCAD 软件
Ⅳ. ①TU204

中国版本图书馆 CIP 数据核字（2014）第 290188 号

机械工业出版社（北京市百万庄大街 22 号 邮政编码 100037）
责任编辑：李馨馨 吴晋瑜 责任校对：张艳霞
责任印制：李 洋
北京振兴源印务有限公司印刷
2015 年 1 月第 1 版·第 1 次印刷
184mm×260mm · 20 印张 · 496 千字
0001-3000 册
标准书号：ISBN 978-7-111-48839-2
　　　　　ISBN 978-7-89405-658-0（光盘）
定价：59.00 元（含 1DVD）

前　言

　　众所周知，计算机辅助设计软件大多包含了繁杂的功能，有些功能只是用于某些特定用途，如果把所有功能都堆积到书中，那么读者浪费的不仅仅是金钱，还有宝贵的时间。

　　AutoCAD 是一款功能强大的绘图软件，被广泛应用于航空航天、机械制造、建筑设计等领域，可以说是建筑等工程领域的技术人员所必备的工具。

　　本书对利用 AutoCAD 2015 进行工程制图及建筑设计所需的相关知识点、设计方法及操作步骤等进行了讲解，并以丰富的案例、视频讲解等方式全方位地辅助教学。

本书特色

　　本书通过典型实例操作与重点知识讲解相结合的方式，对 AutoCAD 2015 的基础知识、常用的功能及命令进行讲解。在讲解中力求紧扣操作、语言简洁、形象直观，并省略对不常用功能的讲解，以帮助读者快速了解 AutoCAD 2015 的使用方法和进行造型设计的具体操作步骤。

　　在建筑图样的绘制过程中，本书遵照《建筑制图标准》的要求，使读者在练习的过程中不仅能够掌握 AutoCAD 2015 的基本操作，而且能够对建筑制图的常用国家标准有所了解，以便在学完本书之后能绘制出合格的工程图样。

　　本书提供了全部实例的操作视频，读者可以按照书中列出的视频路径，从光盘中打开相应的视频直接学习观看。视频包含语音讲解，用户可以用 Windows Media Player 等常用播放器观看，如果无法播放，可安装 tscc.exe 插件。

本书内容

　　本书共 13 章，包含了大量图片，形象直观，便于读者模仿操作和学习。此外，本书还附有光盘，包含全部教学视频及实例讲解的 DWG 文件，以方便读者自学。

　　第 1 章为 AutoCAD 的基础章节，对 AutoCAD 软件进行了简要的介绍，并对 AutoCAD 2015 版本的新功能进行了说明，还对绘图环境的基本设置、图形文件操作、图层设置操作等进行了讲解。通过学习本章内容，读者能够对 AutoCAD 2015 形成初步的认识。

　　第 2、3 章对图形的基本绘图方法和图形编辑方法进行讲解。通过对这两章内容的学习，读者可以掌握简单图形的绘制方法。

　　第 4～6 章对 AutoCAD 2015 中的图案填充、图块应用、尺寸标注及打印出图纸进行讲解。通过学习这 3 章内容，读者可以具备绘制较复杂平面图形的能力。

第 7～12 章对 AutoCAD 2015 在建筑制图中的应用进行了讲解，包括文本标注、表格创建、立面图、平面图及建筑详图的绘制。通过学习这 6 章内容，读者可以具备绘制基本的建筑图样的能力。

第 13 章对三维造型的基本操作进行了讲解，以期使读者通过学习本章内容，具备基本的绘制三维造型的能力。

本书读者对象

本书具有操作性强、指导性强、语言简练等特点，可作为 AutoCAD 初学者入门和提高的学习教程，也可作为各大中专院校教育、培训机构的 AutoCAD 教材，还可供从事建筑设计、建筑制图等领域的人员参考使用。

本书由刘建东、余健文完成，参与本书编写和光盘开发的人员还有谢龙汉、林伟、魏艳光、林木议、林树财、郑晓、蔡明京、庄依杰、刘晓然、苏杰汝等。

感谢您选用本书进行学习，恳请您对本书的意见和建议告诉我们，电子邮件：tenlongbook@163.com，祝您学习愉快。

编　者

目　　录

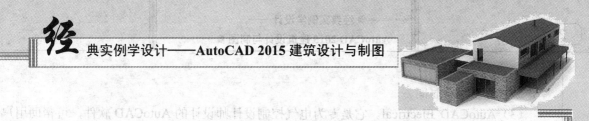

第1章 AutoCAD 2015 基础知识

本章首先介绍了 AutoCAD 2015 的新增功能和工作界面；其次介绍了 AutoCAD 2015 绘图环境的设置，并在此基础上介绍了 AutoCAD 2015 的基本文件操作基本和输入操作的方法；最后介绍了图层、图形显示控制、视口与空间以及精确定位工具等相关知识。

 本讲内容

- ➔ AutoCAD 2015 的工作空间
- ➔ 设置绘图环境
- ➔ 基本文件操作
- ➔ 基本输入操作
- ➔ 图层
- ➔ 控制图形的显示
- ➔ 视口与空间
- ➔ 精确定位工具
- ➔ 对象捕捉

1.1 Autodesk 及其产品

欧特克（Autodesk）公司是全球最大的二维和三维设计、工程与娱乐软件公司，为制造业、工程建设业、基础设施业以及传媒娱乐业提供卓越的数字化设计、工程与娱乐软件服务和解决方案。

自 1982 年 AutoCAD 正式推向市场，欧特克公司已针对最广泛的应用领域研发出多种设计、工程和娱乐软件产品，可帮助用户在设计转化为成品前体验自己的创意。下面将简单介绍欧特克公司的几种产品。

（1）AutoCAD。这是美国 Autodesk 公司首次于 1982 年生产的自动计算机辅助设计软件，用于二维绘图、详细绘制、设计文档和基本三维设计，现已成为国际上广为流行的绘图工具。

AutoCAD 具有良好的用户界面，通过交互菜单或命令行方式便可以进行各种操作。它的多文档设计环境，让非计算机专业人员也能很快地学会使用。AutoCAD 具有广泛的适应性，可以在各种操作系统支持的微型计算机和工作站上运行。

（2）AutoCAD Mechanical。它是一款面向制造业的 AutoCAD 软件，包括所有 AutoCAD 功能，并添加了一系列全面的、专门用于提高机械工程图绘制效率的工具。该软件中还包含覆盖全面的标准件库以及自动执行日常设计任务的工具，因而可以帮助用户显著提升工作效率，节省大量设计时间。

（3）AutoCAD Electrical。它是专为电气控制设计师设计的 AutoCAD 软件，可帮助用户创建和优化电气控制系统的设计。AutoCAD Electrical 所提供的工具，能够帮助用户快速、精确地设计电气控制系统，同时节约大量成本。

（4）Autodesk Inventor。它是一套全面的设计工具，用于创建和验证完整的数字样机，可帮助制造商减少物理样机投入，以更快的速度将更多的创新产品推向市场。

（5）Autodesk Moldflow。它为企业产品的设计及制造的优化提供了整体解决方案，可帮助工程人员轻松地完成整个流程中各关键点的优化工作。在产品的设计及制造环节，Autodesk Moldflow 提供了两大模拟分析软件：AMA（Autodesk Moldflow Adviser，塑件顾问）和 AMI（Autodesk Moldflow Insight，高级成型分析专家）。

AMA 简便易用，能快速响应设计者的分析变更，因此主要适用对象为注塑产品设计工程师、项目工程师和模具设计工程师，用于产品开发早期快速验证产品的制造可行性。AMA 主要关注外观质量（熔接线、气穴等）、材料选择、结构优化（壁厚等）、浇口位置和流道（冷流道和热流道）优化等问题。

AMI 用于注塑成型的深入分析和优化，是全球应用最广泛的模流分析软件。企业通过 Moldflow 这一有效的优化设计制造的工具，可将优化设计贯穿于设计制造的全过程，彻底改变传统的依靠经验的"试错"设计模式，使产品的设计和制造尽在掌握之中。

（6）Autodesk 3ds Max。它是一个全功能的 3D 建模、动画、渲染和视觉特效解决方案，广泛用于制作最畅销的游戏以及获奖的电影和视频内容。3ds Max 因其随时可以使用的基于模板的角色搭建系统、强大的建模和纹理制作工具包以及通过集成的 Mental Ray 软件提供无限自由网络渲染而享誉世界。

（7）Autodesk AliasStudio。它提供一整套动态三维模型功能，帮助虚拟建模师演化概念模型并将数据扫描至优质生产曲面中，供消费产品设计师对汽车设计及美型的 A 级曲面进行建模时使用。

1.2 AutoCAD 2015 的新增功能

AutoCAD 2015 是 Autodesk 公司于 2014 年推出的 AutoCAD 的最新版本。本节将简要介绍 AutoCAD 2015 新增的功能。

1．剖面和详细视图

利用新的模型文档编制选项卡，用户可以更加轻松地访问用于创建剖面和详细视图的工具。

2．文本加删除线

AutoCAD 2015 为多行文字、多重引线、尺寸标注、表和 ArcText 产品提供了一种新的删除线样式，提高了在文档中展示文本的灵活性。

3．Autodesk Cloud 连接

AutoCAD 2015 通过与 Autodesk Cloud 紧密连接，可以同步文件，其中包括直接从 AutoCAD 软件中与用户的在线账户同步图样和文件夹。用户可以导出并将文件直接附加到单一登录账户，并通过 Autodesk 在线账户与他人共享文件。

4．定制和支持文件同步

用户可以轻松地共享和访问 AutoCAD 定制偏好和支持文件，以便在不同的机器上使用。

5．Autodesk Exchange 上的 AutoCAD 应用

利用由 Autodesk 开发商网络成员创建的 AutoCAD 配套应用，用户可以轻松地扩展 AutoCAD 软件的功能。可以更容易地获取所需的附加模块，从单一的站点选择数百款经过 Autodesk 批准的扩展件。

6．上下文相关的 PressPull

在 AutoCAD 2015 中，PressPull 工具得到了增强，灵活性、上下文相关性也得到了增强，用户可以使用 PressPull 工具拉伸和偏移曲线，创建曲面和实体。PressPull 工具中新增的"多个"选项支持在单次 PressPull 操作中选择多个对象。

7．Inventor 文件导入

Autodesk Inventor Fusion 软件补充了 AutoCAD 的三维概念设计功能，使用户可以灵活地编辑和验证几乎任何来源的模型；而增强的互操作性允许用户在 CAD 图块中编辑实体而无需分解它们。

8．曲面曲线提取

新增的"曲面曲线提取"工具可通过曲面或实体面上的指定点提取等值线曲线。

9．现代化用户交互

AutoCAD 2015 的用户界面得到了增强，用户可以与软件进行更加平滑的交互，包括干扰更少但更灵活的命令行、额外的上下文关联型条状界面选项卡以及更多具有多功能夹点的对象。这种与强大工具（如关联阵列和填充）的精简交互有助于用户节省时间，并将工作重点放在设计上。

10．属性编辑预览

在应用变更前，用户可以快速、动态地预览对象属性变更，例如，如果选择对象，并使用"属性"选项板来更改颜色，则选择的对象会随着将光标移到列表中的每种颜色上而动态地改变颜色。

1.3 创建用户工作文件目录

维护多个图形文件目录不仅是出于简化工作的考虑，而且通常是工作中所必需的，而将图形和其他相关文件保存在不同的目录中可以简化基本文件维护工作。例如，用户可将自己的图形子目录都放在目录":/AcadWorks"中，而图形子目录还可以包含其他子目录，用户可在这些子目录中保存与特定的图形类型或工作相关的支持文件。

例如"/AcadWorks/Work1/Support"目录可包含"/AcadWorks/Work1"中图形文件专用的块和 AutoLISP 文件。在支持路径中指定 support（不带路径前缀），将把当前目录的 support 子目录添加到支持路径中。

在启动 AutoCAD 2015 时，如果所需的图形文件目录是当前目录，则可以直接访问该目录中的所有文件和子目录。

此外，用户可以为每项工作创建程序图标或【开始】菜单项，以指定正确的工作目录。

1.4 启动与退出 AutoCAD 2015

安装 AutoCAD 2015 后，用户可以采用以下 3 种方式启动并进入到 AutoCAD 2015 的工作界面。

- 图标：AutoCAD 2015 安装完成后，图标 会出现在计算机桌面上，双击此图标，即可启动软件。
- 文件：双击扩展名为".dwg"的图形文件。
- 开始菜单：这里以 Windows 7 系统为例，依次单击 Windows 系统的【开始】→【所有程序】→【Autodesk 文件夹】→【AutoCAD 2015 – 简体中文（Simplified Chinese）】，然后单击子菜单中的【AutoCAD 2015 – 简体中文（Simplified Chinese）】图标。

使用上述方法中的任一种后，系统都将弹出启动界面，如图 1-1 所示。

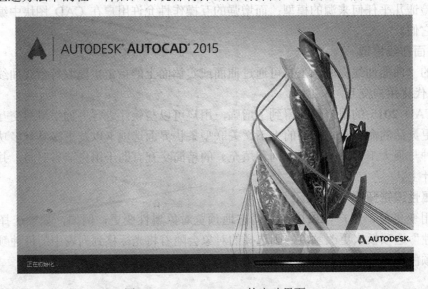

图 1-1　AutoCAD 2015 的启动界面

这是因为 AutoCAD 2015 先对系统进行检查，接着加载一些必要的文件（这些加载项都在启动界面的底部显示出来），之后才能进入工作界面。

加载完成后，进入 AutoCAD 2015 的工作界面，如图 1-2 所示。

当完成设计后，用户可以通过以下 3 种方法退出 AutoCAD 2015。

- 菜单：选择【文件】菜单中的【退出】命令。
- 按钮：单击 AutoCAD 2015 左上角的 按钮，选择"退出 Autodesk AutoCAD 2015"命令；或者单击标题栏右上角的 按钮。
- 命令：输入"EXIT"或"QUIT"，或者按〈Ctrl + Q〉组合键。

使用上述方法中的任一种后，如果图形文件自最后一次保存后没有进行过修改，可以直接退出 AutoCAD 2015；如果图形文件被修改，则系统会弹出一个提示对话框，询问用户是否将改动保存到文件，在用户进行操作确认后，退出 AutoCAD 2015。

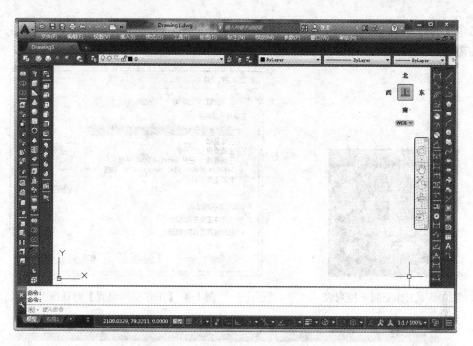

图 1-2　AutoCAD 2015 的工作界面

1.5　AutoCAD 2015 的工作空间

本节先介绍 AutoCAD 2015 内置的 3 种工作空间，然后重点对"草图与注释"这个工作空间的各组成部分及其功能进行介绍。

1.5.1　工作空间

AutoCAD 2015 提供了 3 种不同的工作空间，分别是：①草图与注释；②三维基础；③三维建模。每种工作空间具有不同的界面，可满足不同用户的需求。

AutoCAD 2015 首次启动时，系统默认进入的工作空间是【草图与注释】。用户可以通过以下步骤在系统预置的 3 种工作空间间切换。

（1）单击快速访问工具栏上的【工作空间】按钮 ⚙ 草图与注释 ▼，从弹出的下拉列表中可以选择用户需要的工作空间，如图 1-3 所示。

（2）选择【工作空间设置】命令，弹出【工作空间设置】对话框，如图 1-4 所示。用户可以在此对下拉列表的显示顺序以及在切换工作空间时的设置是否进行保存进行配置。

（3）选择【自定义】命令，系统弹出【自定义用户界面】对话框，如图 1-5 所示，用户可以在此将工作界面设置成符合个人使用习惯的样式，并保存成自己的工作空间。

1.5.2　工作空间的修改

很多读者都惯于使用 AutoCAD 以前版本的经典工作界面，AutoCAD 2015 并不提供这个工作空间。为了方便读者接下来对 AutoCAD 2015 功能的学习，本小节将以"草图与注释"这个工作空间为基础,将工作空间修改为 AutoCAD 以前版本的经典工作界面,以满足读者的需要。具体操作如下。

图 1-3 工作空间下拉列表

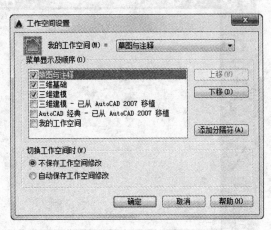

图 1-4 【工作空间设置】对话框

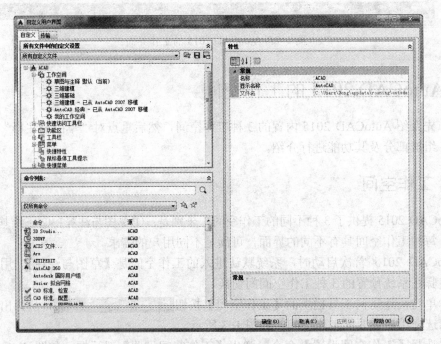

图 1-5 【自定义用户界面】对话框

(1)显示菜单栏。首先单击快速访问工具栏上最右侧的下拉按钮,在显示的下拉菜单中选择【显示菜单栏】命令,如图 1-6 所示。此时菜单栏便会出现在快速访问工具栏的下方,如图 1-7 所示。菜单栏包含了绝大部分的常用绘图命令和文件操作命令,用户可以通过访问菜单栏进行各种相关操作。

(2)隐藏功能区。选择菜单栏中的【工具】→【选项板】→【功能区】命令,如图 1-8 所示,这时功能区便会隐藏起来。

(3)显示工具栏。选择菜单栏中的【工具】→【工具栏】→【AutoCAD】命令,如

图 1-9 所示，然后选中自己所需的工具栏。

图 1-6 【显示菜单栏】命令

图 1-7 菜单栏

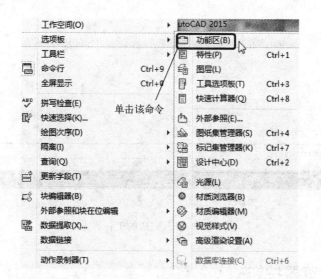

图 1-8 隐藏功能区

（4）至此，工作空间的修改就完成了。整个 AutoCAD 2015 的工作界面如图 1-10 所示。

注：本书在介绍各功能时，均使用如图 1-10 所示的工作界面。

下面将分节介绍 AutoCAD 2015 工作界面的各个组成部分。

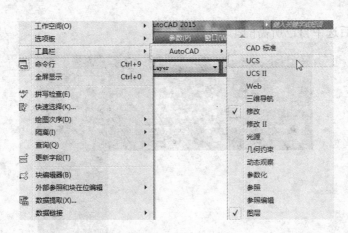

图 1-9　显示工具栏

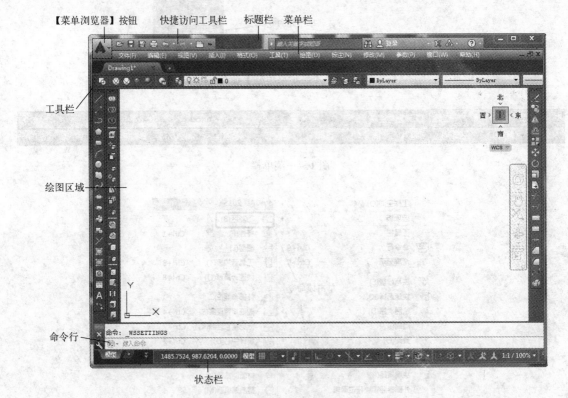

图 1-10　修改完成的工作界面

1.5.3　菜单浏览器按钮

如图 1-10 所示，【菜单浏览器】按钮位于工作界面的左上角。单击该按钮，将弹出 AutoCAD 2015 菜单。该菜单包括了 AutoCAD 2015 菜单栏上的【文件】菜单中的部分命令。

单击菜单左上角的【最近使用的文档】按钮，则在菜单的右侧显示最近打开的文档, 如图 1-11 所示, 单击【按已排序列表】按钮 按已排序列表 ▾ , 可以从下拉列表中选择文档的排列方式, 比如 "按已排序列表" 或 "按访问日期" 等。

单击 回 ▾ 按钮, 可以更改文档的显示方式, 例如 "大图标" 或 "小图标" 等。单击文档后的图钉按钮 ⊨ , 可以将该文档固定在列表中。

单击菜单左上角的【打开文档】 📂 按钮, 则在菜单的右侧显示 AutoCAD 2015 当前已经打开的文档, 如图 1-12 所示。

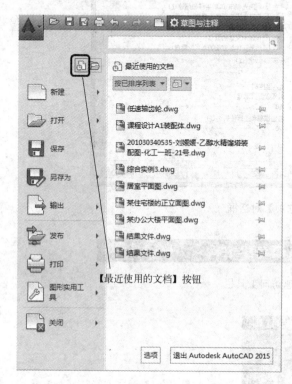

图 1-11 显示最近使用的文档

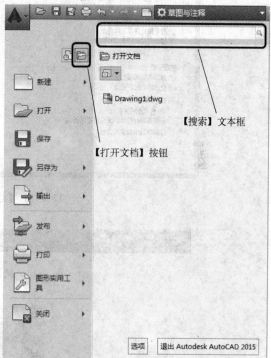

图 1-12 菜单显示当前已经打开的文档

单击【选项】按钮 选项 , 系统弹出【选项】对话框, 如图 1-13 所示。用户可以切换到各选项卡, 针对不同的选项进行配置。

此外, 在【搜索】文本框内输入关键字, 即显示与关键字相关的命令。

1.5.4 快速访问工具栏

AutoCAD 2015 的快速访问工具栏位于【菜单浏览器】按钮的旁边, 包含了最常用的快捷按钮, 如图 1-14 所示。

快速访问工具栏上的按钮从左至右分别是:【打开】按钮 📂 ;【保存】按钮 🖫 ;【另存为】按钮 🖫 ;【打印】按钮 🖨 ;【放弃】按钮 ↩ ;【重做】按钮 ↪ ;【新建】按钮 🗋 和【工作空间】按钮 ✿ 草图与注释 ▾ 。

用户可以添加或删除快速访问工具栏上的按钮, 方法是: 单击工具栏右侧的 ▾ 按钮, 如图 1-15 所示, 在自定义快速访问工具栏菜单中选择其中的命令即可添加/删除按钮。

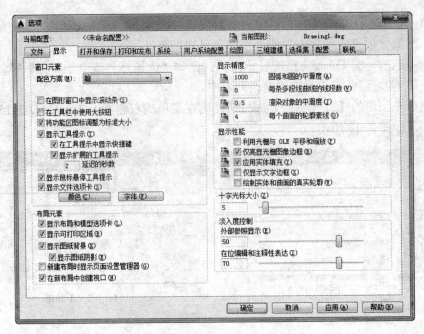

图 1-13 【选项】对话框

图 1-14 快速访问工具栏

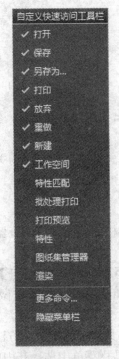

图 1-15 自定义快速访问工具栏菜单

1.5.5 标题栏

如图 1-16 所示，标题栏位于工作界面的顶端，居于快速访问工具栏的右侧。标题栏显示当前处于工作状态的图形文件的名称。标题栏上集成了如下功能按钮。

图 1-16　AutoCAD 2015 的标题栏

（1）在搜索文本框内输入需要帮助的问题，然后单击边上的　按钮，可以获取相关的帮助。

（2）单击登录按钮　登录　，可以登录到 Autodesk 360。

（3）单击　，可以启动 Autodesk Exchange 应用程序网站。

（4）单击　·按钮，可以访问产品更新，并与 AutoCAD 社区实现联机。

（5）单击　·按钮，可以获得一些相关问题的帮助。

（6）单击　，可以最小化/最大化/关闭 AutoCAD 2015。

1.5.6 菜单栏

菜单栏位于标题栏的下方，AutoCAD 2015 常用的制图工具和编辑管理工具都在菜单栏中。

AutoCAD 2015 共有主菜单 12 个，如图 1-17 所示，大致的功能如下。

图 1-17　菜单栏

- 【文件】菜单：对图形文件进行设置、管理、打印和发布。
- 【编辑】菜单：对图形进行常规的编辑，例如复制、粘贴等。
- 【视图】菜单：用于调整和管理视图，以方便视图内图形的显示等。
- 【插入】菜单：用于向当前文件中引用外部资源，如块、参照等。
- 【格式】菜单：用于设置与绘图环境相关的参数和样式等，如绘图单位、颜色、线型及文字等。
- 【工具】菜单：为用户设置了一些辅助工具和常规的资源组织管理工具。
- 【绘图】菜单：二维图形和三维建模的绘制菜单。
- 【标注】菜单：用于为图形标注尺寸，包含了所有与尺寸标注相关的工具。
- 【修改】菜单：用于对图形进行修整、编辑和完善。
- 【参数】菜单：用于进行参数化绘图时需要的工具以及参数的调节。
- 【窗口】菜单：用于对 AutoCAD 文档窗口和工具栏状态进行控制。
- 【帮助】菜单：用于为用户提供帮助信息。

1.5.7 命令行

如图 1-18 所示，命令行位于图形窗口的底部，用户可在此处输入命令。

图 1-18 命令行

将光标置于其上时，命令行呈高亮显示，其余呈灰色显示。单击命令行上的【自定义】按钮，用户可以对命令行窗口进行设置。

此外，依次选择【视图】菜单→【显示】子菜单→【文本窗口】命令，或按〈F2〉快捷键，都可以打开 AutoCAD 2015 的文本窗口，从中也可以查看命令历史记录，如图 1-19 所示。

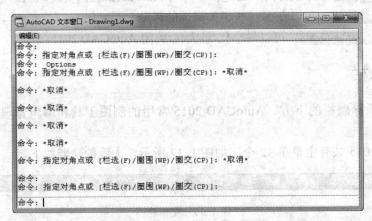

图 1-19 命令历史记录

1.5.8 状态栏

如图 1-7 所示，状态栏位于 AutoCAD 2015 工作界面的最底端，左右两侧各有部分按钮。

状态栏左侧有坐标读数器，当在绘图窗口中移动光标时，读数器会显示当前光标的坐标值。坐标的显示取决于它所使用的模式和程序当前运行的命令，有"相对""绝对""地理"和"特定" 4 种模式，如图 1-20 所示。

图 1-20 AutoCAD 2015 的左侧状态栏

坐标读数器右侧是一些重要的精确绘图功能的按钮，主要用于控制点的精确定位和追踪。下面将分别介绍其中常用的按钮及其作用。

- 【栅格显示】按钮：单击该按钮，打开栅格显示，此时绘图窗口内将布满小点。
- 【捕捉模式】按钮：单击该按钮，打开捕捉设置，此时光标只能在 X 轴、Y 轴或极轴方向移动固定的距离。

- 【推断约束】按钮⊓：该按钮用于 AutoCAD 的参数化绘图中，绘图时先绘制大致的图形，然后利用约束（约束是一种限制，如直线之间的相交、共线等）对绘制的图素施以一定的限制，再修改尺寸。
- 【动态输入】按钮⊞：单击该按钮，将在绘制图形时在光标处显示动态输入文本框，以方便绘图时设置精确的数值。
- 【正交限制光标】按钮⊔：单击该按钮，打开【正交】模式，此时只能绘制水平线或垂直线。
- 【指定角度限制光标】按钮ⓖ：单击该按钮，打开【极轴追踪】模式。在绘图时，系统将根据设置显示一条追踪线，可以在该追踪线上根据提示精确地移动光标。
- 【显示捕捉参数线】按钮⟋：单击该按钮，可以打开对象捕捉追踪模式，可以通过捕捉对象上的关键点，并沿着正交方向或极轴方向拖动光标，此时可以显示光标当前位置与捕捉点之间的相对关系。
- 【将光标捕捉到二维参考点】按钮▦：单击该按钮，打开【对象捕捉】模式，在绘图时可以自动捕捉几何对象上的决定其形状和位置的关键点，例如中点、端点和圆心等。
- 【显示/隐藏线宽】按钮≣：单击该按钮，可以显示/隐藏线宽。如果为图形的不同对象设置了不同的线宽，则打开该按钮，可以在屏幕上显示线宽，便于用户快速识别不同类型的对象。
- 【将光标捕捉到三维参考点】按钮⬡：单击该按钮，打开三维对象捕捉模式，在绘图时可以自动捕捉三维几何对象上的决定其形状和位置的关键点。
- 【将 UCS 捕捉到活动实体平面】按钮⬒：单击该按钮，可以允许或禁止动态 UCS。
- 【显示注释对象】按钮⟐：单击该按钮，可以用来设置仅显示当前比例的可注释对象，或显示所有比例的可注释对象。
- 【注释比例】按钮 ⟐ 1:1 / 100% ▾：单击该按钮，可以更改可注释对象的注释比例。
- 【快捷特性】按钮▦：单击该按钮，可以显示对象的快捷特性选项板，帮助用户快速地编辑对象的一般特性。
- 【选择循环】按钮⬚：单击该按钮，可以在弹出的选择集中交替选择重叠在一起的对象。

此外，单击状态栏最右方的▤按钮，将弹出【自定义】菜单。用户可以通过该菜单中的各个选项以及菜单中的各功能键控制各辅助按钮的开关状态。

1.5.9　绘图窗口

如图 1-10 所示，绘图窗口占据了工作界面的大部分空间，是一个无限大的屏幕，图形的设计与修改工作均在此区域范围内进行。

默认状态下，光标是一个"十"，此光标将在不同的情况下会变成不同的形状：当绘制图形时，显示为"十"；当选择对象时，显示为"▫"；当平移图形时，变成"✋"。

绘图窗口左下方有 3 个标签，分别是模型、布局 1 和布局 2，它们代表了两种绘图空间，即模型空间和布局空间。默认状态是处于模型空间，通常用户在模型空间内进行绘图、布局 1 和布局 2 是默认的，主要用于图形的打印输出。通过单击标签，可以在三者之间进行切换。

1.5.10 工具栏

如图 1-10 所示，工具栏位于绘图窗口的上方和左右两侧，也可以位于绘图窗口内部。使用工具栏按钮执行命令是最常见的一种方式。

用户将光标移至工具栏中的某按钮上，稍等片刻，光标的下方即出现此按钮的命令全称，同时还会有使用简图；单击按钮，即可执行该命令。

若要调用没有显示的工具栏，用户可以在任一工具栏上单击鼠标右键，弹出工具栏菜单，然后在所需要的命令上单击，即可使相应的工具栏显示在绘图窗口内。

1.6 AutoCAD 2015 多文档设计环境

从 AutoCAD 2000 起，AutoCAD 开始支持多文档环境，用户可同时打开多个图形文件，如图 1-21 所示。

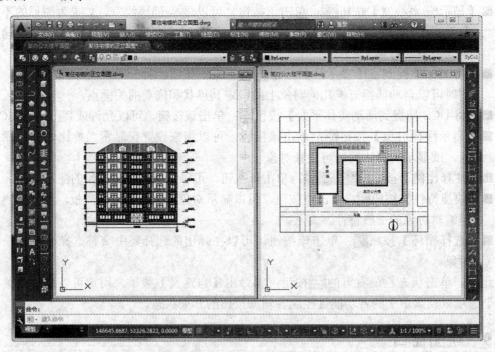

图 1-21 打开多个图形文件

虽然可同时打开多个图形文件，但当前激活的文件只有一个。用户如果想要在各个窗口间切换，可以使用下面几种方法。

（1）单击某个窗口的标题栏，或者在某个文件窗口内单击就可激活该文件。

（2）通过【窗口】菜单在各文件间切换。该菜单列出了所有已打开的图形文件，文件名前带符号"√"的文件是当前文件，如果用户想激活其他文件，只需选择它即可。

（3）按〈Ctrl+Tab〉组合键。

此外，【窗口】菜单还提供了"层叠""水平平铺""垂直平铺"和"排列图标"这 4 个命令来控制这些文件在图形主窗口中的排列显示方式。

用户处于多文档设计环境时，可以在不同图形间执行无中断、多任务操作，从而使工作变得更加灵活方便。例如，设计者正在图形 1.dwg 中进行操作，当需要进入另一图形 2.dwg 中进行操作时，可以直接激活另一个窗口进行绘制或编辑，在完成操作并返回图形文件 1.dwg 中时，AutoCAD 将继续以前的操作命令。

多文档设计环境具有 Windows 窗口的剪切、复制、粘贴等功能，可以使用户能够快捷地在各个图形文件间复制、移动对象。

此外，用户也能直接选择图形对象，具体方法为：按住鼠标左键，将图形对象拖放到其他图形中；或者在复制对象的同时指定基准点，这样在执行粘贴操作时就可根据基准点将图形对象复制到正确的位置。

1.7　设置绘图环境

在使用 AutoCAD 2015 进行建筑制图前，用户需要根据自己的使用习惯和相应的标准（例如公司内部标准或行业标准）对 AutoCAD 2015 的绘图环境进行设置，如设置绘图单位、绘图界线等，从而提高绘图效率。下面将分小节介绍常规的设置。

1.7.1　单位

默认情况下，新建文件将采用样板文件的绘图单位。对于安装了 AutoCAD 2015 简体中文版的用户来说，默认使用的模板 acadiso.dwt 采用毫米"mm"作为绘图时采用的单位。

用户也可以根据实际需要重新设置单位，方法如下。

■　选择菜单栏中的【格式】→【单位】命令。

■　在命令行中输入"UNIT"，然后按〈Enter〉键。

执行上述任一种方法，系统弹出【图形单位】对话框，如图 1-22 所示，该对话框包括【长度】、【角度】、【插入时的缩放单位】、【输出样例】和【光源】5 个选项组。下面将分别介绍这些选项组及其功能。

（1）【长度】选项组用来设定图形的长度类型和精度。【类型】下拉列表框有"分数""工程""建筑""科学"和"小数"几种类型可供用户选择，如图 1-23 所示；用户可以在【精度】下拉列表框中选择长度单位的精度，如图 1-24 所示。

（2）【角度】选项组用于选择角度单位的类型和精度，如图 1-25 所示。默认情况下，AutoCAD 以逆时针方向作为角度的正方向。若选中【顺时针】复选框，则将以顺时针作为角度的正方向。

（3）【插入时的缩放单位】选项组用于控制插入到当前图形中的图块和图形的缩放单位，如图 1-26 所示。

若插入的图块或图形所使用的单位与此处设置的单位不一致，则在插入这些图块或图形时，将对其按比例进行自动缩放。

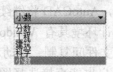

图 1-22 【图形单位】对话框　　　　　　　图 1-23　长度单位的类型

图 1-24　长度单位的精度　　　　　　　图 1-25　角度单位的类型

单击【方向】按钮，弹出如图 1-27 所示的【方向控制】对话框，用户可以在此设置基准角度。

图 1-26　插入图块和图形时的缩放单位　　　　图 1-27　【方向控制】对话框

在【方向控制】对话框中，默认以"东"（即"0°"）作为角度的基准方向。用户可以通过选择相应的单选按钮，改变此设置。单击【其他】单选按钮，下方的【拾取角度】按钮以及【角度】文本框将被激活。用户可以通过拾取两个点来确定基准角度的方向，或者输入定义的角度方向与 X 轴正方向的夹角数值。

1.7.2　图形界限

由于 AutoCAD 的绘图窗口是无限大的，且用户在绘制图形时，总是希望尽可能使图形最大限度地占据绘图窗口，以便于观察和操作，因此，需要对绘图的图形界限进行设置。一般而言，图形界限应选择大于或等于图纸的尺寸。

图形界限的设置主要有以下两种方法。

■ 选择菜单栏中的【格式】→【图形界限】命令。

■ 在命令行中输入"LIMITS"，然后按〈Enter〉键。

执行上述任一种方法后，命令行中会出现如下信息。

> LIMITS 指定左下角点或 [开(ON) 关(OFF)] <0.0000,0.0000>:

通常，指定原点（0,0）作为图形的左下角点，同时用户还可以选择选项"开"或"关"。这两个选项用于打开或关闭绘图界限的检查功能。当关闭绘图界限的检查功能后，绘制的图形将不受绘图界限的限制；而当打开该功能后，只能在设置的范围内绘制图形。

用户需要注意的是，界限检查功能只检查输入的点，因此，用户在创建图形对象时，仍有可能导致图形中的部分对象在图形界限之外。例如，在绘制椭圆时，指定的椭圆的中心在图形界限内，若长轴或短轴参数设置过大，则绘制出来的椭圆可能有部分在图形界限之外。

在指定左下角点后，命令行中会出现如下信息。

> LIMITS 指定右上角点 <420.0000,297.0000>:

此时，用户只需指定右上角点的坐标即可完成图形界限的设置。根据命令行的提示可知，AutoCAD 默认的图形尺寸是横向的 A3 图纸尺寸（420m×297m）。

1.7.3　设置参数选项

在 1.5.3 小节中讲过，单击 A 后，在出现的 AutoCAD 菜单中有一个【选项】按钮，单击此按钮，系统会弹出【选项】对话框，该对话框包含系统和绘图环境的设置选项。此外，依次单击菜单栏中的【工具】→【选项】命令，也可以弹出该对话框。

通常情况下，用户可以使用默认的设置进行绘图。有时，为了满足某些特殊需求，或提高绘图效率和显示效果的目的，用户需要在绘图前对这些参数进行配置。

【选项】对话框包含了多个选项卡，下面我们将简单地介绍各选项卡的功能。

（1）【文件】选项卡。该选项卡用于指定 AutoCAD 支持文件的搜索路径、工作支持文件的搜索路径及帮助文件的路径等。所有路径都在列表框中以树状结构显示，单击名称前的加号田，可以展开目录。通过【添加】按钮可以将用户自定义的路径添加进来。

（2）【显示】选项卡。该选项卡是【选项】对话框的默认选项卡，主要用于设置 AutoCAD 的显示情况。在该选项卡中，用户可以设置窗口元素、布局元素以及十字光标大小。

（3）【打开和保存】选项卡。该选项卡用于设置在 AutoCAD 中打开和保存文件的相关设置。此外，用户还可以进行图形文件另存为的格式和启用自动保存等设置。

（4）【打印和发布】选项卡。该选项卡用于设置 AutoCAD 中打印和发布的相关选项，例如默认的输出设置和控制打印质量等设置。

（5）【系统】选项卡。该选项卡用于控制系统的设置，可对硬件加速、布局重生成及安全性等功能进行相关设置。

（6）【用户系统配置】选项卡。该选项卡用于实现指定鼠标右键操作的模式、指定插入单位等设置。

（7）【绘图】选项卡。在该选项卡中，用户可以进行是否打开自动捕捉标记、自动捕捉标记大小的设置等。

（8）【三维建模】选项卡。该选项卡用于对三维十字光标、显示 UCS 图标、动态输入、三维对象和三维导航等进行设置。

（9）【选择集】选项卡。该选项卡用于设置对象选择的方法，例如拾取框大小、夹点大小等的设置。

（10）【配置】选项卡。该选项卡用于控制配置的使用，用户可以将配置以文件形式保存起来并调用。

（11）【联机】选项卡。当登录了 Autodesk 360 账户后，用户可以在此显示其中保存的图形和配置。

1.8 基本文件操作

本节将介绍 AutoCAD 2015 的基本文件操作，包括新建、保存、打开和关闭等操作。这些操作和基于 Windows 操作系统的绝大多数软件的操作基本一致。

1.8.1 新建文件

当用户启动 AutoCAD 2015 后，系统会自动新建一个名为"Drawing1.dwg"的图形文件。当继续新建文件时，系统会自动将其命名为"Drawing2.dwg""Drawing3.dwg"等。新建文件的方法有以下 3 种。

■ 选择菜单栏中的【文件】→【新建】命令。
■ 单击【标准】工具栏中的【新建】按钮 。
■ 在命令行中输入"NEW"，然后按〈Enter〉键。

执行上述任一种操作，系统均将弹出【选择样板】对话框，如图 1-28 所示。通常情况下，保持选择默认的"acadiso.dwt"样板，单击【打开】按钮，即可新建图形文件。

当对样板有特殊要求时，用户可以使用 AutoCAD 2015 提供的众多样板，或者使用自定义的样板。如果需要创建三维建模的公制单位绘图文件，用户可以选择其中的"acadiso3D.dwt"样板。

单击【打开】按钮右侧的 按钮，弹出如图 1-28 所示的菜单。其中【无样板打开-英制】是基于英制测量系统创建新图形，图形将使用内部默认值，默认栅格显示边界（大小为12in×9in，1in=2.54cm）；【无样板打开-公制】则是基于公制测量系统创建新图形，图形将使用内部默认值，默认栅格显示边界（大小为 420mm×290mm）。

1.8.2 保存文件

同其他基于 Windows 操作系统的应用程序类似，AutoCAD 也提供了【保存】和【另存为】两种文件保存方式。【保存】命令的调用方法有以下 3 种。

图 1-28 【选择样板】对话框

- 选择菜单栏中的【文件】→【保存】命令。
- 单击【标准】工具栏中的【保存】按钮 ▣。
- 在命令行中输入"SAVE",然后按〈Enter〉键。

如果是对新建图形文件进行第一次保存操作,那么执行以上任一种操作后,系统均将弹出【图形另存为】对话框,如图 1-29 所示。

用户需要在【保存于】下拉列表框中选择保存位置,或是在界面左侧的列表框中选择保存位置;接着在【文件名】文本框中输入文件名;然后在【文件类型】下拉列表框中选择保存的文件类型。如图 1-30 所示,AutoCAD 2015 默认的保存类型是"AutoCAD 2015 图形(.dwg)"。考虑到兼容性问题,AutoCAD 2015 允许用户将文件保存成 AutoCAD 更早期的版本,例如 2000、2004、2007 版等。选择保存类型后,单击【保存】按钮,即可根据用户的设定保存图形文件。

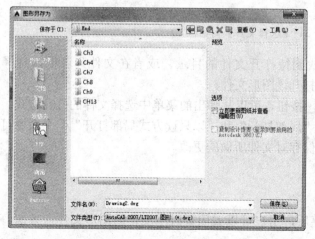

图 1-29 【图形另存为】对话框

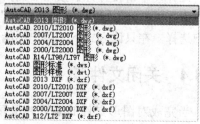

图 1-30 文件类型下拉列表

若已经保存过某个图形文件，则执行以上任一种操作后，系统将用户对文件的改动保存到文件中。

若用户对已保存的图形文件进行了修改，但是又不想丢失原来的图形文件，此时可以使用【另存为】命令，该命令的调用方式如下。

■ 选择菜单栏中的【文件】→【另存为】命令。

■ 在命令行中输入"SAVEAS"，然后按〈Enter〉键。

执行以上任一项操作，系统也会弹出如图 1-29 所示的【图形另存为】对话框。

1.8.3 打开文件

用户打开磁盘存储器上已经存在的、可被 AutoCAD 识别的图形文件的方法有以下 3 种。

■ 选择菜单栏中的【文件】→【打开】命令。

■ 单击【标准】工具栏中的【打开】按钮 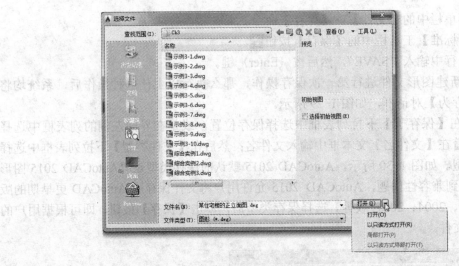。

■ 在命令行中输入"OPEN"，然后按〈Enter〉键。

执行上述任一种操作后，系统将弹出如图 1-31 所示的【选择文件】对话框。

图 1-31 【选择文件】对话框

在【查找范围】下拉列表框中找到待打开文件的目录，或者在文件列表框内选择文件，然后单击【打开】按钮，即可以打开该图形文件。

此外，单击【打开】按钮右侧的 按钮，可以从弹出的菜单中选择文件的打开方式。此菜单中有"打开""以只读方式打开""局部打开"和"以只读方式局部打开" 4 个命令可供用户选择。在只读方式下，用户不能保存对文件所做的更改。

1.8.4 关闭文件

当完成对图形文件的编辑并保存后，用户可以关闭暂时不工作的图形文件，方法有以下 3 种。

■ 选择菜单栏中的【文件】→【关闭】命令。

■ 单击标题栏右侧的 3 个按钮 ▬ ⊡ ✕ 中的关闭按钮 ✕。

■ 在命令行中输入"CLOSE",然后按〈Enter〉键。

当用户选择关闭图形文件时,若该图形文件没有
被保存,则系统会弹出如图 1-32 所示的提示对话
框,提醒用户是否需要保存文件。单击【是】按钮,
保存更改并关闭该文件;单击【否】按钮,直接关闭
该文件。

图 1-32　提示对话框

1.9　基本输入操作

本节将介绍 AutoCAD 2015 的基本输入操作,包括命令执行方式;命令的重复、撤消和
重做;坐标的使用等内容。在使用 AutoCAD 2015 前,用户应熟练掌握这些基本技能,以便
在绘图过程中结合使用,从而提高绘图效率。

1.9.1　命令执行方式

AutoCAD 2015 的命令执行方式有多种,与绝大多数基于 Windows 操作系统的应用程序
类似,可以通过菜单栏和工具栏来执行。此外,AutoCAD 2015 提供的命令行也是实现操作
的一种方式。下面将依次介绍这些命令执行方式。

1．使用菜单栏执行命令

如 1.5.6 小节所述,AutoCAD 2015 将各个功能分门别类地整理在相应的菜单栏中,用
户只需单击菜单,将其展开直至找到所要找的命令,然后选择该命令即可执行相应的功能。

这种方法是 Windows 应用程序中最基本的操作方法,但是这种方式在执行许多绘图或
编辑命令时速度偏慢,例如有些命令需要展开至三级或更多级的菜单中才能找到,并且需要
用户熟练掌握各个菜单命令所在的位置。因此,在实际制图中,这种方式使用的频率不高。

2．使用工具栏中的按钮执行命令

通过单击相应功能集合的工具栏中的按钮执行命令是 Windows 应用程序中最常用、最
方便的方式。

在 AutoCAD 2015 中,单击按钮后,在命令行中就会显示相应的命令及操作提示,用户
需要根据这些提示来完成相应的操作。

然而,并非所有命令都有相对应的工具栏按钮,因此,这类命令的执行方式往往只能
通过使用菜单执行,或者使用命令行方式执行。

3．使用命令行执行命令

通过在命令行中键入命令的英文来执行操作是 AutoCAD 最基本的命令执行方式,可以
说是精通或者熟练使用 AutoCAD 的用户应必备的一项技能。

当用户需要完成某项操作时,只要在命令行中键入相应操作的英文,然后按〈Enter〉
键或空格键进行确认,就可以开始执行该命令。例如,在命令行内输入字母"OFFSET"或
"O",执行"偏移"命令,此时命令行提示如下。

```
⌐ ▸ OFFSET 指定偏移距离或 [通过(T) 删除(E) 图层(L)] <通过>:
```

下面将简要介绍命令行中可能出现的各部分的含义。

（1）OFFSET。OFFSET 是偏移命令的英文名称，表示系统开始执行"偏移"命令。

（2）指定偏移距离。这是给用户的提示信息，提醒用户接下来需要输入偏移的距离。

（3）[通过(T)删除(E)图层(L)]。它所包括的内容表示各种选项，若要执行这些选项，则将光标移至相应的选项上，直至光标变成手状，单击即可进入相应的选项操作，如下所示。

> OFFSET 指定偏移距离或 [通过(T) 删除(E) 图层(L)] <通过>:

或者在命令行中输入选项后相应的字母并按〈Enter〉键，也可以进入相应的选项。

（4）<通过>。这部分表示系统当前的默认值，可以是选项的名称，也可以是数值。

此外，AutoCAD 2015 还可以使用动态输入的方式执行命令。当用户在状态栏内激活【动态输入】按钮 后，在绘制图形时在光标处显示动态输入文本框，可以直接输入命令和数值。此外，在创建和编辑几何图形时，命令行还会自动显示提示信息。

1.9.2　命令的重复、撤销和重做

1. 命令的重复

如果要重复执行上一次使用过的命令，用户可以在命令行显示为"输入命令"，即

> 输入命令

时，按〈Enter〉键或空格键，系统就可以自动执行前一次使用过的命令。

还有一种方法是单击命令行，使其显示待输入的状态，如下所示。

> |

此时，使用键盘上的方向键〈↑〉，命令行内即可在执行过的命令间滚动。

此外，单击命令行的 > 按钮，可以从弹出的菜单中选择最近执行的命令。

除了使用命令行之外，在绘图窗口的空白区域中单击鼠标右键，从弹出的快捷菜单中选择【重复（命令的英文名称）】命令，即可重复上一次的命令；选择【最近的输入】命令，可以从展开的子菜单中选择最近使用的命令。

2. 命令的撤销

在 AutoCAD 2015 中，用户可以使用下面 3 种方法撤销命令。

■ 选择菜单栏中的"编辑"→"放弃"命令。

■ 单击【标准】工具栏中的【放弃】按钮 。

■ 在命令行中输入"UNDO"，然后按〈Enter〉键。

3. 命令的重做

在 AutoCAD 2015 中，用户可以使用下面 3 种方法重做命令。

■ 选择菜单栏中的"编辑"→"重做"命令。

■ 单击【标准】工具栏中的【重做】按钮 。

■ 在命令行中输入"REDO"，然后按〈Enter〉键。

1.9.3　按键定义

在 AutoCAD 2015 中，通过鼠标与键盘的配合操作，可以提高绘图速度。用户可以使用

系统默认的键盘命令，同时系统也允许用户自定义键盘命令，以适应不同用户的使用习惯。

依次选择菜单栏中的【视图】→【工具栏】命令，弹出【自定义用户界面】对话框，如图 1-33 所示。

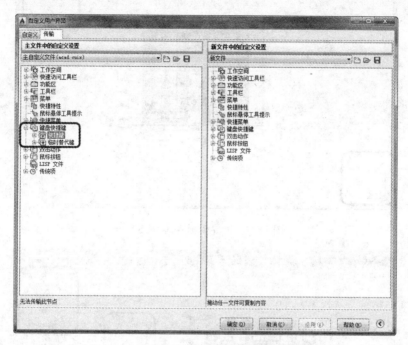

图 1-33 【自定义用户界面】对话框

单击【键盘快捷键】前的"⊞"号，可以展开该项，其中又包含【快捷键】和【临时替代键】两项。用户根据实际需要，通过修改这些设置，可以定义符合自己使用习惯的键盘命令。

1.9.4 坐标系统

AutoCAD 2015 提供了两种坐标系，它们分别是世界坐标系（WCS）和用户坐标系（UCS）。

WCS 是系统默认的坐标系，是运行 AutoCAD 2015 时自动建立的，显示在图形窗口的左下方，如图 1-34 所示。WCS 是由相互垂直并相交的 X 轴、Y 轴和 Z 轴（在 3D 空间下）构成的，其坐标轴的交汇处有一个口字形标记，并规定：X 轴正方向为水平向右、Y 轴正方向为垂直向上、Z 轴正方向为垂直于屏幕向外。

WCS 中所有点的位置都是相对于坐标原点计算的。WCS 是唯一的，用户不能自己建立，也不能修改原点位置和坐标方向，但可以从任意角度和任意方向来观察和旋转。因此，WCS 为用户的图形绘制提供了一个不变的参考基准。

UCS 是用户自己定义的坐标系，其原点和坐标轴的方向都可以移动、改变。默认情况下，UCS 和 WCS 重合，当用户新建 UCS 后，可以使两者分开，如图 1-35 所示。

此外，对比图 1-34 和图 1-35 可以发现，UCS 没有 WCS 的口字形标记。

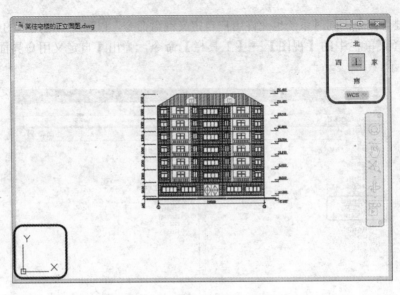

图 1-34 世界坐标系（WCS）

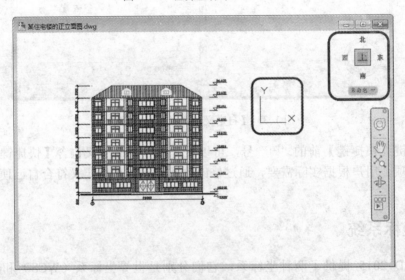

图 1-35 新建的 UCS

用户依次选择菜单栏中的【工具】→【新建 UCS】命令，可以使用多种方法新建 UCS，如图 1-36 所示。弹出的【新建 UCS】子菜单包括以下若干项命令。

（1）【世界】。恢复 UCS 与 WCS 重合。

（2）【上一个】。恢复至上一个 UCS。

（3）【面】。选择三维对象的面创建 UCS。

（4）【对象】。将 UCS 与现有对象对齐。

（5）【原点】。通过定义新原点移动 UCS。

（6）【Z 轴矢量】。通过指定新原点和新 Z 轴上的一点旋转 UCS。

图 1-36 【新建 UCS】子菜单

（7）【三点】。通过指定原点、X 轴上的点、Y 轴范围上的点创建 UCS。

（8）【X】、【Y】、【Z】。将当前 UCS 绕 X、Y、Z 轴旋转指定的角度。

1.9.5　坐标的输入方法

在 AutoCAD 2015 中，点的坐标可以有多种表示方法。本小节将介绍不同的表示方法所对应的点的输入方法。

1．绝对直角坐标

点的绝对直角坐标表示为（X,Y），其中 X 值表示该点到坐标原点在水平方向上的距离；Y 值表示该点到坐标原点在垂直方向上的距离。

在 AutoCAD 2015 中，当使用这种表示方法时，输入方法为：先输入 X 坐标；接着在英文输入法下输入逗号“,”；然后输入 Y 坐标；最后按〈Enter〉键即可完成输入。

2．绝对极坐标

点的绝对极坐标表示为（L<A），其中 L 表示极半径，是该点与坐标原点之间的距离；A 表示极角，是该点用于坐标原点连线与 X 轴正方向之间的夹角。

在 AutoCAD 2015 中，当使用这种表示方法时，输入方法为：先输入极半径 L；接着输入小于号“<”；然后输入极角 A；最后按〈Enter〉键即可完成输入。

用户需要注意的是，极角有正负之分，在系统默认的配置下，逆时针方向为正，顺时针方向为负。用户可以在【图形单位】对话框中通过【顺时针】复选框来修改正负，参见 1.7.1 节。

3．相对直角坐标

点的相对直角坐标可以表示为（@X,Y），其中 X 表示该点与上一输入点在水平方向上的坐标差；Y 表示该点与上一输入点在垂直方向上的坐标差。

在 AutoCAD 2015 中，当使用这种表示方法时，输入方法为：先输入符号“@”；然后输入水平方向的坐标差 X；然后在英文输入法下输入逗号“,”；接着输入垂直方向上的坐标差 Y；最后按〈Enter〉键即可完成输入。

4．相对极坐标

与相对直角坐标类似，点的相对极坐标可以表示为（@L<A），其中 L 表示输入点与上一点之间的距离；A 表示两点连线与 X 轴正向的夹角。

在 AutoCAD 2015 中，当使用这种表示方法时，输入方法为：先输入符号“@”；接着输入极半径 L；接着输入小于号“<”；然后输入极角 A；最后按〈Enter〉键即可完成输入。

1.10　图层

AutoCAD 2015 的图层是管理和控制图形的有效工具。通过使用图层，用户可以将图形中不同类型的几何对象进行分类管理，方便控制图形的显示和编辑，也可以提高绘图效率和准确性。此外，有效的图层管理还能体现绘图者的绘制思路和方法，便于不同用户之间的交流。

本节将介绍 AutoCAD 2015 的图层功能。

1.10.1　图层概念

打个比方说，在一张张透明的玻璃纸上作画，透过上面的玻璃纸可以看见下面纸上的内容，但是无论在上一层上如何涂画都不会影响到下面的玻璃纸，上面一层会遮挡住下面的图像。最后将玻璃纸叠加起来，通过移动各层玻璃纸的相对位置或者添加更多的玻璃纸即可改变最后的合成效果。

AutoCAD 2015 的图层即是透明的电子图纸，用户把各种类型的图形元素画在这些电子图纸上，最终显示的结果是各层内容叠加后的效果。

在平面和工程设计软件（例如 Photoshop 以及 Capture NX）中，都有图层的应用。所以，它具有很高的存在价值。

图层的作用可以归为以下几点。

（1）控制图形的显示。比如，在一张房子建筑平面图上，用户可以把家具、电气、进排水、暖通等按图层全部画在一张图上，打印时就可以通过控制图层的显示与否来打印某张需要的图纸。

（2）控制图形的修改。当将某个图层锁住时，用户在接下来的图形修改过程中就不必担心动了不该动的图形对象。

（3）图层可以设定颜色、线型、线宽。这样用户就可以在不同的图层上绘制不同的图形，而不必一个个去设置这些图形的特性。

1.10.2　AutoCAD 2015 图层命令

在 AutoCAD 2015 中，图层的相关操作主要通过以下两种方式来实现。

（1）菜单栏。单击菜单栏中的【格式】，如图 1-37 所示，打开的子菜单包括【图层】命令、【图层状态管理器】命令和【图层工具】子菜单。

图 1-37　【格式】菜单中的图层相关命令

（2）工具栏。在 AutoCAD 2015 中，和图层相关的工具栏有两个，即【图层】工具栏和【图层 II】工具栏，如图 1-38 和 1-39 所示。

图 1-38 【图层】工具栏

图 1-39 【图层 II】工具栏

1.10.3 图层特性管理器

AutoCAD 2015 提供的【图层特性管理器】是一个十分强大的工具，图层及其属性的大部分设置都可以在此对话框中完成。用户可以通过以下 3 种方式打开【图层特性管理器】。

■ 选择菜单栏中的【格式】→【图形】命令。

■ 单击【图层】工具栏中的【图层】按钮 。

■ 在命令行中输入"LAYER"，然后按〈Enter〉键。

执行上述任一种方法，系统均将弹出【图层特性管理器】对话框，如图 1-40 所示，【图层特性管理器】对话框分成左右两栏：左栏显示了图形中的图层和过滤器的层次结构，右栏则显示的是用户选择的那些图层。

顶层节点【全部】显示图形中的所有图层；【所有使用的图层】只显示使用过的图层；若选定了某一个图层过滤器，则仅显示该图层过滤器中的图层。以下将分别介绍各按钮。

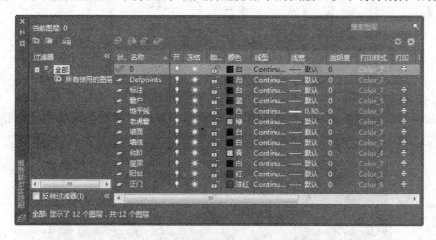

图 1-40 【图层特性管理器】对话框

（1）【当前图层】文本显示框。此处显示当前的图层名。

（2）【搜索图层】文本输入框。在此处输入字符，可按名称快速过滤图层列表。

（3）【反转过滤器】复选框。选中该复选框时，显示所有不满足选定图层特性过滤器中的条件的图层。

（4）图层操作按钮。这 4 个按钮是操控图层的主要命令，各自的主要功能分述如下。

- 【新建图层】按钮。单击该按钮，图层列表中新增一个名称为"图层 1"的新图层，用户可以接受默认的名称，也可以自定义图层名。AutoCAD 2015 支持长达 255 个字符的图层名称，不支持<>^ " " ：;？*,= |~这些符号。新建的图层继承了创建图层时所选中已有图层的所有特性（颜色、线型、开/关状态等）。

- 【在所有视口中都被冻结的新图层视口】按钮。单击该按钮，将创建新图层，然后在所有现有布局视口中将其冻结，可在模型空间或布局空间上访问此按钮。

- 【删除图层】按钮。在图层列表中选中某一个图层，然后单击该按钮，即删除该选中图层。

- 【置为当前】按钮。在图层列表中选中某一个图层，然后单击该按钮，即将选中图层置为当前图层（工作图层），并在【当前图层】文本显示框内显示。

（5）过滤器按钮。这两个按钮用来对过滤器进行相关的操作，具体功能如下。

- 【新建特性过滤器】按钮。单击该按钮，系统弹出【图层过滤器特性】对话框，如图 1-41 所示，可创建新的图层过滤器。

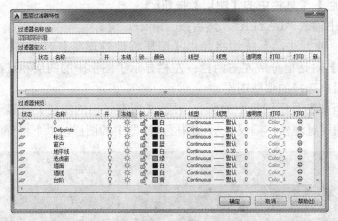

图 1-41 【图层过滤器特性】对话框

- 【新建组过滤器】按钮。可创建组过滤器。单击该按钮，系统默认创建一个名为"组过滤器 1"的图层过滤器，如图 1-42 所示。

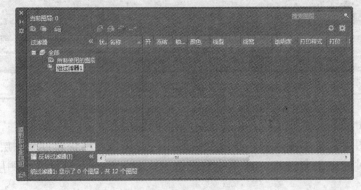

图 1-42 创建组过滤器

（6）【刷新】按钮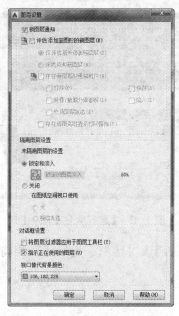。单击该按钮，系统将通过扫描图形中的所有几何图形对象来刷新图层使用信息。

（7）【设置】按钮。单击该按钮，弹出"图层设置"对话框，如图 1-43 所示。

图 1-43 【图层设置】对话框

1.10.4 设置图层颜色

默认情况下，新创建的图层具有与当前图层相同的设置，用户可以修改为自定义的各种属性。在 AutoCAD 2015 中，图层颜色设置的步骤如下所示。

（1）单击【图层】工具栏上的按钮，弹出【图层特性管理器】对话框。单击"中心线层"中的【颜色】按钮，如图 1-44 所示。

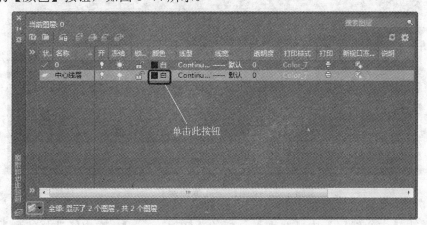

图 1-44 【图层特性管理器】对话框

（2）在弹出的【选择颜色】对话框中选择需要的颜色，这里选择的是红色色块，如

图 1-45 所示。

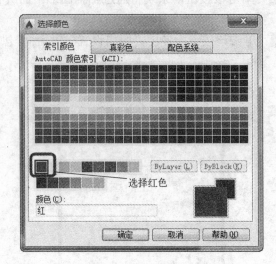

图 1-45 【选择颜色】对话框

（3）单击【确定】按钮，关闭该对话框。返回【图层特性管理器】对话框，该图层的颜色设置完成。

1.10.5 设置图层线型

线型是图形对象的线条的组成和显示样式。

在 AutoCAD 2015 中，用户可以根据需要自定义图层的线型。一般地，图层线型的设置可按下述步骤进行。

（1）单击【图层】工具栏上的按钮，弹出【图层特性管理器】对话框，如图 1-46 所示。

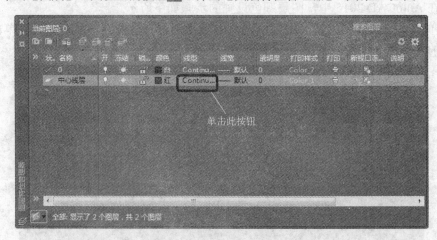

图 1-46 【图层特性管理器】对话框

（2）单击【中心线层】中【线型】一栏的【Continuous】，弹出【选择线型】对话框，如图 1-47 所示。默认情况下，在【已加载的线型】列表框中，只有【Continuous】线型。用户需要将自定义的线型添加到列表框内，才能进行选择。

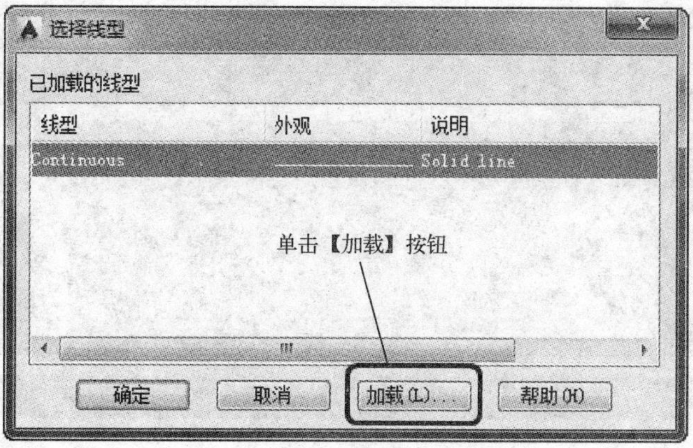

图 1-47 【选择线型】对话框

（3）单击【选择线型】对话框中的【加载】按钮，弹出【加载或重载线型】对话框，如图 1-48 所示。用户可以在【可用线型】列表框中选择需要使用的线型。例如，这里选择【CENTER2】线型。

（4）单击【确定】按钮，关闭该对话框。返回【选择线型】对话框后，此时，线型【CENTER2】已经被添加到了【已加载的线型】列表框中，如图 1-49 所示。选中该线型，单击【确定】按钮，关闭对话框并返回至【图层特性管理器】对话框。此时，用户可以看到，中心线层的线型已经被设置成了【CENTER2】，如图 1-50 所示。

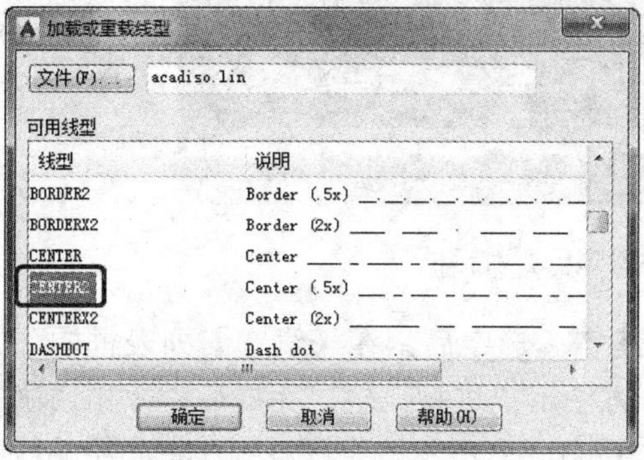

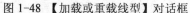

图 1-48 【加载或重载线型】对话框

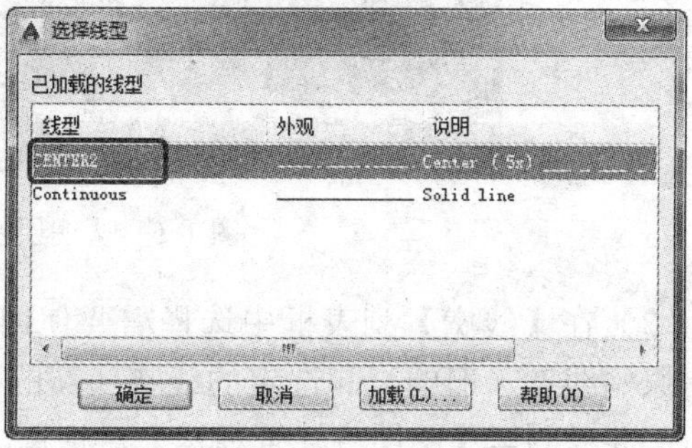

图 1-49 加载的“CENTER2”线型

1.10.6 设置图层线宽

线宽用于改变图线的宽度。用户可参考如下规定。

（1）粗线的宽度（d）应根据图形的大小和复杂程度的不同，在 0.5～2mm 选择，应尽量保证在图样中不出现宽度小于 0.18mm 的图线。

（2）细线的宽度约为 d/3。图线宽度的推荐系列为 0.13mm、0.18mm、0.25mm、0.35mm、0.5mm、0.7mm、1mm、1.4mm 和 2mm。

用户在使用 AutoCAD 2015 进行建筑制图时，可结合上述规定设置不同对象的线宽，从而提高图形的可读性。具体操作步骤如下所示。

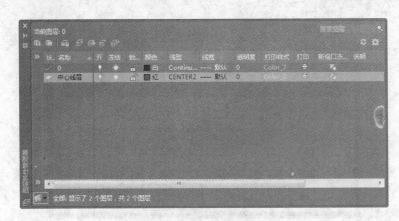

图 1-50　中心线层设置的线型结果

（1）单击【图层】工具栏上的按钮，弹出【图层特性管理器】对话框，如图 1-51 所示。单击【中心线层】中【线宽】栏的【默认】，弹出【线宽】对话框，如图 1-52 所示。

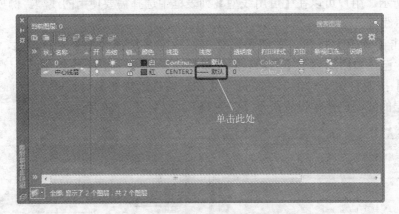

图 1-51　【图层特性管理器】对话框

（2）在【线宽】列表框中选择需要使用的线宽。选定后，在【线宽】列表框的下方会显示原始线宽（旧的）和选定的线宽（新的），方便用户进行比较。完成后，单击【确定】按钮，并返回至【图层特性管理器】对话框，如图 1-53 所示，可以看到，中心层的线宽已经调整为【0.15mm】。

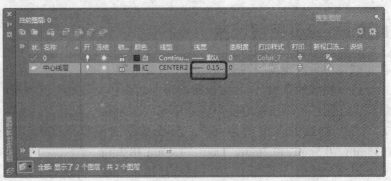

图 1-52　【线宽】对话框　　　　　　　　　　　图 1-53　【图层特性管理器】对话框

1.11　控制图形的显示

本节将介绍在 AutoCAD 2015 中如何控制图形的显示，主要包括对图形进行缩放、平移等实用功能。掌握这些功能有助于用户进行图形的绘制。

1.11.1　重画和重生成图形

用户在绘制和编辑图形过程中，常会在绘图区留下对象的选取标记，而这些标记并非图形对象的组成部分，这种情况下，可使用"重画"和"重生成"命令来清除这些标记。

1. 重画图形

在 AutoCAD 2015 中，用户可以通过以下两种方法执行重画图形操作。

■ 选择菜单栏中的【视图】→【重画】命令。

■ 在命令行中输入"REDRAWALL"，然后按〈Enter〉键。

执行上述任一种操作之后，系统将会刷新界面，临时标记即被清除。该命令是指将当前显示的图形重画一次，并不检查图形文件的内部变量设置是否有变化，因此执行速度比较快。

此外，该命令还可以更新用户使用的当前视口。

2. 重生成图形

在 AutoCAD 2015 中，用户可以通过以下两种方法执行重生成图形操作。

■ 选择菜单栏中的【视图】→【重生成】命令。

■ 在命令行中输入"REGEN"，然后按〈Enter〉键。

执行上述任一种操作之后，系统将重新生成绘图窗口内的所有图形对象。与【重画】命令不同的是，【重生成】命令在执行时首先检查图形文件的内部变量设置是否有变化，然后重新生成图形，因此执行速度会慢一些。

1.11.2　平移图形

【平移】命令可以重新定位图形，以便让用户看清未在当前图形窗口中的图形对象。【平移】操作不会改变图形对象中各个图素的大小及它们之间的相对位置关系，只是改变视图。AutoCAD 2015 提供了多种平移方式，下面将分别介绍这些平移操作。

所有平移操作都集中在【视图】菜单下的【平移】子菜单中，如图 1-54 所示。这里主要介绍两种常用的平移功能。

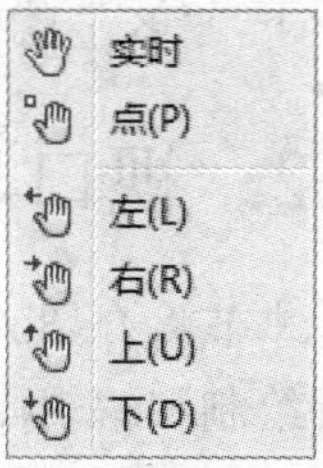

🖐	实时
🖐	点(P)
🖐	左(L)
🖐	右(R)
🖐	上(U)
🖐	下(D)

图 1-54　【平移】子菜单

1. 实时平移

用户可以通过以下两种方法执行实时平移操作。

■ 选择菜单栏中的【视图】→【平移】→【实时】命令。

■ 在命令行中输入"PAN"，然后按〈Enter〉键。

执行上述任一种操作后，十字光标变成🖐形状，按住鼠标左键移动手形光标即可平移图形。

2. 定点平移

定点平移的原理是通过给定一个位移，使系统沿着指定的方向移动由位移确定的距离。用户可以通过以下两种方法执行定点平移操作。

■ 选择菜单栏中的【视图】→【平移】→【点】命令。

■ 在命令行中输入 "-PAN"，然后按〈Enter〉键。

执行上述任一种操作后，图形对象将根据用户指定的位移进行平移。

此外，在【平移】子菜单中还提供【左】、【右】、【上】、【下】4 个平移命令。这些命令可以被看作【定点平移】的特例。

执行上述 4 个命令，则系统分别将图形对象向左、右、上、下移动默认的距离（514.51mm）。

1.11.3　缩放图形

通过使用缩放功能，用户可以方便地观察图形的大小，也可以观察局部图形，从而使得用户可以更快速、更准确地绘制几何图形。与【平移】操作类似，【缩放】操作不会改变图形对象中各个图素的大小及它们之间的相对位置关系，只是改变视图。AutoCAD 2015 提供了多种缩放功能可供用户选择，下面将分别介绍这些缩放操作。

所有缩放操作都集中在【视图】菜单下的【缩放】子菜单中，如图 1-55 所示。这里主要介绍两种常用的缩放功能。

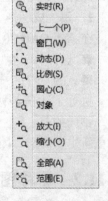

图 1-55 【缩放】子菜单

1. 实时缩放

选择实时缩放，十字光标变成 形状，用户可以通过滚动鼠标滚轮来放大或缩小图形。

2. 动态缩放

该功能可在当前视区中显示图形的全部。执行【动态缩放】后，系统弹出一个图框。选择动态缩放前图形区呈绿色的点线框，如果要动态缩放的图形显示范围与选择的动态缩放前的范围相同，则此绿色点线框域白色框重合而不可见。重生成区域的四周有一个蓝色虚线框，用以标记虚拟图纸，此时，如果线框中有一个 "×" 出现，就可以拖动线框，把它平移到另外一个区域。如果要放大图形到不同的放大倍数，单击一下，"×" 就会变成一个 "→"，这时左右拖动边界线就可以重新确定视图的大小。

1.12　视口与空间

本节将介绍 AutoCAD 2015 中视口与空间这两个功能。视口功能可使用户高效地对图形进行绘制和编辑操作；空间功能则可使图纸的打印与输出更为方便。

1.12.1　视口

视口可将绘图区域拆分成一个或多个相邻的矩形视图，显示用户模型的不同视图的区域。在大型或复杂的图形中，显示不同的视图可以缩短在单一视图中缩放或平移的时间；而且，在一个视图中出现的错误可能会在其他视图中表现出来。

下面将分别介绍 AutoCAD 2015 中视口的相关操作。

视口操作都集中在【视图】菜单下的【视口】子菜单中，如图 1-56 所示。

菜单中的【一个视口】、【两个视口】、【三个视口】及【四个视口】可快速地帮助用户创建常用的几种视口。

用户常用到的视口操作包括新建视口、合并视口及命名视口。

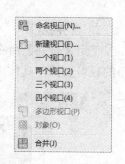

1. 新建视口

图 1-56 【视口】子菜单

依次选择菜单栏中的【视图】→【视口】→【新建视口】命令，弹出【视口】对话框。如图 1-57 所示，【视口】对话框包含【新建视口】和【命名视口】两个选项卡。【新建视口】选项卡的【标准视口】列表框提供了多种视口配置可供用户选择，例如选中"四个：相等"，然后单击【确定】按钮，得到的效果如图 1-58 所示。

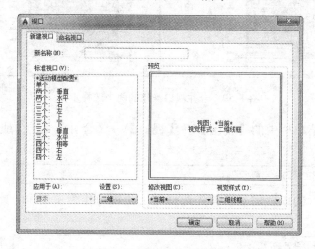

图 1-57 【视口】对话框

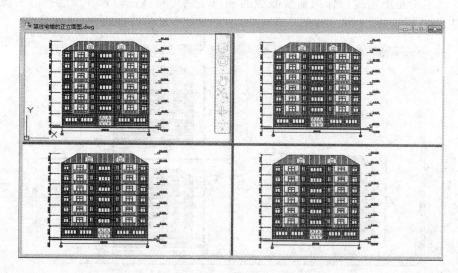

图 1-58 创建的视口

2．合并视口

使用【合并】命令可以从当前的视口配置中减少一个视口。以图 1-58 为例，现将左下角的视口去掉，具体步骤如下。

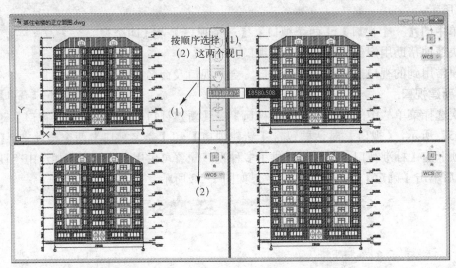

图 1-59　合并视口操作的两个选择步骤

（1）依次选择菜单栏中的【视图】→【视口】→【合并】命令，此时命令行中会出现如下提示信息。

> -VPORTS 选择主视口 <当前视口>：

（2）根据命令行的提示信息，首先选择左上角视口作为主视口。此时命令行中会出现如下提示信息。

> -VPORTS 选择要合并的视口：

此时，单击左下角视口作为需要减少的视口，则可将该视口合并至选择的主视口中，效果如图 1-60 所示。

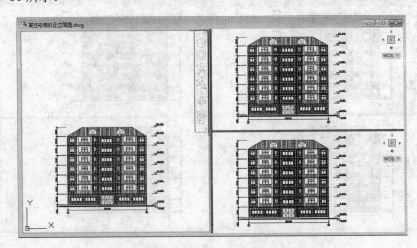

图 1-60　合并视图的效果

3. 命名视口

依次选择菜单栏中的【视图】→【视口】→【命名视口】命令，弹出【视口】对话框，并自动切换到【命名视口】选项卡，如图 1-61 所示。在该选项卡中，用户可以进行命名视口操作。

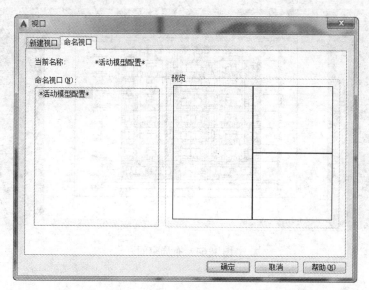

图 1-61 【视口】对话框中的【命名视口】选项卡

1.12.2 空间

AutoCAD 2015 提供了两种环境来完成设计和绘制图形，即【模型空间】和【图纸空间（布局）】。系统在绘图窗口的底部默认提供了一个【模型】选项卡和两个【布局】选项卡，如图 1-62 所示。

模型空间又分为平铺式和浮动式。大部分设计和绘图工作都是在平铺式的模型空间内完成，如图 1-63 所示。

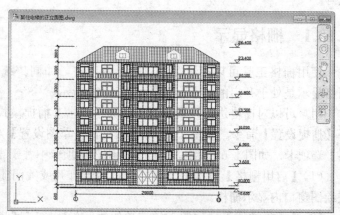

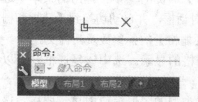

图 1-62 【模型】和【布局】选项卡

图 1-63 模型空间

图纸空间是模拟手工绘图的空间，是一个二维空间，其主要作用是出图，就是把在模型空间绘制的图，在图纸空间进行调整、排版，因此，各个版本的 AutoCAD 都将"图纸空间"称为"布局"，如图 1-64 所示。

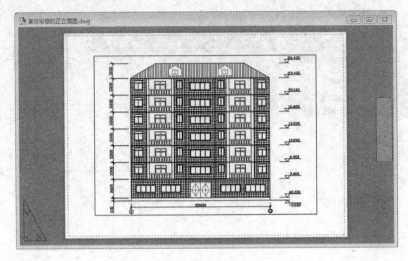

图 1-64　布局空间

1.13　精确定位工具

为了便于用户更加精确地定位、快速地创建和修改图形对象，AutoCAD 2015 在状态栏上提供了一系列的辅助绘图工具按钮，如图 1-65 所示。

图 1-65　各种辅助绘图工具按钮

本节将介绍其中的几个常用按钮的功能，包括显示栅格、开启正交模式、开启捕捉模式等。

1.13.1　栅格显示

使用栅格工具可以在绘图窗口中显示网格，如同传统的坐标纸一样。在默认情况下，栅格显示是处于开启的状态，效果如图 1-66 所示。

用户可以对栅格进行设置具体方法为：单击【捕捉模式】右侧的 ，在弹出的菜单中选择【捕捉设置】命令，如图 1-67 所示，弹出【草图设置】对话框，并自动切换到【捕捉和栅格】选项卡，如图 1-68 所示。下面将介绍该选项卡中关于【栅格】的各参数及其含义。

（1）【启用栅格】复选框。该复选框用于打开或关闭栅格的显示。选中该复选框，可以在绘图窗口内显示栅格。

（2）【栅格样式】选项组。该选项组用于设置将在哪些类型的图形窗口中显示栅格。选中相应的复选框，可以在相应的图形窗口（包括模型空间、块编辑器工作窗口和布局空间）

内显示栅格。

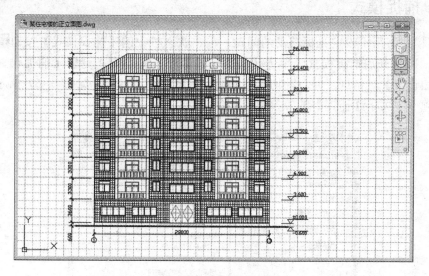

图 1-66 栅格显示效果

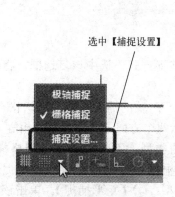

图 1-67 设置栅格的属性

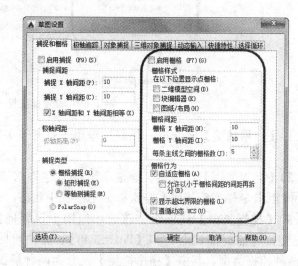

图 1-68 【草图设置】对话框

（3）【栅格间距】选项组。该选项组用于设置栅格在 X 和 Y 两个方向上的间距值。当用户在【栅格 X 轴间距】后的文本框内输入间距值后，单击【栅格 Y 轴间距】后的文本框，系统会自动将此输入值赋给 Y 轴间距。

（4）【栅格行为】选项组。该选项组用于设置栅格线的显示样式。

① 【自适应栅格】复选框。该复选框用于限制缩放时栅格的密度。

② 【允许以小于栅格间距的间距再拆分】复选框。该复选框用于控制是否能够以小于栅格间距的间距拆分栅格。

③ 【显示超出界限的栅格】复选框。该复选框用于控制是否显示图限之外的栅格。

④ 【遵循动态 UCS】复选框。该复选框用于跟随动态 UCS 的 XY 平面改变栅格平面。

1.13.2　捕捉模式

　　【捕捉模式】用于设定光标移动的间距。单击状态栏上的【捕捉模式】按钮，使其呈高亮显示，即可开启捕捉模式。单击【捕捉模式】右方的键，选中【捕捉设置】选项，弹出【草图设置】对话框，并自动切换到【捕捉和栅格】选项卡，如图 1-69 所示。下面将介绍该选项卡中关于【捕捉】的各参数及其含义。

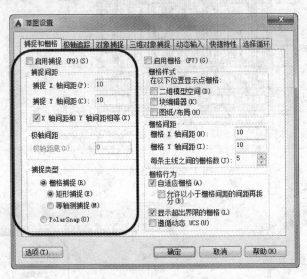

图 1-69　设置捕捉模式

　　（1）【启用捕捉】复选框。该复选框用于打开或关闭捕捉方式，选中该复选框，将启用捕捉。

　　（2）【捕捉间距】选项组。该选项组用于定义 X 轴和 Y 轴的捕捉间距。默认状态下，【X 轴间距和 Y 轴间距相等】复选框处于被选中状态，表示两个方向上的捕捉间距相等。

　　（3）【捕捉类型】选项组。该选项组用于设置捕捉的类型。系统提供了【栅格捕捉】（按正交位置捕捉位置点）和【PolarSnap】（极轴捕捉，根据设置的任意极轴角捕捉位置点）两种捕捉类型。其中【栅格捕捉】又分为两种捕捉类型：①【矩形捕捉】。单击该单选按钮，光标捕捉一个矩形栅格。②【等轴测捕捉】。单击该单选按钮，光标捕捉一个等轴测栅格。

　　（4）【极轴间距】选项组。当用户在【捕捉类型】选项组中单击【PolarSnap】单选按钮后，该选项组被激活，同时【捕捉间距】选项组失效。用户可以在【极轴距离】文本框内输入间距值。

1.13.3　正交模式

　　用户在绘制图形过程中，经常需要使用到水平线和垂直线。在 AutoCAD 2015 的默认设置下，用光标控制的方法不能保证直线严格地朝着水平或垂直方向延伸。

　　用户单击状态栏上的【正交模式】按钮，使其呈高亮显示，即可开启正交模式。此时，用户在进行直线绘制操作或移动几何对象等操作时，只能沿着水平方向或垂直方向进行。

另外，用户也可以按〈F8〉快捷键，控制正交模式的开启与关闭。

1.14　对象捕捉

用户在进行图形绘制时，常需利用一些特殊点，例如线段的端点和中点，圆的圆心、象限点及切点。如果只利用光标在图形上拾取，有时会很困难。因此，AutoCAD 提供了【对象捕捉】功能，帮助用户准确地识别这些特殊点。

单击状态栏上的【对象捕捉】按钮，或者按〈F3〉快捷键，均可使该按钮呈高亮显示状态，即开启对象捕捉功能。

在开启【对象捕捉】前，用户应该根据需要设置 AutoCAD 系统识别的点的类型，如图 1-70 所示。

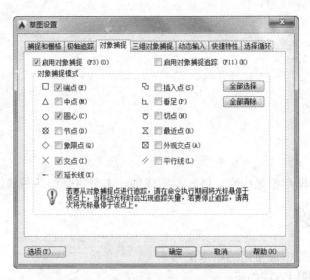

图 1-70　设置需要捕捉的特殊点

在状态栏的【对象捕捉】按钮上单击鼠标右键，在快捷菜单中选择【设置】命令，弹出【草图设置】对话框，并自动切换到【对象捕捉】选项卡。下面将介绍该选项卡中关于【栅格】的各参数及其含义。

（1）【启用对象捕捉】复选框。用于控制是否开启对象捕捉功能。选中该复选框，即可开启对象捕捉功能。

（2）【启用对象捕捉追踪】复选框。用于控制是否开启对象捕捉追踪。

（3）【对象捕捉模式】选项组。该选项组用于选择需要捕捉的特殊点。单击【全部选择】按钮　全部选择　可以选择所有特殊点；单击【全部清除】按钮　全部清除　可以取消选择所有特殊点。

每一种类型的特殊点都有一个对应的符号。当用户在图形中捕捉这些点时，系统将自动显示这些符号。

第 2 章 基 本 绘 图

本章主要介绍 AutoCAD 2015 版本的基本绘图方法，如直线、圆、圆弧、椭圆、矩形、圆环等基本图形的绘制，在此基础上，本章还配有综合实例以供读者自主学习。

 本讲内容

- ↘ 绘制线
- ↘ 绘制圆
- ↘ 绘制圆弧
- ↘ 绘制椭圆
- ↘ 徒手画线

2.1 绘制线

在制图中，各种图形都是由点、线、面组成的。本节将介绍各种线的绘制方法。

2.1.1 绘制直线

直线是在基本制图中最常用的基本图形。

【直线】命令的调用方法如下。

- ■ 选择菜单栏中的 "绘图" → "直线" 命令。
- ■ 单击工具栏中的【直线】按钮 ╱ 。
- ■ 在命令行中输入 "LINE"，然后按〈Enter〉键。

执行【直线】命令后，命令行会出现如下提示信息。

> ⌐ **LINE** 指定第一个点:

在绘图区域选定直线的起点，单击鼠标左键完成对象选择。或者输入所需要的坐标点，按〈空格〉键确定输入。命令行的提示信息如下。

> ⌐ **LINE** 指定下一点或 [放弃(U)]:

此时需要选定直线的下一个点，图形将会围绕基点预显示出所画直线。选定后，系统会继续上一个提示，当所画直线多于两条后，命令行的提示信息如下。

> ⌐ **LINE** 指定下一点或 [闭合(C) 放弃(U)]:

这里还涉及两个选项【闭合（C）】和【放弃（U）】，下面将详细说明。

（1）【闭合（C）】选项。该选项用于设置是否闭合所画直线。以选定的最后一点为起点，第一条直线的起点为终点，画出闭合的直线。

（2）【放弃（U）】选项。当输入或者选定错误时，用户可通过该选项放弃上一点的选定。

思路·点拨

直线的画法比较简单，主要是注意输入的参数（即坐标值）。同时，注意坐标系的运用，在 AutoCAD 2015 中，常用的坐标系为直角坐标系和绝对坐标系。直线的输入格式如下。

（1）直角坐标系（X,Y），如"1,1"表示坐标点（1,1）。如果在坐标前加符号"@"表示相对坐标值，例如选定点为（1，1），再输入下一定"@1,1"，下一点在坐标系中表示点（2,2）。

（2）绝对坐标系（长度<角度），比如（30<60）表示距离选定点长 30，沿 X 轴逆时针旋转 60° 的点。

【光盘文件】

动画演示——参见附带光盘中的"AVI\Ch2\2-1.avi"文件。

【操作步骤】

（1）在工具栏中单击【直线】按钮 ；或选择菜单栏中的【绘图】→【直线】命令，或者在命令行中输入命令："LINE"（默认快捷键 L），然后按〈空格〉键或〈Enter〉键，如图 2-1 所示。

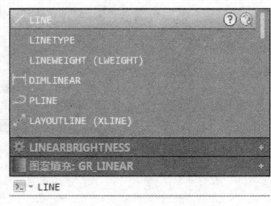

图 2-1　绘制直线

命令行会出现如下提示。

> ⌐ LINE 指定第一个点：

输入第一个点坐标，比如（0,0），其中 X 坐标和 Y 坐标之间用英文输入法下的 ","隔开，按〈空格〉键确定；命令行会出现如下提示。

> ⌐ LINE 指定下一点或 [放弃(U)]:

然后输入下一点坐标（5,0），命令行会出现如下提示。

> ⌐ LINE 指定下一点或 [放弃(U)]: 5,0

按〈空格〉键确定；继续输入（10,-5）（注意：输入 "@5,-5" 也有同样的效果，在坐标前面加上 "@" 是表示相对坐标）。

> ⌐ LINE 指定下一点或 [放弃(U)]: 10,-5

> ⌐ LINE 指定下一点或 [闭合(C) 放弃(U)]:

按〈空格〉键确定；如果输入了错误点，可以输入 "U" 放弃上一点，重新输入上一点坐标；输入 "C" 闭合所画直线；按〈空格〉键可以结束直线的绘制。

（2）在工具栏中单击【直线】按钮 或者在命令行中输入命令 "LINE"，调出动态输入，如图 2-2 所示。

图 2-2　激活动态输入状态

在动态输入框中直接输入 "0，0"，动态输入框会出现如下状态。

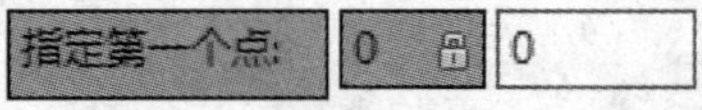

> 指定第一个点： 0 🔒 0

按〈空格〉键确定，然后再输入 "5，5"，如图 2-3 所示。

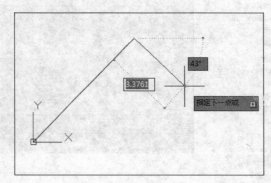

图 2-3　绘制直线（一）

用户也可以用鼠标单击确定第一个点，再单击确定第二个点，如图 2-4 所示。

（3）极坐标输入。在工具栏中单击【直线】按钮 或者在命令行中输入命令："LINE"，按〈空格〉键，再在命令行输入 "0,0"，再按〈空格〉键，输入 "50<-45"，表示绘制长为 50、角度为-45°的直线（即绝对坐标系的输入方法），如图 2-5 所示。输入

"@50<-45" 表示其中长度为该点到前一点的距离，角度为该点至前一点的连线与 X 轴正向的夹角。

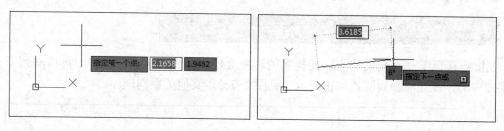

图 2-4　绘制直线（二）

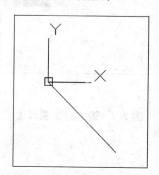

图 2-5　绘制直线（三）

（4）捕捉点绘制直线。在工具栏中单击【直线】按钮 ✏ 或者在命令行中输入命令："LINE"，把光标停留在捕捉点的方位，按住〈Shift〉键并单击鼠标右键，选定所需要的几何关系，单击鼠标左键确定，如图 2-6 所示。

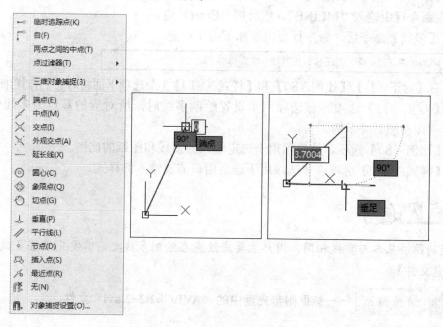

图 2-6　捕捉点绘制直线

（5）追踪点绘制直线。在工具栏中单击【直线】按钮 ▱ 或者在命令行中输入命令："LINE"，打开对象捕捉追踪，快捷键为〈F11〉。

把鼠标移至下一点相关的点，捕捉到的对象会出现方框（见图 2-7a），再移动到下一点（见图 2-7b），就能捕捉到两点的正交点（见图 2-7c），其他关系同理。

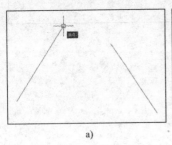 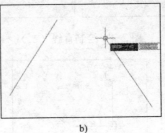 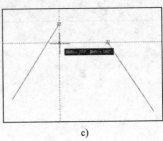

a)   b)   c)

图 2-7   追踪点绘制直线

2.1.2 绘制多线

多线是由多条线段构成的平行线，线段之间的间距是恒定的，用户可以自定义多线的线型和线条数量。在绘制多线之前，用户需要先设置多线样式。

【多线】命令的调用方法如下。
- 选择菜单栏中的【绘图】→【多线】命令。
- 在命令行中输入"MLINE"，然后按〈Enter〉键。

执行【多线】命令后，命令行会出现如下提示信息。

> MLINE 指定起点或 [对正(J) 比例(S) 样式(ST)]：

这里有【对正（J）】、【比例（S）】和【样式（ST）】3 个选项下面将对它们作详细说明。

（1）【对正（J）】选项。该选项用于设置绘制多线时，所对应的基点为多线中的那个点。具体应用参照后文示例。

（2）【比例（S）】选项。该选项用于选定输入的多线和图纸的比例。

（3）【样式（ST）】选项。该选项用于选定用户需要输入的样式。

思路·点拨

多线的画法基本与直线相同，用户主要应注意在绘制多线之前需要先设置多线样式。

【光盘文件】

 动画演示——参见附带光盘中的 "AVI\Ch2\2-2.avi" 文件。

【操作步骤】

（1）在菜单栏中选择【格式】→【多线样式】命令，弹出【多线样式】对话框，如

图 2-8 所示，在该对话框中单击【新建】按钮。

（2）在弹出的【创建新的多线样式】对话框中输入新样式名"新样式 1"，单击【继续】按钮，如图 2-9 所示。

图 2-8　单击【新建】按钮　　　　　　　　图 2-9　创建新多线样式

（3）在弹出的【新建多线样式：新样式 1】对话框的【说明】文本框中输入"间距"，如图 2-10 所示。

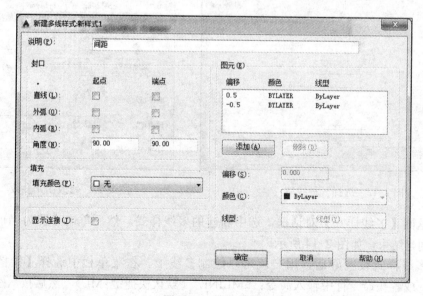

图 2-10　输入说明

（4）在【新建多线样式：新样式 1】对话框的【图元】选项组中连续两次单击【添加】按钮添加图元，如图 2-11 所示。

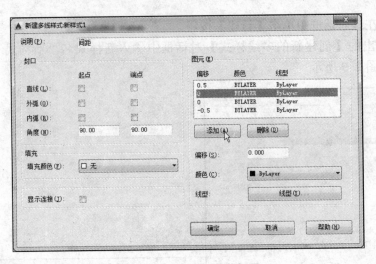

图 2-11　单击【添加】按钮

（5）在【新建多线样式：新样式 1】对话框中单击【线型】按钮，弹出【选择线型】对话框，从【已加载的线型】列表框中选择一种线型，然后单击【确定】按钮，如图 2-12 所示。

（6）在【图元】选项组中，单击要修改的多线样式；在下方【偏移】文本框中输入要修改的距离，在【颜色】下拉列表框中选择所要修改的颜色；单击"线型"按钮，在弹出的【选择线型】对话框中修改线型，然后单击【确定】按钮，如图 2-13 所示。

图 2-12　选择一种线型

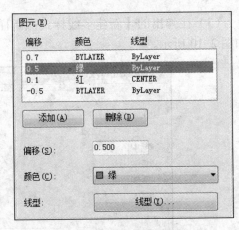

图 2-13　修改图元参数

（7）返回【多线样式】对话框，选中新建的多线样式，然后单击【置为当前】按钮，多线样式创建结束，如图 2-14 所示。

（8）多线样式设置好后，用户就可以绘制多线了。在菜单栏中选择【绘图】→【多线】命令，或者在命令行中输入命令："MLINE"（默认快捷键 ML），然后按〈空格〉键或〈Enter〉键，命令行提示信息如下。

```
MLINE 指定起点或 [对正(J) 比例(S) 样式(ST)]:
```

（9）选择对正方式，多线的创建基点，其中有"上""无""下"3 种对正方式，如图 2-15 所示，都是选定原点（0,0）为基点；【比例】则是可以改变其多线各线间的间隔比例；"样式"则是快速选择多线的样式，输入样式的名字选择。

图 2-14　单击【置为当前】按钮

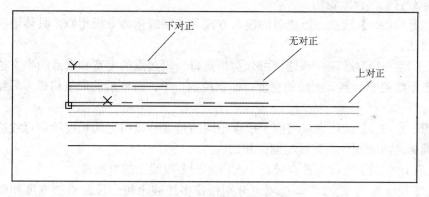

图 2-15　对正多线

（10）要使多线闭合，用户可以在绘制最后一条多线前于命令行输入"C"，然后按〈空格〉键确定，系统会自动将多线的起点与结束点闭合，如图 2-16 所示。

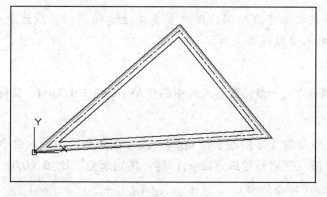

图 2-16　闭合多线

2.1.3 绘制多段线

二维多段线是作为单个平面对象创建的相互连接的线段序列，可以创建直线段、圆弧段或者两者的组合线段。

【多段线】命令的调用方法如下。

■ 选择菜单栏中的"绘图"→"多段线"命令。

■ 单击工具栏中的【多段线】按钮 。

■ 在命令行中输入"PLINE"，然后按〈Enter〉键。

执行【多段线】命令后，命令行会出现如下提示信息。

> `· ▪ - PLINE 指定起点：`

在绘图区域选择线的起点，单击鼠标左键完成对象选择。或者输入所需要的坐标点，按〈空格〉键确定输入。命令行会出现如下提示信息。

> `· ▪ - PLINE 指定下一个点或 [圆弧(A) 半宽(H) 长度(L) 放弃(U) 宽度(W)]：`

这里有【圆弧（A）】、【半宽（H）】、【长度（L）】、【放弃（U）】和【宽度（W）】5 个选项，下面将对它们作详细说明。

（1）【圆弧（A）】选项。该选项的输入方式和绘制圆弧命令很相似，具体请参照下文绘制圆弧的画法。

（2）【半宽（H）】选项。该选项可分别指定每一段起点的半宽和端点的半宽值。所谓半宽就是指多段线的中心到其一边的宽度，即宽度的一半。改变后的取值将成为后续线段的默认宽度。

（3）【长度（L）】选项。以与前一线段相同的角度并按指定的长度绘制直线段。如果前一线段为圆弧，将绘制一条直线与圆弧相切。

（4）【放弃（U）】选项。放弃最近一次添加到多段线上的直线段。

（5）【宽度（W）】选项。该选项可分别指定多段线上每一段起点的宽度和端点的宽度值。改变后的取值将成为后续线段的默认宽度。

思路·点拨

多段线的画法基本与直线相同，用户主要应注意的是，多段线包含圆弧、半宽、长度、宽度等选项，相对直线较为灵活。

【光盘文件】

动画演示 ——参见附带光盘中的"AVI\Ch2\2-1.3.avi"文件。

【操作步骤】

（1）在工具栏中单击【多段线】按钮 ；或者在命令行中输入命令："PLINE"（默认快捷键 PL），然后按〈空格〉键或〈Enter〉键。指定起点，比如（0,0）并按〈空格〉键确定，命令行会出现如下提示信息。

> `· ▪ - PLINE 指定下一个点或 [圆弧(A) 半宽(H) 长度(L) 放弃(U) 宽度(W)]：`

（2）多段线默认输入是直线，输入坐标"100,0"，就会出现长为 100mm 的直线，然后选定下一步需要绘制的图案，比如输入"A"，命令行会出现如下提示信息。表示下一图案为绘制圆弧（关于圆弧的绘制在下一节会讲到，这里不作详细介绍），输入坐标"100,100"，即出现如图 2-17 所示的图案。

`∴ PLINE 指定下一个点或 [圆弧(A) 半宽(H) 长度(L) 放弃(U) 宽度(W)]: A`

（3）现在默认输入继续为圆弧。或者重新选择需要输入的基本图样，比如输入"L"表示重新选定下一输入为直线。再输入坐标"@-100,0"，画出新的直线，如图 2-18 所示。

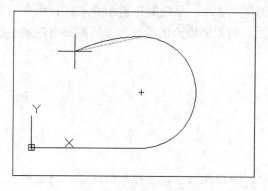 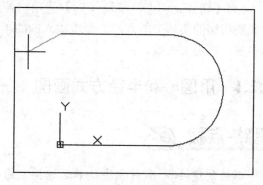

图 2-17　绘制一圆弧　　　　　　　　图 2-18　绘制新的直线

（4）输入"A"，表示下一输入为圆弧，再输入"CL"闭合圆弧，结果如图 2-19 所示。

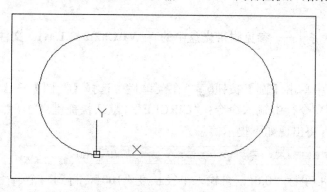

图 2-19　绘制多段线结果

2.2　绘制圆

在 AutoCAD 2015 中，用户会经常使用曲线来绘制图形，所用曲线包括圆、圆弧、椭圆、椭圆弧等，图 2-20 所示即为绘制的圆。

【圆】命令的调用方法如下。

- 选择菜单栏中的【绘图】→【圆】命令，然后在后面的选项中选定用户所需要的方法。
- 单击工具栏中的【圆】按钮。
- 在命令行中输入"CIRCLE"，然后按〈Enter〉键。

执行【圆】命令后，命令行会出现如下提示信息。

CIRCLE 指定圆的圆心或 [三点(3P) 两点(2P) 切点、切点、半径(T)]:

这里有【三点（3P）】、【两点（2P）】和【切点、切点、半径（T）】3 个选项，下面将对它们作详细说明。另外，菜单栏的【绘图】→【圆】子菜单中共有 6 个绘制圆的命令。

（1）【三点（3P）】选项。3 点能确定一个圆，该选项即通过捕捉圆上的 3 个点来确定所画的圆。如果输入的 3 点共线，则定义失败。

（2）【两点（2P）】选项。该选项所输入两点的距离为圆的直径，两点的中心为圆心。

（3）【切点、切点、半径（T）】选项。若选择此选项，系统顺序提示要求选择两个与所定义圆相切的实体上的点，并要求输入圆的半径，如果所输入的半径小于所能画出的最小圆的半径，则定义失败。

2.2.1 用圆心和半径方式画圆

思路·点拨

圆的创建共有 6 种方法，如通过指定圆心、半径或圆心、直径来创建圆，通过两点、圆心或三点来创建圆以及通过和其他对象的相切关系来创建圆，系统默认的创建圆的方式为通过圆心和半径的方式创建。

【光盘文件】

动画演示——参见附带光盘中的 "AVI\Ch2\2-2.1.avi" 文件。

【操作步骤】

（1）在工具栏中单击【圆】按钮，在菜单栏中选择【绘图】→【圆】→【圆心、半径】命令；或者在命令行中输入命令："CIRCLE"（默认快捷键 C），然后按〈空格〉键或〈Enter〉键。命令行将出现如下提示信息。

CIRCLE 指定圆的圆心或 [三点(3P) 两点(2P) 切点、切点、半径(T)]:

（2）先输入圆心坐标 "0,0"，再输入半径长度 "100"，得到一个半径为 100mm 的圆，如图 2-21 所示。

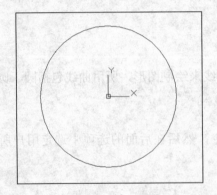

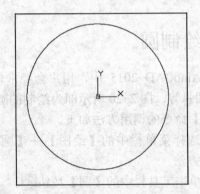

图 2-20　圆　　　　　　　　　图 2-21　用圆心、半径方式画圆

2.2.2 用圆心和直径方式画圆

【光盘文件】

 动画演示——参见附带光盘中的"AVI\Ch2\2-2.2.avi"文件。

【操作步骤】

（1）在工具栏中单击【圆】按钮 ⦿；或者在菜单栏中选择【绘图】→【圆】→【圆心、直径】命令；或者在命令行中输入命令："CIRCLE"（默认快捷键 C），然后按〈空格〉键或〈Enter〉键。

（2）先输入圆心坐标"0,0"，再输入"D"选定输入方式为直径，输入直径长度"100"得到一个半径为 50mm 的圆。

2.2.3 三点画圆

思路·点拨 ✎

输入三点坐标时，用户应注意，输入的坐标是相对坐标还是直角坐标。如果打开了动态输入，那么连续输入的三点坐标，除第一点外，后面的点都是基于上一个点的相对坐标；如果没有打开动态输入，那么连续输入的三点为直角坐标系中的 3 个坐标点。读者可以尝试这两种输入方式，以观察其中的区别。

【光盘文件】

 动画演示——参见附带光盘中的"AVI\Ch2\2-2.3.avi"文件。

【操作步骤】

（1）在工具栏中单击【圆】按钮 ⦿；或者在菜单栏中选择【绘图】→【圆】→【三点（3）】命令；或者在命令行中输入命令："CIRCLE"（默认快捷键 C），然后按〈空格〉键或〈Enter〉键。

选择菜单栏中的【绘图】→【圆】→【三点（3）】命令，选定输入模式为三点输入，命令行将出现如下提示。

```
● ▾ CIRCLE 指定圆的圆心或 [三点(3P) 两点(2P) 切点、切点、半径(T)]: _3p 指定圆上的第一个点:
```

（2）输入圆上的任意三点坐标，如（0,50），（50,0），（100,50），如图 2-22 所示。

2.2.4 两点画圆

思路·点拨 ✎

两点画圆是基于圆的直径的两端绘制一个圆的方法。输入的两个坐标为直径两端的点坐标。

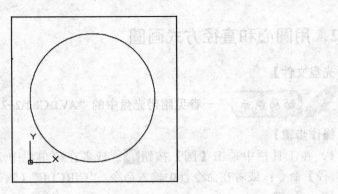

图 2-22　三点画圆

动画演示——参见附带光盘中的"AVI\Ch2\2-2.4.avi"文件。

【操作步骤】

（1）在工具栏中单击【圆】按钮，或者在菜单栏中选择【绘图】→【圆】→【两点（2）】命令；或者在命令行中输入命令："CIRCLE"（默认快捷键 C），然后按〈空格〉键或〈Enter〉键。

选择菜单栏中的【绘图】→【圆】→【两点（2）】命令，选定输入模式为两点输入，命令行将出现如下提示信息。

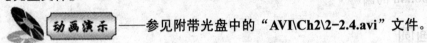

（2）输入圆上的任意两点坐标，如（0,50），（100,50），绘制出一个直径为 100mm 的圆，如图 2-23 所示。

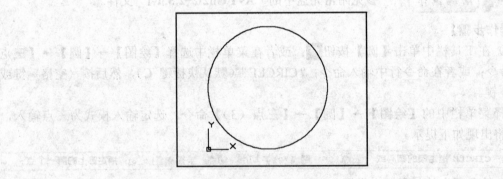

图 2-23　两点画圆

2.2.5　用切点、切点、半径画圆

思路·点拨

用切点、切点、半径画圆是指基于圆的几何关系，找到两个切点和需要的半径绘制圆

的方法，是能很好地确保几何关系的画圆法。

【光盘文件】

动画演示——参见附带光盘中的"AVI\Ch2\2-2.5.avi"文件。

【操作步骤】

（1）在工具栏中单击【圆】按钮⊙；或者在菜单栏中选择【绘图】→【圆】→【相切、相切、半径】命令；或者在命令行中输入命令："Circle"（默认快捷键 C），然后按〈空格〉键或〈Enter〉键。

选择菜单栏中的【绘图】→【圆】→【相切、相切、半径（T）】命令，选定输入模式。

（2）在之前画出的任意两条直线中，选择相切的两个点，再输入半径，即可得到符合条件的圆，如图 2-24 所示。

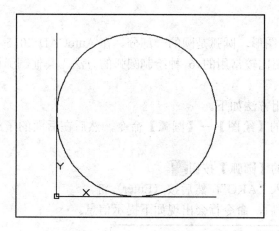

图 2-24 用切点、切点、半径画圆

2.2.6 用切点、切点、切点画圆

思路·点拨

切点、切点、切点画圆也是基于圆的几何关系，找到 3 个切点绘制圆的方法，同样是能很好地确保几何关系的画圆法。

【光盘文件】

动画演示——参见附带光盘中的"AVI\Ch2\2-2.6.avi"文件。

【操作步骤】

（1）在菜单栏中选择【绘图】→【圆】→【相切、相切、相切（A）】命令，选定输入模式。

（2）在之前画出的任意 3 条直线中，选择相切的 3 个点（或线），即可得到符合条件的圆，如图 2-25 所示。

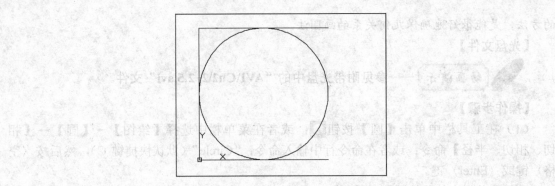

图 2-25　用切点、切点、切点画圆

2.3　绘制圆弧

圆弧是带有弧形的图形，圆弧是圆的一部分。在 AutoCAD 2015 中，绘制圆弧的方法有
11 种，下面将着重介绍比较常用的 6 种绘制圆弧的方法，其他圆弧画法只作简要介绍，读
者可自行尝试。

【圆弧】命令的调用方法如下。

■　选择菜单栏中的【绘图】→【圆弧】命令，然后在后面的子菜单中选定用户所需要
的方法。

■　单击工具栏中的【圆弧】按钮 。

■　在命令行中输入"ARC"，然后按〈Enter〉键。

执行【圆弧】命令后，命令行会出现如下提示信息。

> ARC 指定圆弧的起点或 [圆心(C)]：

绘制圆弧和绘制圆的方法一样，相当于在绘制出的圆中截取所需圆弧。【圆心（C）】选
项则是表示捕捉的对象将是圆弧的圆心。

2.3.1　三点画圆弧

思路·点拨

三点画圆弧相对来说是常用的圆弧画法，也为圆弧的默认画法。

【光盘文件】

动画演示——参见附带光盘中的"AVI\Ch2\2-3.1.avi"文件。

【操作步骤】

（1）在工具栏中单击【圆弧】按钮 ；或者在菜单栏中选择【绘图】→【圆弧】→
【三点】命令；或者在命令行中输入命令："ARC"，然后按〈空格〉键或〈Enter〉键。绘制
圆弧的默认模式为三点绘制。命令行会出现如下提示信息。

> ARC 指定圆弧的起点或 [圆心(C)]：

（2）选定圆弧所在的三个点，即可得到想要的圆弧。如图 2-26 所示，这是三点分别为
（150，250）、（50，200）、（250，200）的圆弧。

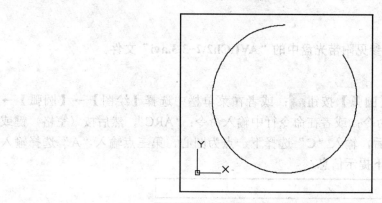

图 2-26　三点画圆弧

2.3.2　用起点、中心点、终点方式画圆弧

【光盘文件】

——参见附带光盘中的"AVI\Ch2\2-3.2.avi"文件。

【操作步骤】

（1）在工具栏中单击【圆弧】按钮 ；或者在菜单栏中选择【绘图】→【圆弧】→
【起点、圆心、端点（S）】命令；或者在命令行中输入命令："ARC"，然后按〈空格〉键
或〈Enter〉键。在选择了起点后，输入"C"选择下一点为圆心，命令行将会出现如下提
示信息。

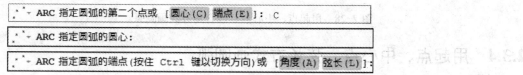

（2）选定圆弧所在的三个点，即可得到想要的圆弧，如图 2-27 所示。

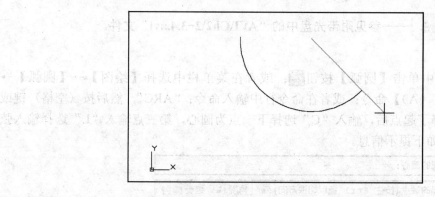

图 2-27　用起点、中心点、终点方式画圆弧

2.3.3　用起点、中心点、包含角方式画圆弧

【光盘文件】

——参见附带光盘中的 "AVI\Ch2\2-3.3.avi" 文件。

【操作步骤】

（1）在工具栏中单击【圆弧】按钮 ；或者在菜单栏中选择【绘图】→【圆弧】→【起点、圆心、角度（T）】命令；或者在命令行中输入命令："ARC"，然后按〈空格〉键或〈Enter〉键。在选择了起点后，输入 "C" 选择下一点为圆心，第三点输入 "A" 选择输入夹角角度，命令行会出现如下提示信息。

> ᐟᐟ▾ ARC 指定圆弧的圆心:

> ᐟᐟ▾ ARC 指定圆弧的端点 (按住 Ctrl 键以切换方向) 或 [角度(A) 弦长(L)]:

> ᐟᐟ▾ ARC 指定夹角 (按住 Ctrl 键以切换方向):

（2）选定两个点和夹角角度后，即可得到想要的圆弧。如图 2-28 所示，这就是绘制的起点为（0，100），圆心为（100，100），夹角是 270° 的圆弧。

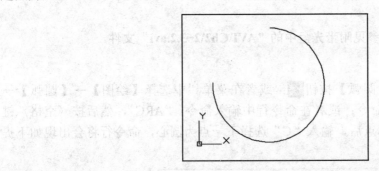

图 2-28　用起点、中心点、包含角方式画圆弧

2.3.4　用起点、中心点、弦长方式画圆弧

【光盘文件】

——参见附带光盘中的 "AVI\Ch2\2-3.4.avi" 文件。

【操作步骤】

（1）在工具栏中单击【圆弧】按钮 ；或者在菜单栏中选择【绘图】→【圆弧】→【起点、圆心、长度（A）】命令；或者在命令行中输入命令："ARC"，然后按〈空格〉键或〈Enter〉键。在选择了起点后，输入 "C" 选择下一点为圆心，第三点输入 "L" 选择输入弦长，命令行会出现如下提示信息。

> ᐟᐟ▾ ARC 指定圆弧的圆心:

> ᐟᐟ▾ ARC 指定圆弧的端点 (按住 Ctrl 键以切换方向) 或 [角度(A) 弦长(L)]:

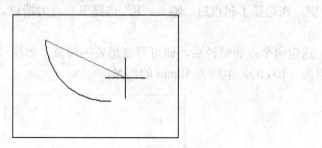

　∴・ ARC 指定弦长(按住 Ctrl 键以切换方向):

（2）选定两个点和弦长长度后，即可得到想要的圆弧（注意：因最长弦长为直径，故这种画法的圆弧的包含角不超过 180°），如图 2-29 所示。

图 2-29　用起点、中心点、弦长方式画圆弧

2.3.5　用起点、终点、包含角方式画圆弧

【光盘文件】

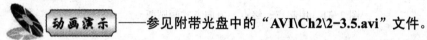

动画演示——参见附带光盘中的 "AVI\Ch2\2-3.5.avi" 文件。

【操作步骤】

（1）在工具栏中单击【圆弧】按钮 ；或者在菜单栏中选择【绘图】→【圆弧】→【起点、端点、包含角（N）】命令；或者在命令行中输入命令："ARC"，然后按〈空格〉键或〈Enter〉键。在选择了起点后，输入 "E" 选择下一点为端点，第三点输入 "A" 选择输入夹角即可。

（2）选定两个点和夹角后，即可得到想要的圆弧。如图 2-30 所示，这就是起点为原点，端点为（100，0），夹角为 270° 的圆弧。

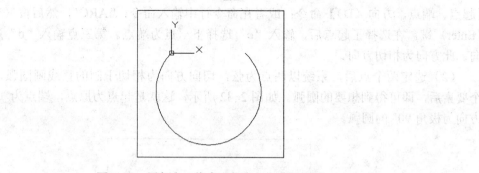

图 2-30　用起点、终点、包含角方式画圆弧

2.3.6　用起点、终点、半径方式画圆弧

【光盘文件】

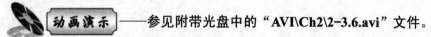

动画演示——参见附带光盘中的 "AVI\Ch2\2-3.6.avi" 文件。

【操作步骤】

（1）在工具栏中单击【圆弧】按钮 ；或者在菜单栏中选择【绘图】→【圆弧】→【起点、端点、半径（R）】命令；或者在命令行中输入命令："ARC"，然后按〈空格〉键或〈Enter〉键。在选择了起点后，输入"E"选择下一点为端点。第三点输入"R"选择输入半径即可。

（2）选定两个点和半径后，即可得到想要的圆弧。如图 2-31 所示，这就是起点为（0，0），端点为（100,0），半径为 50mm 的圆弧。

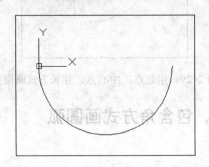

图 2-31　用起点、终点、方向方式画圆弧

2.3.7　用起点、终点、方向方式画圆弧

【光盘文件】

动画演示——参见附带光盘中的"AVI\Ch2\2-3.7.avi"文件。

【操作步骤】

（1）在工具栏中单击【圆弧】按钮 ；或者在菜单栏中选择【绘图】→【圆弧】→【起点、端点、方向（D）】命令；或者在命令行中输入命令："ARC"，然后按〈空格〉键或〈Enter〉键。在选择了起点后，输入"e"选择下一点为端点。第三点输入"d"选择输入方向，此方向为相切方向。

（2）选定两个点后，系统以两点为弦，切向方向为相切于圆的直线画圆弧，确定这 3 个要素后，即可得到想要的圆弧。如图 2-32 所示，这就是起点为原点，端点为（100，0），方向为极角 90° 的圆弧。

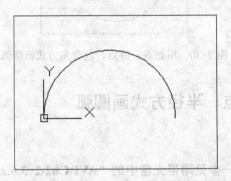

图 2-32　用起点、终点、方向方式画圆弧

2.3.8 画圆弧的其他方法

在菜单栏中选择【绘图】→【圆弧】，弹出如图 2-33 所示的子菜单。用户可以选定自己所需要的绘制圆弧的方式进行绘制。这里需要说明的是，若选择【继续】命令则系统会捕捉用户所画图案的最后一个端点作为起点，再选择另外一个端点作为圆弧的终点，画出和最后一条线相切的圆弧。

示例 2-1 绘制圆弧

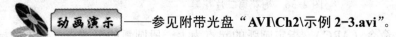
动画演示——参见附带光盘"AVI\Ch2\示例 2-3.avi"。

本示例将利用 5 种不同的圆弧命令绘制梅花图案，结果为附带光盘目录下"Start\Ch2\示例 2-3.dwg"，图形如图 2-34 所示。

图 2-33　圆弧菜单

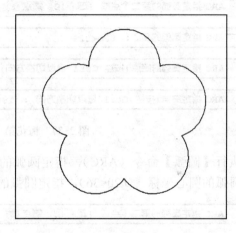

图 2-34　梅花图案

【操作步骤】

（1）执行【圆弧】命令（ARC），指定圆弧的起点坐标（140，110），指定圆弧的端点（即输入"e"）坐标（@40<180），指定圆弧的半径（即输入"r"，下同）为 20。具体过程如图 2-35 所示。

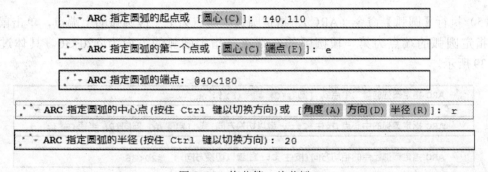

图 2-35　梅花第一片花瓣

（2）执行【圆弧】命令（ARC），指定圆弧的起点为上一段圆弧的左端点，单击鼠标左键，指定圆弧的端点坐标（@40<252），指定圆弧的包含角为180°。具体过程如图2-36所示。

```
ARC 指定圆弧的第二个点或 [圆心(C) 端点(E)]: e
```

```
ARC 指定圆弧的端点: @40<252
```

```
ARC 指定圆弧的中心点(按住 Ctrl 键以切换方向)或 [角度(A) 方向(D) 半径(R)]: a
```

```
ARC 指定夹角(按住 Ctrl 键以切换方向): 180
```

图 2-36 梅花第二片花瓣

（3）执行【圆弧】命令（ARC），指定圆弧的起点为上一段圆弧的下端点，单击鼠标左键，指定圆弧的圆心坐标（@20<324），指定圆弧的包含角为180°。具体过程如图2-37所示。

```
ARC 指定圆弧的第二个点或 [圆心(C) 端点(E)]: c
```

```
ARC 指定圆弧的圆心: @20<324
```

```
ARC 指定圆弧的端点(按住 Ctrl 键以切换方向)或 [角度(A) 弦长(L)]: a
```

```
ARC 指定夹角(按住 Ctrl 键以切换方向): 180
```

图 2-37 梅花第三片花瓣

（4）执行【圆弧】命令（ARC），指定圆弧的起点为上一段圆弧的右端点，单击鼠标左键，指定圆弧的圆心坐标（@20<36），指定圆弧的弦长为40。具体过程如图2-38所示。

```
ARC 指定圆弧的第二个点或 [圆心(C) 端点(E)]: c
```

```
ARC 指定圆弧的圆心: @20<36
```

```
ARC 指定圆弧的端点(按住 Ctrl 键以切换方向)或 [角度(A) 弦长(L)]: l
```

```
ARC 指定弦长(按住 Ctrl 键以切换方向): 40
```

图 2-38 梅花第四片花瓣

（5）执行【圆弧】命令（ARC），指定圆弧的起点为上一段圆弧的上端点，单击鼠标左键，指定圆弧的端点为第一段圆弧的右端点，指定圆弧的方向为@20<36。具体过程如图2-39所示。

```
ARC 指定圆弧的第二个点或 [圆心(C) 端点(E)]: e
```

```
ARC 指定圆弧的中心点(按住 Ctrl 键以切换方向)或 [角度(A) 方向(D) 半径(R)]: d
```

```
ARC 指定圆弧起点的相切方向(按住 Ctrl 键以切换方向): @20<36
```

图 2-39 梅花第五片花瓣

2.4 绘制椭圆

在绘制的图形中，椭圆是一种重要的实体。椭圆与圆的差别在于，其圆周上的点到中心的距离是变化的。在 AutoCAD 2015 中，使用【椭圆】命令，既可以根据长短轴上的任意 3 个端点绘制椭圆，也可以根据椭圆圆心和长短轴的两个端点来绘制。

【椭圆】命令的调用方法如下。

■ 选择菜单栏中的【绘图】→【椭圆】命令，然后在后面的子菜单中选定用户所需要的方法。

■ 单击工具栏中的【椭圆】按钮 ⬬。

■ 在命令行中输入 "ELLIPSE"，然后按〈Enter〉键。

执行【椭圆】命令后，命令行会出现如下提示信息。

> ⬬▾ ELLIPSE 指定椭圆的轴端点或 [圆弧(A) 中心点(C)]:

这里有【圆弧（A）】和【中心点（C）】两个选项，下面将对它们作详细说明。

（1）【圆弧（A）】选项。绘制椭圆的圆弧，相当于截取绘制出的椭圆的部分线段作为椭圆弧。

（2）【中心点（C）】选项。若选定该选项，则表示下一个捕捉点为椭圆的中心点。

2.4.1 通过定义两轴绘制椭圆

通过定义两轴绘制椭圆的方式很简单，这也是绘制椭圆最常用的方法，也是 AutoCAD 2015 默认的绘制方式。

思路·点拨

使用【椭圆】命令绘制椭圆的方式很多，但是归根结底，都是以不同的顺序相继输入椭圆的中心点、长轴和短轴 3 个要素。在实际应用中，读者应根据自己所绘制椭圆的要求灵活选择这三者的输入，并选择适合的绘制方式。

【光盘文件】

动画演示——参见附带光盘中的 "AVI\Ch2\4-1.avi" 文件。

【操作步骤】

（1）在工具栏中单击【椭圆】按钮 ⬬；或者在菜单栏中选择【绘图】→【椭圆】→【轴、端点（E）】命令；或者在命令行中输入命令："ELLIPSE"，然后按〈空格〉键或〈Enter〉键。先选择椭圆的一个轴端点，再选择另外一个轴端点，如图 2-40 所示。

> ⬬▾ ELLIPSE 指定椭圆的轴端点或 [圆弧(A) 中心点(C)]: 0,0

> ⬬▾ ELLIPSE 指定轴的另一个端点: 100,0

图 2-40 定义两轴绘制椭圆 1

（2）最后指定另外一个半轴的长度（如果最后输入一个点的坐标，则该点与椭圆中心的距离为另一半轴长度），即可得到所要的椭圆，如图 2-41 所示。

> ◢▶ ELLIPSE 指定另一条半轴长度或 [旋转(R)]: 30

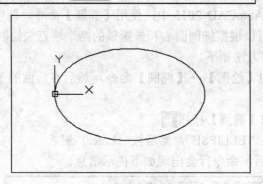

图 2-41　定义两轴绘制椭圆 2

2.4.2　通过定义长轴以及旋转角绘制椭圆

这种方法将椭圆理解为圆绕某个直径旋转一定角度，并将旋转后的圆向原表面投影的结果。使用这种方式绘制椭圆，用户需要首先定义出椭圆长轴的两个端点，其次再确定椭圆绕该轴的旋转角度，最后确定椭圆的位置及形状。椭圆的形状最终由其绕长轴的旋转角度决定。

思路·点拨

用这种方式绘制椭圆，若旋转角度为 0°，则将画出一个圆；若角度为 30°，将出现一个从视点看去呈 30° 的椭圆。旋转角度的最大值为 89.4°，若大于此角度，则椭圆看上去将像一条直线。

【光盘文件】

动画演示——参见附带光盘中的 "AVI\Ch2\4-2.avi" 文件。

【操作步骤】

（1）在工具栏中单击【椭圆】按钮◢；或者在菜单栏中选择【绘图】→【椭圆】→【轴、端点（E）】命令；或者在命令行中输入命令："ELLIPSE"，然后按〈空格〉键或〈Enter〉键。先选择椭圆的一个轴端点，再选择另外一个轴端点，确定端点后进行下一步操作。

（2）最后输入 "r" 指定椭圆旋转的角度，命令行会出现如下提示信息。

> ◢▶ ELLIPSE 指定绕长轴旋转的角度: 30

2.4.3　通过定义中心和两轴端点绘制椭圆

确定椭圆的中心点后，椭圆的位置便随之确定。此时，只需要再为两轴各定义一个端点，便可确定椭圆形状。

【光盘文件】

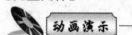——参见附带光盘中的"AVI\Ch2\4-3.avi"文件。

【操作步骤】

（1）在工具栏中单击【椭圆】按钮 ；或者在菜单栏中选择【绘图】→【椭圆】→【圆心（C）】命令；或者在命令行中输入命令："ELLIPSE"，然后按〈空格〉键或〈Enter〉键。

（2）先选择椭圆中心，再分别输入椭圆两轴的半轴长。

2.4.4 绘制椭圆弧

椭圆弧是椭圆上的部分线段，在 AutoCAD 2015 中，绘制椭圆和绘制椭圆弧的命令都是一样的，只是相对的内容不同。

【光盘文件】

——参见附带光盘中的"AVI\Ch2\4-4.avi"文件。

【操作步骤】

（1）在工具栏中单击【圆弧】按钮 ；或者在菜单栏中选择【绘图】→【椭圆】→【圆弧（A）】命令；或者在命令行中输入命令："ELLIPSE"，然后按〈空格〉键或〈Enter〉键，输入"a"选定圆弧，命令行会出现如下提示信息。

> ELLIPSE 指定椭圆的轴端点或 [圆弧(A) 中心点(C)]: a

（2）按提示输入椭圆弧的轴端点或中心点，输入"c"选定椭圆中心点，确定中心点坐标为（0,0），轴的端点（100,0），指定另外一条半轴长度（0,0），起点角-90°，端点角45°，即可得到如图 2-42 所示的图形。

> ELLIPSE 指定椭圆弧的中心点: 0,0

> ELLIPSE 指定轴的端点: 100,0

> ELLIPSE 指定另一条半轴长度或 [旋转(R)]: 0,50

> ELLIPSE 指定起点角度或 [参数(P)]: -90

> ELLIPSE 指定端点角度或 [参数(P) 夹角(I)]: 45

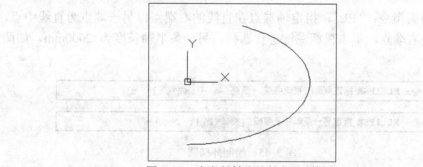

图 2-42　定义长轴和旋转角绘制椭圆

示例 2-2　绘制椭圆

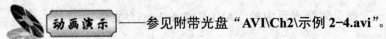

动画演示——参见附带光盘"AVI\Ch2\示例 2-4.avi"。

本示例将利用 3 种不同的椭圆命令绘制椭圆组合体，结果为附带光盘目录下的"Start\Ch2\示例 2-4.dwg"。图形如图 2-43 所示。

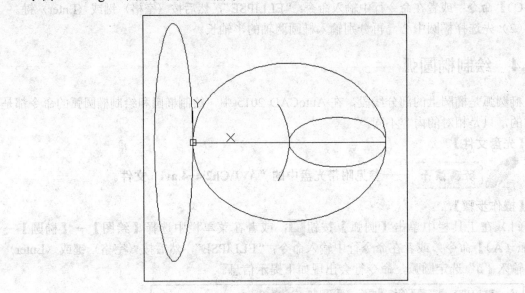

图 2-43　椭圆组合体

【操作步骤】

（1）绘制一条水平方向长度为 5000mm 的直线作为辅助线。

（2）输入椭圆命令："EL"（EL 为绘制椭圆的快捷指令），指定轴端点在直线的左端点，另一端点为（-1000，0），另外一条半轴长为 3000mm，如图 2-44 所示。

> ✏ ▾ ELLIPSE 指定轴的另一个端点: -1000,0

> ✏ ▾ ELLIPSE 指定另一条半轴长度或 [旋转(R)]: 3000

图 2-44　绘制左端椭圆

（3）输入椭圆指令："EL"，指定轴端点在直线的右端点，另一端点为直线中点，指定轴的端点为直线右端点，单击鼠标左键进行选择，另一条半轴长度为 2000mm，如图 2-45 所示。

> ✏ ▾ ELLIPSE 指定椭圆的轴端点或 [圆弧(A) 中心点(C)]: c

> ✏ ▾ ELLIPSE 指定另一条半轴长度或 [旋转(R)]: 2000

图 2-45　绘制外椭圆

（4）输入椭圆指令："EL"，指定轴的端点为直线右端点，单击鼠标左键进行选择，另一条半轴端点在直线的中点，单击鼠标左键进行选择，最后指定输入椭圆旋转角度为 60°，如图 2-46 所示。

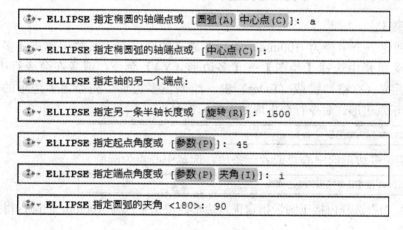

> ⊕ᵛ ELLIPSE 指定另一条半轴长度或 [旋转(R)]: r

> ⊕ᵛ ELLIPSE 指定绕长轴旋转的角度: 60

图 2-46　绘制内椭圆

（5）输入椭圆指令："EL"，指定输入的为椭圆弧，选择椭圆弧的起始端点为直线的左端点，另一个端点为直线的中点，另一条半轴长为 1500mm，指定椭圆弧起始角度为 45°，输入【i】选择包含角度，包含角为 90°，具体操作如图 2-47 所示，即可得到最终图形。

> ⊕ᵛ ELLIPSE 指定椭圆的轴端点或 [圆弧(A) 中心点(C)]: a

> ⊕ᵛ ELLIPSE 指定椭圆弧的轴端点或 [中心点(C)]:

> ⊕ᵛ ELLIPSE 指定轴的另一个端点:

> ⊕ᵛ ELLIPSE 指定另一条半轴长度或 [旋转(R)]: 1500

> ⊕ᵛ ELLIPSE 指定起点角度或 [参数(P)]: 45

> ⊕ᵛ ELLIPSE 指定端点角度或 [参数(P) 夹角(I)]: i

> ⊕ᵛ ELLIPSE 指定圆弧的夹角 <180>: 90

图 2-47　绘制内椭圆弧

2.5　徒手画线

2.5.1　绘制正多边形

在制图中，用户经常要绘制正多边形，如果一条线一条线地去画，操作起来会很烦琐，针对这一问题，AutoCAD 2015 设置了绘制正多边形的指令。

【多边形】命令的调用方法如下。

■ 选择菜单栏中的【绘图】→【多边形】命令。

■ 单击工具栏中的【多边形】按钮⬠。

■ 在命令行中输入"POLYGON"，然后按〈Enter〉键。

执行【多边形】命令后，命令行会出现如下提示信息。

> ⬠ᵛ POLYGON _polygon 输入侧面数 <4>:

按照提示输入侧面数后，命令行会接着出现如下提示信息。

> ⬠ᵛ POLYGON 指定正多边形的中心点或 [边(E)]:

输入中心点，按照提示就能得到所需的图形。

这里【边（E）】选项用于选择多边形的一条边的所在位置，然后系统将会沿着该边逆时针方向画出多边形。

思路·点拨

绘制正多边形的原理是，利用内接或者外接于圆的线段，把圆平分若干个角度，然后画出正多边形。在 AutoCAD 2015 中，绘制多边形还可用选择边绘制的方法。需要注意的是，对于选择边的方法，系统会按所选的边逆时针创建该正多边形。

【光盘文件】

动画演示——参见附带光盘中的"AVI\Ch2\2-5.1.avi"文件。

【操作步骤】

（1）先创建一个半径为 100mm，圆心在原点的圆。在工具栏中单击【多边形】按钮；或者在菜单栏中选择【绘图】→【多边形（Y）】命令；或者在命令行中输入命令："POL"，然后按〈空格〉键或〈Enter〉键。绘制正多边形，先指定多边形的边数，输入"6"，确定画正六边形。命令行会出现如下提示信息。

> POLYGON 输入侧面数 <4>: 6

（2）指定正多边形的中心点或者一条边，选定中心点为圆心。

> POLYGON 指定正多边形的中心点或 [边(E)]:

（3）输入"i"选择内接于圆，指定正六边形内接于半径为 100mm 的圆，得到如图 2-48 所示的图形。

> POLYGON 输入选项 [内接于圆(I) 外切于圆(C)] <I>: i

> POLYGON 输入选项 [内接于圆(I) 外切于圆(C)] <I>: c

（4）指定正六边形外接于半径为 100mm 的圆，得到如图 2-49 所示的图形。

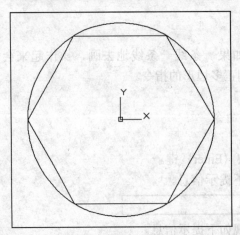

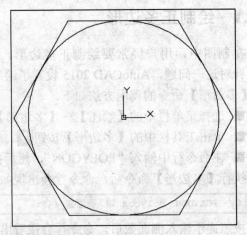

图 2-48　内接于圆的正六边形　　　　　　图 2-49　外接于圆的正多边形

（5）若选择边绘制正六边形，则在上边第二步中输入"e"选择，按提示输入第一个端点（100<-120），第二个端点（@100，0），也能得到如图 2-49 所示的图形。操作步骤如图 2-50 所示。

POLYGON 指定正多边形的中心点或 [边(E)]: e

POLYGON 指定正多边形的中心点或 [边(E)]: e 指定边的第一个端点: 100,-120

POLYGON 指定正多边形的中心点或 [边(E)]: e 指定边的第一个端点: 100,-120 指定边的第二个端点:

图 2-50　选择边来绘制内接于圆的正六边形

2.5.2　绘制矩形

在 AutoCAD 2015 中，矩形的创建实际上是矩形形状的闭合多段线。使用该指令不仅可以绘制一般的二维矩形，还能够绘制具有一定宽度、标高和厚度等特性的矩形。

【矩形】命令的调用方法如下。

■ 选择菜单栏中的【绘图】→【矩形】命令。

■ 单击工具栏中的【矩形】按钮 ■。

■ 在命令行中输入"REC"，然后按〈Enter〉键。

执行【矩形】命令后，命令行会出现如下提示信息。

RECTANG 指定第一个角点或 [倒角(C) 标高(E) 圆角(F) 厚度(T) 宽度(W)]:

按照提示输入第一个角点后，系统会接着出现如下信息。

RECTANG 指定另一个角点或 [面积(A) 尺寸(D) 旋转(R)]:

输入中心点，按照提示就能得到所需图形。

这里有【倒角（C）】、【标高（E）】、【圆角（F）】、【厚度（T）】和【宽度（W）】选项以及【面积（A）】、【尺寸（D）】和【旋转（R）】选项，下面将对它们作详细说明。

（1）【倒角（C）】选项。该选项用于定义矩形的倒角尺寸。

（2）【标高（E）】选项。该选项用于定义矩形的标高，构建平面的 Z 坐标，系统默认值为 0。

（3）【圆角（F）】选项。该选项用于定义矩形的圆角半径。

（4）【厚度（T）】选项。该选项用于定义矩形的厚度，在三维空间中显示。

（5）【宽度（W）】选项。该选项用于定义矩形的轮廓线的线宽。

（6）【面积（A）】选项。该选项用于定义矩形的面积，选择这个选项后，再输入矩形的长度即能得到所需矩形。

（7）【尺寸（D）】选项。该选项用于定义矩形的长度和宽度来确定矩形。

（8）【旋转（R）】选项。该选项用于定义矩形的旋转角度，即默认一个角点为基点，矩形绕基点所转动的角度。

思路·点拨

在 AutoCAD 2015 中，绘制矩形的其他小选项可以帮助用户更迅速地完成制图细节。有效地利用【倒角（C）】、【圆角（F）】、【标高（E）】、【厚度（T）】等选项，是提升绘图速度的一大技巧。

【光盘文件】

动画演示——参见附带光盘中的"AVI\Ch2\2-5.2.avi"文件。

【操作步骤】

（1）在工具栏中单击【矩形】按钮■；或者在菜单栏中选择【绘图】→【矩形（G）】命令；或者在命令行中输入命令："REC"，然后按〈空格〉键或〈Enter〉键，绘制矩形，在绘制矩形的选项中，有很多派生选项。命令行会出现如下提示信息。

> ■▼ RECTANG 指定第一个角点或 [倒角(C) 标高(E) 圆角(F) 厚度(T) 宽度(W)]：

（2）在命令行输入"c"，设定矩形的第一个和第二个倒角的距离均为10。

（3）在命令行输入"w"，指定矩形边的宽度为1。

（4）在绘图区域指定任一点作为第一点。然后在指定另一个角点的提示中输入"a"，设定矩形的面积为"2000"及长度为"50"，如图 2-51 所示，绘制结果如图 2-52 所示。

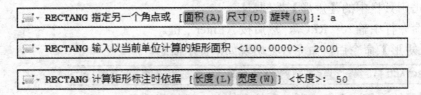

图 2-51　绘制矩形过程

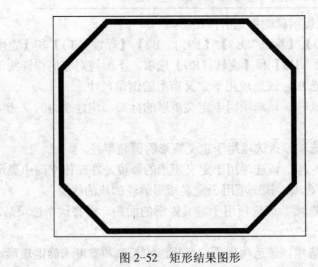

图 2-52　矩形结果图形

2.5.3　绘制圆环

在 AutoCAD 2015 制图中，圆环的创建实际上是绘制两个内外圆，并在其内部填充的过程。

【圆环】命令的调用方法如下。

■ 选择菜单栏中的【绘图】→【圆环】命令。

■ 在命令行中输入 "DONUT"，然后按〈Enter〉键。

执行【圆环】命令后，命令行会出现如下提示信息。

> DONUT 指定圆环的内径 <0.5000>:

按照提示输入圆环的内径后，命令行会出现如下提示信息。

> DONUT 指定圆环的外径 <1.0000>:

输入内、外径长度后，命令行会出现如下提示信息。

> DONUT 指定圆环的中心点或 <退出>:

输入中心点，按照提示就能得到所需的图形。

思路·点拨

执行【SETVAR】命令，按〈Enter〉键确认；在命令行提示下输入变量名 "fillmode" 并按〈Enter〉键确定；输入变量的新值为 "0"，表示填充模式系统变量设置为不填充，此后绘制的圆环为虚幻。

【光盘文件】

动画演示——参见附带光盘中的 "AVI\Ch2\2-5.3.avi" 文件。

【操作步骤】

（1）先绘制一个中心在原点，内接于半径为 200mm 的圆的正五边形。具体步骤为：在菜单栏中选择【绘图】→【圆环（D）】命令；或者在命令行中输入命令："DONUT"，然后按〈空格〉键或〈Enter〉键绘制圆环。绘制圆环时，先确定内径，输入 "100"；再确定外径，输入 "150"。命令行会出现如下提示信息。

> DONUT 指定圆环的内径 <0.5000>: 100

> DONUT 指定圆环的外径 <65.0686>: 150

（2）分别拾取正五边形的 5 个角，如图 2-53 所示。

（3）选好 5 个点后，按两次〈空格〉键确定输入和重复上次指令，再输入 "200"，"250"，绘制一个内径为 200mm、外径为 250mm 的圆环，同样拾取正五边形的 5 个角，得到结果如图 2-54 所示。

2.5.4 绘制点

在 AutoCAD 2015 中，点作为节点或参照几何图形的点对象，对于对象捕捉和相对偏移非常有用。

【点】命令的调用方法如下。

■ 选择菜单栏中的【绘图】→【点】命令，然后在后面的子菜单中选定用户所需要的方法。

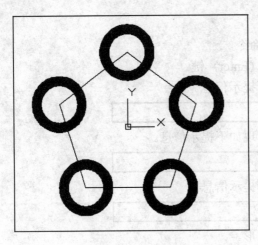

图 2-53　绘制圆环 1

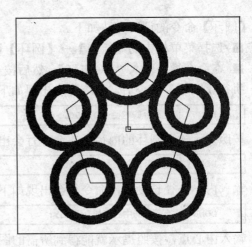

图 2-54　绘制圆环 2

■ 单击工具栏中的【点】按钮 ⟍。

■ 在命令行中输入"POINT"，然后按〈Enter〉键。

执行【点】命令后，命令行会出现如下提示信息。

> ⌄ POINT 指定点：

再输入所需要的点即可。

思路·点拨

点的创建有多种形式。其中，单点和多点的区别在于：多点能用连续创建，相当于多个单点的命令，而定数等分和定距等分就是把线等分的方法。同时，通过设置点的样式，用户可以选定标出点的大小和形状。在图形输出时，任何点样式都不会显示在图纸上。

【光盘文件】

动画演示——参见附带光盘中的"AVI\Ch2\2-5.4.avi"文件。

【操作步骤】

（1）先绘制一个中心点在原点，内接于半径为 50mm 的圆的正四边形，具体步骤为：选择点的样式，在菜单栏中选择【格式】→【点样式】命令，在弹出的【点样式】对话框中选定第二行第三个样式，并单击【确定】按钮；然后再在工具栏中单击【点】按钮 ⟍ 或在菜单栏中选择【绘图】→【点（O）】→【多点（O）】命令绘制多点。绘制多点时，直接用鼠标捕捉需要的点或者输入坐标点即可。用鼠标捕捉正方形的 4 个顶点，如图 2-55 所示。

（2）创建定数等分点，在菜单栏中选择【绘图】→【点（O）】→【定数等分（D）】命令，选定等分对象为所画正方形，线段的数目为 8（如果在命令行中指定图形的线段数目或输入"b"选择"块"，则在等分点处插入指定的块），如图 2-56 所示。

. ⌄ DIVIDE 输入线段数目或 [块(B)]：8

（3）在所画正方形中，画两条对角线，创建定距等分点，在菜单栏中选择【绘图】→【点（O）】→【定距等分（M）】命令，选定其中一条对角线作为选定对象，指定长度为

20mm，结果如图 2-57 所示（需要注意的是，对于定距等分功能是以规定的距离来划分对象，因此，往往在度量的最后有不足度量距离的剩余量）。

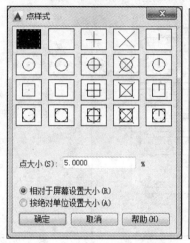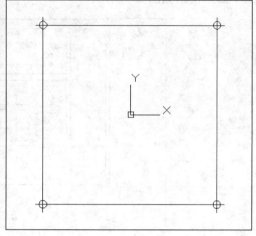

图 2-55　点样式的选择和效果

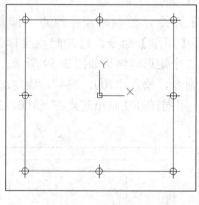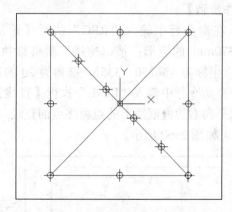

图 2-56　定数等分　　　　　　　图 2-57　定距等分

2.6　综合实例

　　本节将以 3 个综合实例来向读者介绍使用基本图形绘制命令来绘制建筑制图中的一些常见图形的方法与技巧。

2.6.1　综合实例 1——绘制电话的平面图

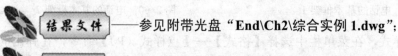

结果文件——参见附带光盘"End\Ch2\综合实例 1.dwg"；

动画演示——参见附带光盘"AVI\Ch2\综合实例 1.avi"。

在绘制室内平面图时，设计者经常需要绘制各种的家具及室内设施。本实例以电话的平面图为例，向读者介绍如何灵活地运用基本绘图命令快速地制图。

电话的平面主视图如图 2-58 所示。

图 2-58　电话的平面图

【操作步骤】

（1）在命令行中输入"REC"执行【矩形】命令，绘制起点在原点，圆角为 20，370mm×370mm 的矩形；按〈空格〉键继续执行【矩形】命令，绘制起点坐标为（100，15），终点坐标为（@250，335），圆角为 20 的第二个矩形，结果如图 2-59 所示。

（2）在命令行中输入"LINE"执行【直线】命令，输入"100，234"，确定起点，用鼠标拾取水平向右的内框线上的点为终点的直线 1；用同样办法画出起点在（100，249）的直线 2。结果如图 2-60 所示。

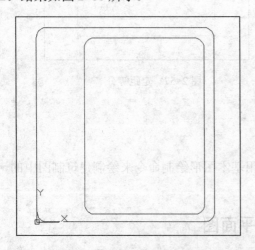

图 2-59　电话的基本框架 1

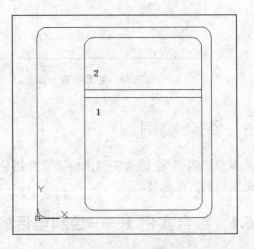

图 2-60　电话的基本框架 2

（3）设置点的样式，在菜单栏中选择【格式】→【点样式（P）】命令，在弹出的【点样式】对话框中选择第二行第三个样式，并单击【确定】按钮；在菜单栏中选择【绘图】→【点（O）】→【定数等分（D）】命令，选择直线 1，输入等分数为"5"，得到如图 2-61 所示的图形。

(4)绘制多线，设置多线样式，在菜单栏中选择【格式】→【多线样式（M）】命令，新建一个样式，并将其命名为【电话辅助线】，基本设定如图 2-63 所示。以同样方式创建【电话辅助线 2】，设定如图 2-64 所示。单击【确定】按钮后，将【电话辅助线】置为当前样式，在命令行中输入"ML"执行【多线】命令，将【对正】选项设为"上"，将【比例】选项设为"1"，样式默认不改，用光标捕捉节点，选择等分点中最后一点，画出多线垂直于内框下边，如图 2-62 所示（需要注意的是，用鼠标捕捉节点时，如果在快速捕捉栏中没有选定，可以按住〈Shirt〉键，同时单击鼠标右键，调出捕捉菜单选定节点）。

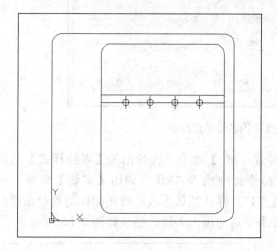

图 2-61　电话的基本框架 3

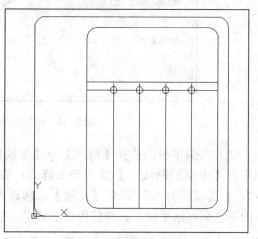

图 2-62　电话的多线辅助线

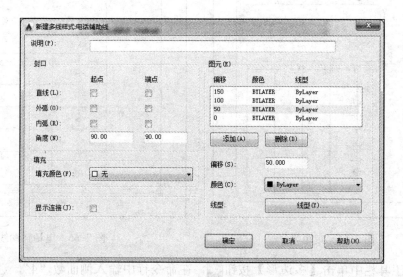

图 2-63　电话辅助线的多线样式设定

在多线最左边的那条线上覆盖一条直线（或者分解多线，分解命令在后面章节会说明），然后在菜单栏中选择【绘图】→【点（O）】→【定距等分（M）】命令，选择覆盖的直线，等分距离为 20mm。结果如图 2-65 所示。

图 2-64　电话辅助线 2 的多线样式设定

（5）在菜单栏中选择【格式】→【多线样式（M）】命令，在弹出的【多线样式】对话框中把【电话辅助线 2】置为当前样式；在命令行中输入"ML"调用【多线】命令，将【对正】选项设为"上"，将【比例】选项设为"1"，样式默认不改；将光标移动到定距等分点的第二个点水平向左延伸的内矩形边上，按水平右向画出多线。结果如图 2-66 所示。

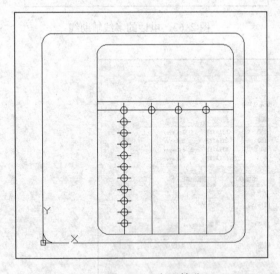

图 2-65　定距等分

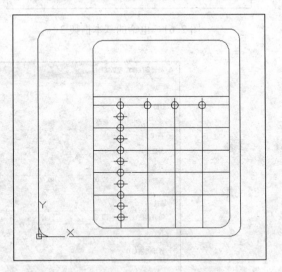

图 2-66　电话辅助线 2

（6）在工具栏中单击【多边形】按钮，在命令行中输入侧面数"4"，选择中心点为辅助线的交点，绘制内接于半径为 20mm 的圆的正方形，重复输入 12 次，得到如图 2-67 所示的图形。

（7）在工具栏中单击【圆】按钮，以定距等分点的第二个点为圆心，画出一个半径为 20mm 的圆，结果如图 2-68 所示。

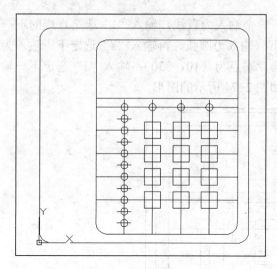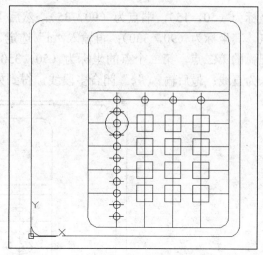

图 2-67　绘制电话按键 1　　　　　　　图 2-68　绘制电话按键 2

（8）在工具栏中单击【椭圆】按钮，分别以定距等分点第四、第六、第八个点为中心，轴的端点选定为上面所画圆的最右点竖直下来与辅助线的交点，如图 2-69 所示虚线的交点，另一轴长为 10mm，绘制椭圆，得到如图 2-70 所示的图形。

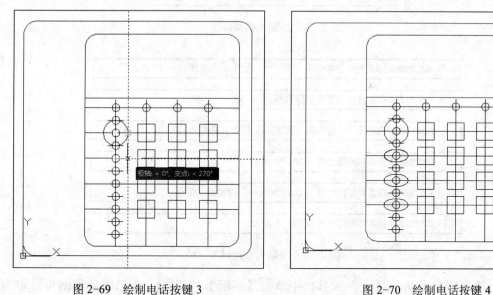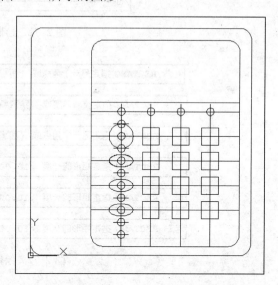

图 2-69　绘制电话按键 3　　　　　　　图 2-70　绘制电话按键 4

（9）画出一条辅助线。起点坐标为（100，44），终点坐标为（350，44），在工具栏中单击【矩形】按钮绘制矩形，矩形的第一个点如图 2-71 所示，即正方形左下角直下来的与新画辅助线的交点。选定后，输入 "r" 调整矩形的旋转角度，输入 "-45"。新画矩形的长度为上面正方形的边长长度，宽度为 9mm，输入过程如图 2-72 所示。重复输入 4 次，得到如图 2-73 所示的图形。

（10）绘制话筒，在工具栏中单击【多段线】命令，先输入起点坐标为（10，35），输入 "a" 选定下一输入为圆弧；再输入 "s" 选定下一输入为圆弧的第二个点，第二个点的

坐标为（50，15），端点为（90，35）；然后下一个输入为直线，输入"1"选定直线的下一
点，其坐标为（90，330）；再输入"a"选定下一输入为圆弧，再输入"s"选定下一输入为
圆弧的第二点，第二个点的坐标为（50，350），端点为（10，330）；输入"1"选定下一输
入为直线；最后输入"c"闭合多段线，得到如图 2-74 所示的图形。

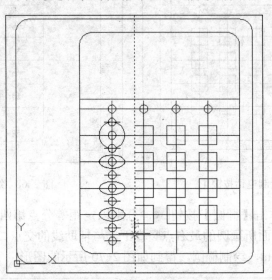

图 2-71　绘制电话按键 5

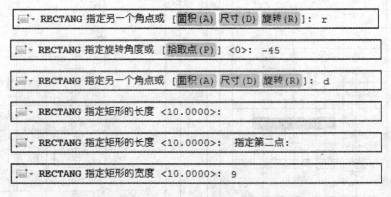

图 2-72　绘制电话按键 4

（11）绘制屏幕和指示灯，在工具栏中单击【矩形】按钮，先把圆角和倒角设定为
0，指定第一个点为（170，270），输入"r"把旋转角设定为 0，然后输入下一点（370，
370）并按【Enter】键确定。再在菜单栏中选择【绘图】→【圆环（D）】命令，绘制内径为
5mm，外径为 10mm，中心点分别在（135，270）、（135，290）的圆环，得到如图 2-75 所
示的图形。

（12）绘制话筒线，在工具栏中单击修订云线，输入"a"设定最小弧长为 4，最大弧
长为 10，用鼠标勾勒出大致形状，双击确定；再在工具栏中单击【样条曲线】按钮，在
所画的云线中选定每个圆弧的圆心（或者每隔 3~5 个圆弧的圆心）得到大致图形，把辅助
线和点删除后，即可得到最后的图形，如图 2-76 所示。

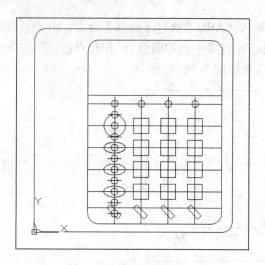
图 2-73　绘制电话按键 6

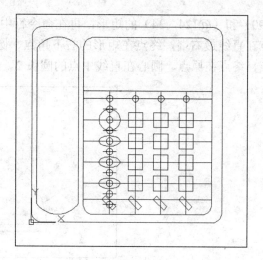
图 2-74　绘制话筒

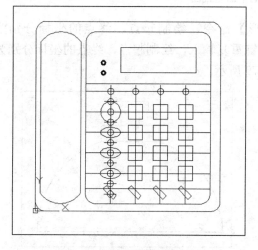
图 2-75　绘制屏幕和指示灯

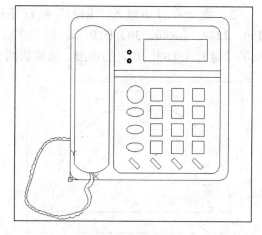
图 2-76　最终图形

2.6.2　综合实例 2——绘制热水壶的平面图

 ——参见附带光盘"End\Ch2\综合实例 2.dwg";

 ——参见附带光盘"AVI\Ch2\综合实例 2.avi"。

综合实例 1 已经基本把本章的内容联系起来练习了一遍，下面我们来绘制热水壶的平面图，以帮助读者巩固知识、加深印象。

热水壶的平面主视图如图 2-77 所示。

【操作步骤】

（1）在命令行中输入"L"执行【直线】命令，绘制起点在原点，长 400mm 的水平直线；再在命令行中输入"REC"执行【矩形】命令，绘制起点、终点的坐标分别为（138,

190）和（@124，34）的矩形；再在命令行中输入"ARC"执行【圆弧】命令，分别绘制起点在直线最右端，终点在矩形的右下角点、圆心在直线中点的圆弧 1 和起点在矩形左下角点、终点在原点、圆心在直线中点的圆弧 2。结果如图 2-78 所示。

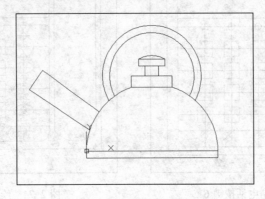

图 2-77　热水壶的平面主视图

（2）在命令行中输入"REC"执行【矩形】命令，绘制起点、终点的坐标分别为（180，224）、（@40，30）的矩形。按〈空格〉键重复输入，绘制起点、终点的坐标分别为（160，254）、（@80，20）的矩形。结果如图 2-79 所示。

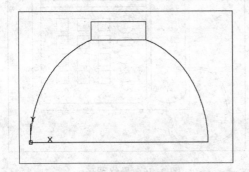

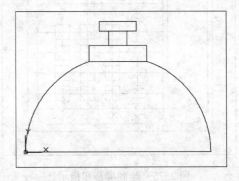

图 2-78　热水壶基本框架 1　　　　　　　图 2-79　热水壶基本框架 2

（3）在命令行中输入"ARC"执行【圆弧】命令，分别绘制起点在最后所画矩形的右上角点，终点在矩形的左上角点，包含角 60°。结果如图 2-80 所示。

（4）在命令行中输入"ARC"执行【圆弧】命令，分别绘制起点在（314，164）、（331.5，150），终点在（86，164）、（68.5，150），中心点都在（200，224）的圆弧，得到结果如图 2-81 所示。

（5）在命令行中输入"L"执行【直线】命令，依次输入以下 4 点（38.1，117.37）、（-133.47，241.86）、（-173.68，184.23）和（10.27，63.23），得到热水壶的壶嘴部分，结果如图 2-82 所示。

（6）最后为热水壶添上底座，在命令行中输入"REC"执行【矩形】命令，绘制起点为原点，终点的坐标为（400，-20），得到最终结果，如图 2-83 所示。

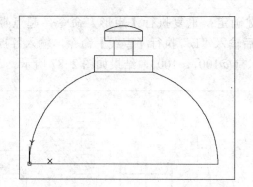

图 2-80 热水壶基本框架 3

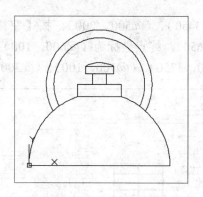

图 2-81 热水壶基本框架 4

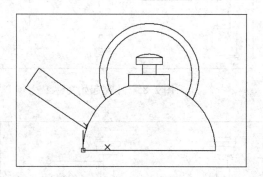

图 2-82 热水壶基本框架 5

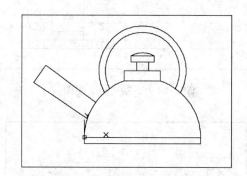

图 2-83 热水壶最终图形

2.6.3 综合实例 3——绘制小屋的立面图

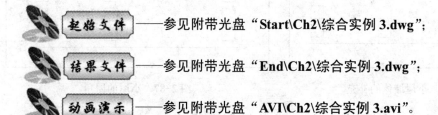

起始文件——参见附带光盘 "Start\Ch2\综合实例 3.dwg";

结果文件——参见附带光盘 "End\Ch2\综合实例 3.dwg";

动画演示——参见附带光盘 "AVI\Ch2\综合实例 3.avi"。

综合实例 2 已经基本把本章的内容联系起来练习了一遍，下面来绘制小屋的立面图，以帮助读者巩固知识、加深印象。

小屋立面主视图如图 2-84 所示。

【操作步骤】

（1）打开附带光盘目录下的 "Start\Ch3\综合实例 3.dwg"，得到如图 2-85 所示的图形。

（2）补充完整墙体。在命令行中输入 "L" 执行【直线】命令，输入原点，（200，0）、（4800，0）、（5000，0）画出下面 3 段直线。按【空格】键确认后，再在命令行中输入 "REC" 执行【矩形】命令，绘制起点、终点的坐标分别为（150，150）、（@300，300）的矩形。画出墙体，结果如图 2-86 所示。

（3）绘制屋角。在命令行中输入 "REC" 执行【矩形】命令，起点和终点的坐标分别为

（50，3450）、（@500，200），按【空格】键确定；重复执行【矩形】命令，起点坐标为
（0，3650），终点坐标为（@600，100）；然后输入"L"执行【直线】命令，输入各点坐标
为（50，3750）、（@100，100）、（@300，0）、（@100，-100），结果如图 2-87 所示。

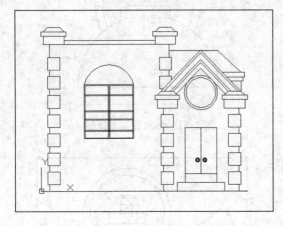

图 2-84　小屋立面主视图

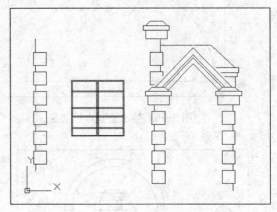

图 2-85　小屋起始文件

图 2-86　小屋墙体的补充

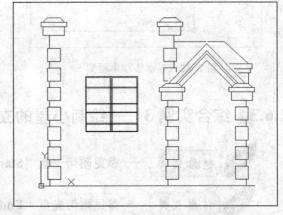

图 2-87　小屋的屋角

（4）绘制石阶。在命令行中输入"REC"执行【矩形】命令，起点坐标为（3300，0），
终点坐标为（@1160，200），按【空格】键确认；重复执行【矩形】命令，起点坐标为
（3500，2000），终点坐标为（@760，200），结果如图 2-88 所示。

（5）绘制小门。在命令行中输入"REC"执行【矩形】命令，拾取石阶的左上角点，再
输入"@760，1090"画出小门的外框，在命令行中输入"DIVIDE"执行【定数等分】命
令，选择长 4800mm 的底线，等分数为 5，调节点样式，在【点样式】对话框中选择第二行
第三个样式，单击【确定】按钮。输入"XL"，选择最右的一个等分点画出构造线。接着沿
构造线画出门中间的线段，输入"L"执行【直线】命令，捕捉构造线和门框的交点，再画
出小门的门环，在命令行中输入"DONUT"执行【圆环】命令，输入内径"50"，外径
"100"，中心点分别为（3795，727）、（3965，727），结果如图 2-89 所示。

（6）补充屋楣。在命令行中输入"L"执行【直线】命令，用光标捕捉如图 2-90 所示

的点为起点，输入"<45"限制直线的角度为 45°，移动光标，选择直线与构造线的交点，再选择与起点经构造线对称的点，结束输入。删除构造线，得到如图 2-91 所示的图形。

图 2-88　绘制石阶

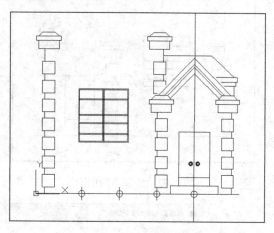

图 2-89　绘制小门

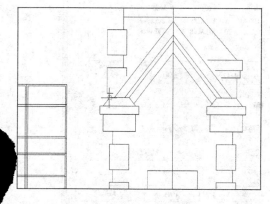

图 2-90　光标捕捉的端点

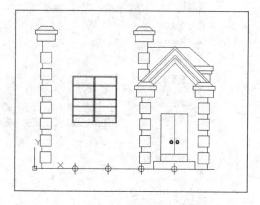

图 2-91　补充屋楣

（7）绘制前门圆圈。在命令行中输入"CIRCLE"执行【圆】命令，选择【切点、切点、半径】选择屋楣最里面的两条线为切点所在的线，输入半径为 400。确定后，按【空格】重复指令，鼠标拾取所画圆的圆心为圆心，半径输入 350，得到图 2-92。

（8）绘制窗楣。在命令行中输入"ARC"执行【圆弧】命令，鼠标拾取窗子的右上角点作为起点，输入"e"选定下一输入为端点，鼠标拾取窗子的左上角点作为端点，输入"a"指定包含角为 150。结果如图 2-93 所示。

（9）把屋子线段补全。先设定多线样式，新建一个样式，并将其命名为"小屋多线"，样式的设定如图 2-94 所示，确定后，将其置为当前样式。在命令行中输入"MLINE"执行【多线】命令，输入"j"选择【对正】，输入"b"选定【下】对正。用光标拾取如图 2-95 所示的两个角点，按〈空格〉键确定输入。接着选择点的样式，具体操作是：选择菜单栏中的【格式】→【点样式】命令，从弹出的【点样式】对话框中选择第一行第一个样式，得到最终图形，如图 2-96 所示。

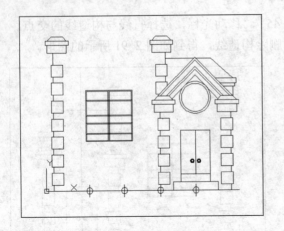

图 2-92 绘制前门圆圈

图 2-93 绘制窗楣

图 2-94 多线样式

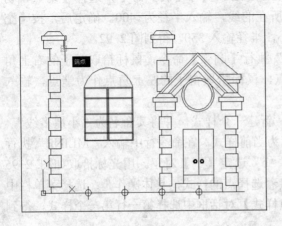

图 2-95 鼠标拾取点

图 2-96 最终图形

第 3 章 图 形 编 辑

AutoCAD 2015 在编辑图形方面具有很高的效率，能使用户随心所欲地对二维图形进行修改。它具有多种高效率的图形编辑工具，其中包括复制、删除、镜像、阵列、移动、旋转、缩放、折断、修剪、延伸、倒角和圆角等。本章首先介绍被修改对象的选择方法，其次系统地对各个图形编辑命令进行系统的讲解，使读者充分地了解这些命令的使用方法及技巧。

 本讲内容

- ➘ 对象选择
- ➘ 图形复制及删除
- ➘ 图形变换
- ➘ 图形修剪
- ➘ 使用夹点编辑图形
- ➘ 修改图形的特性
- ➘ 图案填充和面域

3.1 对象选择

在对图像形行编辑之前，首先要选择编辑对象。在选取对象时，用户可以单击选取单个对象或者使用窗口（或交叉窗口）选取多个对象。当某个对象被选中时，它会呈高亮显示，同时被称为"夹点"的小实心方框会出现在被选对象上，如图 3-1 所示。"夹点"的位置与数量会因被选择对象的类型不同而不同。利用"夹点"，用户可以快速地修改、编辑被选中的图形，这些会在本章的第 5 节进行更加详细的介绍。

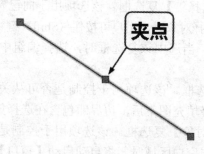

图 3-1　直线上的夹点

3.1.1 设置对象选择模式

选择菜单栏中的"工具"→"选项"命令，即可弹出【选项】对话框，切换至【选择集】选项卡，如图 3-2 所示。在该对话框中，用户可以对选择集模式、拾取框大小和夹点功能等进行设置，下面将对一些常用的选项进行详细的说明。

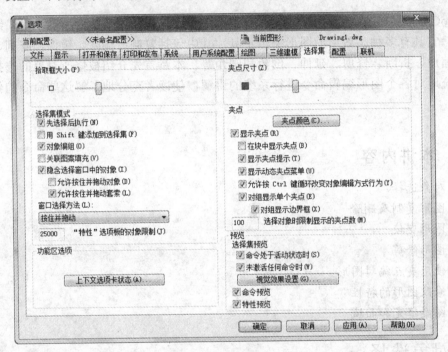

图 3-2 【选项】对话框

（1）【拾取框大小】选项组。在此处，用户可以通过拖动滑块设置选择对象时拾取框的大小。

（2）【夹点尺寸】选项组。在此处，用户可以通过拖动滑块设置选择对象时夹点的大小。

（3）【选择集模式】选项组。

①【先选择后执行】复选框。该选项用于设置是否能在输入命令之前选择对象。

②【用 Shift 键添加到选择集】复选框。该选项用于向已有选择集中添加对象的操作方法，若选中该复选框，则在选择对象时，用户可按住〈Shift〉键将所需对象添加到选择集中。

③【对象编组】复选框。当选中该复选框时，选择编组中的一个对象，即选择了该编组中的所有对象。

④【关联图案填充】复选框。该选项用于控制是否可从关联性填充中选择编辑对象。当用户选中该复选框时，选择填充图案后，边界即包含在选择集中。

⑤【隐含选择窗口中的对象】复选框。该选项用于控制是否自动生成一个选择窗口。用户选中该复选框后，当单击空白区域时，将自动启动【窗口】或【交叉】选择。

⑥【窗口选择方法】下拉列表框。该下拉列表框有 3 个选项，即【两次单击】（需单击

两次鼠标来创建选择窗口)、【按住并拖动】(单击左键并拖动以创建选择窗口)和【两者-自动检测】(系统会自动检测以上两种窗口选择方法)。

（4）【预览】选项组。

①【命令处于活动状态时】复选框。仅当某个命令处于活动状态并显示【选择对象】时，才会显示选择预览。

②【未激活任何命令时】复选框。即使未激活任何命令，也可显示选择预览。

③【视觉效果设置】按钮。单击该按钮，会弹出【视觉效果设置】对话框。在该对话框中，用户可设置对象选择的多种效果，如图 3-3 所示。

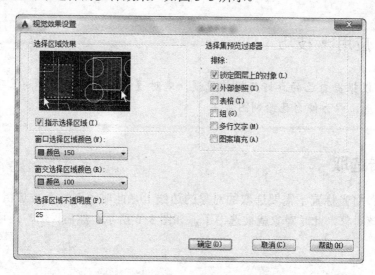

图 3-3 【视觉效果设置】对话框

（5）【夹点】选项组。

①【夹点颜色】按钮。单击该按钮，会弹出【夹点颜色】对话框。在该对话框中，用户可以设置未选中夹点颜色、选中夹点颜色、悬停夹点颜色和夹点轮廓颜色，如图 3-4 所示。

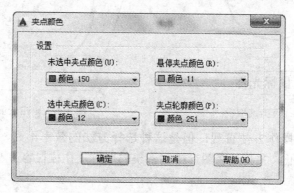

图 3-4 【夹点颜色】设置对话框

②【显示夹点】复选框。该选项用于设置是否显示被选中对象的夹点。

③【在块中显示夹点】复选框。该选项用于设置是否显示被选中块对象的夹点。

④【显示夹点提示】复选框。若选中该复选框，则当光标悬停在支持夹点提示的自定

义对象的夹点上时，显示夹点的特定提示。此选项对标准对象无效。

⑤【显示动态夹点菜单】复选框。该选项用于设置当鼠标悬停在多功能夹点上时是否显示该夹点的动态菜单。

⑥【允许按 Ctrl 键循环改变对象编辑方式行为】复选框。若选中该复选框，则在对多功能夹点操作时，可按〈Ctrl〉键循环改变对象编辑方式行为。

⑦【选择对象时限制显示的夹点数】文本框。在该文本框中，用户可以设置显示被选中对象的夹点数的上限，若超过该上限，则不显示夹点。

应用·技巧

　　用户可以根据自己的喜好与操作习惯，来对【选项】对话框中的选项进行自己的个性化设置，以方便自己绘制图。

3.1.2　单击选取

操作方法：将光标置于需要选取的对象的边线上，此时该对象会被加粗，如图 3-5 所示，然后单击该对象，此时对象就被选中了，如图 3-6 所示。然后，用户还可以继续单击选取其他对象。

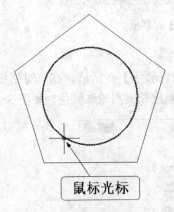

图 3-5　单击选取前

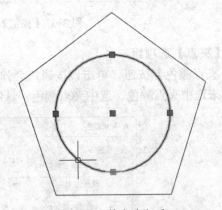

图 3-6　单击选取后

单击选取对象的操作方便直观，但是这种选择方法的效率不高，每次只能选取一个对象，而且选取精度较低，尤其是在图形排列密集的地方，往往很容易不小心错选或多选其他对象。

3.1.3　窗口选取

操作方法：在绘图区域单击，然后从左到右移动光标，即会出现一个临时的矩形选取窗口（矩形边框以实线显示），然后再次单击，即可选取矩形窗口中包含的所有对象。如图 3-7

所示，先在点 A 处单击，然后移动到点 B，接下来再次单击，选取后的对象如图 3-8 所示。

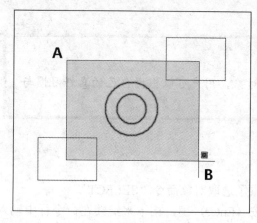

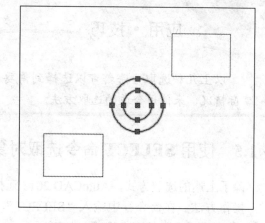

图 3-7　窗口选取前　　　　　　　　　图 3-8　窗口选取后

需要注意的是，窗口选取时，只有整个图形都在矩形选取窗口中的对象会被选中，部分图形在窗口中的对象并不会被选取到。

3.1.4　窗口交叉选取

操作方法：在绘图区域单击，然后从右到左移动光标，即会出现一个临时的矩形选取窗口（矩形边框以虚线显示），然后再次单击，即可选取与矩形选取窗口所有相交的对象。如图 3-9 所示，先在点 C 处单击，然后移动到点 D，接下来再次单击，选取后的对象如图 3-10 所示。

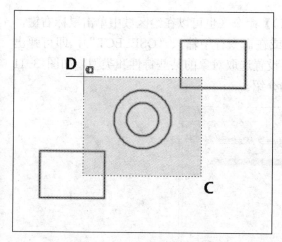

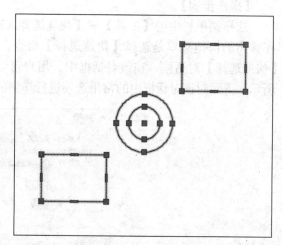

图 3-9　窗口交叉选取前　　　　　　　图 3-10　窗口交叉选取后

通过以上的讲解可以看出，窗口选取与窗口交叉选取的不同之处：窗口选取的操作步骤是从左往右拖动，矩形选取窗口的边框是以实线显示的，而窗口交叉选取是从右往左拖动，矩形选取窗口的边框是以虚线显示的；窗口选取是选取整个图形都在矩形选取窗口内的对象，而窗口交叉选取是选取与矩形选取窗口所有相交的对象。

应用·技巧

　　以上几种选取方法都可以选择到需要的对象，用户可以根据自己的喜好习惯与实际情况，来使用合适的选取方法。

3.1.5　使用 SELECT 命令选取对象

　　除了上述的选取方式，AutoCAD 2015 还提供了选取对象命令"SELECT"。

　　操作方法：在命令行中输入"SELECT"，按〈Enter〉键，接下来继续在命令行中输入"?"，即可查看命令的多个选项，如下所示。

　　需要点或窗口(W)/上一个(L)/窗交(C)/框(BOX)/全部(ALL)/栏选(F)/圈围(WP)/圈交(CP)/编组(G)/添加(A)/删除(R)/多个(M)/前一个(P)/放弃(U)/自动(AU)/单个(SI)/子对象(SU)/对象(O)。

　　根据提示信息，输入对应的英文字母即可选定对象选择模式。选择完成后按〈Enter〉键即可退出选择，此时所有被选中的对象将会呈高亮显示。

3.1.6　快速选择

　　【快速选择】可以帮助用户快捷地选取某些具有相同特性的对象，比如以某种颜色绘制的图形或者具有相同线宽的对象。

　　【操作步骤】

　　选择菜单栏中的【工具】→【快速选择（K）】命令（也可以在绘区域中单击鼠标右键，在弹出的快捷菜单是选择【快速选择】命令，或在命令行中输入"QSELECT"），即可弹出【快速选择】对话框，在该对话框中，用户可以设置选取对象的某些特性和类型，如图 3-11 所示。下面对该对话框中的常用选项进行详细的介绍。

图 3-11 【快速选择】对话框

（1）【应用到】下拉列表框。该选项用于选择过滤条件的应用范围。可以应用于【整个图形】，也可应用于当前选择。若有选中对象，则【当前选择】为默认选项；否则，【整个图形】为默认选项。

（2）【选择对象】按钮 ⊕。单击该按钮，将会切换到绘图窗口中，此时用户可以选取对象，选取完毕后可按〈Enter〉键结束选择，系统会自动返回到【快速选择】对话框中。

（3）【对象类型】下拉列表框：该选项用于指定要过滤的对象类型。若当前没有选择集，则在该下拉列表框中列出当前所有可用的对象类型；若当前有一个选择集，则列出选择集中的对象类型。

（4）【特性】列表框。该选项用于设置需要过滤的对象特性。

（5）【运算符】下拉列表框。该选项用于控制过滤的范围，包括【=（等于）】、【<（小于）】、【>（大于）】、【<>（不等于）】和【全部选择】。其中，【<】与【>】对某些对象特性是不可用的，【*】仅对可编辑文本起作用。

（6）【值】下拉列表框。该选项用于设置过滤的特性值。

（7）【如何应用】选项组。

①【包含在新选择集中】单选按钮。若单击该按钮，则满足过滤条件的对象构成选择集。

②【排除在新选择集之外】单选按钮。若单击该按钮，则不满足过滤条件的对象构成选择集。

（8）【附加到当前选择集】复选框。选中该复选框，即可将过滤出的符合条件的选择集加入到当前的选择集中；否则，将以新的选择集替换当前的选择集。

应用·技巧

当需要对某些具有某个相同特性的对象进行同一操作时，用户可以利用快速选择命令将它们一起选中，然后再进行统一操作。

3.2　图形复制及删除

AutoCAD 2015 为用户提供了使用非常灵活的复制及删除命令。本节将对这些命令进行深入的介绍。

3.2.1　复制图形

该命令的作用是把选中的对象复制到当前图纸的指定位置。

【复制】命令的执行方法如下。

■ 选择菜单栏中的【修改】→【复制】命令。

■ 单击【修改】工具栏中的【复制】按钮 🎯。

■ 在命令行中输入"COPY"，然后按〈Enter〉键。

执行【复制】命令后，命令行会出现如下提示信息。

> COPY 选择对象:

在绘图区域选择需要复制的对象，按〈Enter〉键完成对象选择。命令行会出现如下提示信息。

> COPY 指定基点或 [位移(D) 模式(O)] <位移>:

系统默认的复制位移方式为【指定基点】，另外，这里还有两个选项【位移（D）】和【模式（O）】，下面将对它们作详细说明。

（1）【指定基点】复制位移方式。用户需要输入复制对象的基准点，可以输入坐标，也可以在绘图区拾取。输入完成后，命令行会出现如下提示信息。

> COPY 指定第二个点或 [阵列(A)] <使用第一个点作为位移>:

输入第二个点（即复制对象的相对于基准点的位移点），即可完成复制图形。另外，这里有一个【阵列（A）】选项，下面以一个小例子说明它的用法。将一个矩形复制，指定基点后选中【阵列（A）】选项，输入阵列数为"4"，复制预览如图 3-12 所示。

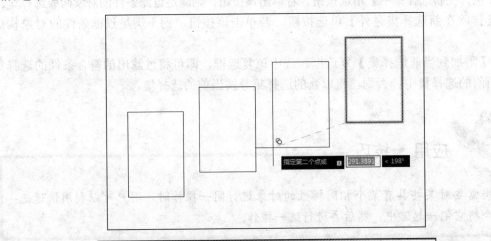

> COPY 输入要进行阵列的项目数: 4

图 3-12　复制命令中的【阵列（A）】选项

（2）【位移（D）】选项。该选项用于设置复制图形相对原图形的位移。选中该选项后，命令行会出现如下提示信息。

> COPY 指定位移 <0.0000, 0.0000, 0.0000>:

此时系统要求用户输入一个坐标，该坐标的 X、Y、Z 的值即为复制图形相对于原图形三个方向的位移。

（3）【模式（O）】选项。选中该选项后，命令行会出现如下提示信息。

> COPY 输入复制模式选项 [单个(S) 多个(M)] <多个>:

这里提供了【单个（S）】和【多个（M）】两个选项供用户选择，【单个（S）】表示将源对象复制一次后本次复制操作就结束了，【多个（M）】表示可以将源对象复制多次。

应用·技巧

　　用户应合理地使用【复制】命令中的选项。当知道移动的位移时，用户可以直接使用【位移（D）】选项；当需要复制多个对象时，用户可直接转换到【多个（M）】模式中，或使用【阵列（A）】选项。

3.2.2　将图形复制到 Windows 剪贴板中

　　利用上一小节介绍的【复制】命令只能将图形复制到当前 AutoCAD 图纸中，而本节介绍的将图形复制到 Windows 剪贴板中的命令，可以将图形复制到其他 AutoCAD 图纸、Word 文档或者其他绘图软件中。

　　该命令的执行方法如下。

■ 选择菜单栏中的【编辑】→【复制】命令。

■ 按〈Ctrl+C〉组合键。

■ 在命令行中输入"COPYCLIP"，然后按〈Enter〉键。

　　执行【复制】命令后，命令行会出现如下提示信息。

> COPYCLIP 选择对象：

　　在绘图区域选择需要复制的对象，按〈Enter〉键完成对象选择。然后切换到需要粘贴的窗口，选择菜单栏中的【编辑】→【粘贴】命令，或者按〈Ctrl+V〉组合键即可对复制的图形进行粘贴操作。

3.2.3　删除图形

　　在编辑图形的过程中，如果图形中的一个或多个对象已经不再需要，用户就可以用【删除】命令将其删除。

　　该命令的执行方法如下。

■ 选择菜单栏中的【修改】→【删除】命令。

■ 单击【修改】工具栏中的【删除】按钮。

■ 按【Delete】键。

■ 在命令行中输入"ERASE"，然后按〈Enter〉键。

　　执行【删除】命令后，命令行会出现如下提示信息。

> ERASE 选择对象：

　　在绘图区域选择需要删除的对象，按〈Enter〉键完成对象选择。这里系统就会执行【删除】命令，将刚才选中的对象删除。

3.3 图形变换

在 AutoCAD 2015 中，图形变换命令包括镜像、偏移、阵列、移动、旋转、缩放等。本节将会配合一些示例，对上述的命令进行详细的介绍。

3.3.1 镜像图形

镜像图形是指通过指定一条镜像中心线来生成已有图形对象的镜像，也就是说，在绘制一个对称图形时，用户可以先绘制图形一半的部分，然后通过指定一条镜像中心线，用镜像命令来创建图形的另外一半，这样就可以快速地绘制出需要的图形。

【镜像】命令的执行方法如下。

■ 选择菜单栏中的【修改】→【镜像】命令。

■ 单击【修改】工具栏中的【镜像】按钮◭。

■ 在命令行中输入"MIRROR"，然后按〈Enter〉键。

执行【镜像】命令后，命令行会出现如下提示信息。

◭ ▾ MIRROR 选择对象：

在绘图区域选择需要镜像的对象，按〈Enter〉键完成对象选择。命令行会出现如下提示信息。

◭ ▾ MIRROR 选择对象： 指定镜像线的第一点：

这时用户需要指定镜像线的第一点，可以输入坐标，也可以在绘图区拾取。输入完成后，命令行中会出现"指定镜像线的第二点"的提示，并且在图上会出现镜像预览，如图 3-13 所示。

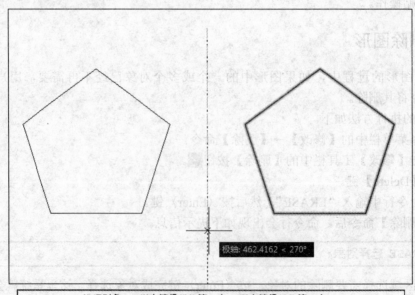

极轴: 462.4162 < 270°

◭ ▾ MIRROR 选择对象： 指定镜像线的第一点：指定镜像线的第二点：

图 3-13　镜像预览

输入镜像线的第二点后，命令行会出现如下提示信息。

▲▾ MIRROR 要删除源对象吗？[是(Y) 否(N)] <N>：

在此，用户需要选择是否要删除源对象，若选择【是（Y）】，则会在镜像完成后删除源对象；若选择【否（N）】，则不会删除源对象。

另外，如果要镜像的对象中包含文本，用户可以通过设置系统变量【MIRRTEXT】来实现不同的结果，设置的方法为：在命令行输入"MIRRTEXT"，然后输入数值。下面以一个小例子来说明它的作用。图 3-14 所示为镜像前的图形，当【MIRRTEXT】值为 0 时，镜像的文本保持原始方向，使文本具有可读性，如图 3-15 所示；当【MIRRTEXT】值为 1 时，文本被完全镜像，无可读性，如图 3-16 所示。

图 3-14　镜像前的图形

图 3-15 【MIRRTEXT】值为 0 的镜像图形　　　图 3-16 【MIRRTEXT】值为 1 的镜像图形

示例 3-1　镜像图形

思路·点拨

本示例将利用【镜像】命令绘制圣诞树。由于圣诞树为轴对称图形，因此用户只需将圣诞树的一半绘制好，然后再利用【镜像】命令将其镜像到另一侧即可完成图形的绘制。

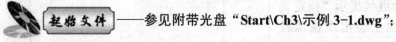

起始文件——参见附带光盘"Start\Ch3\示例 3-1.dwg"；

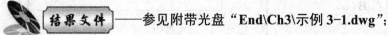

结果文件——参见附带光盘"End\Ch3\示例 3-1.dwg"；

动画演示——参见附带光盘"AVI\Ch3\示例 3-1.avi"。

打开附带光盘目录下"Start\Ch3\示例 3-1.dwg"。图形如图 3-17 所示。下面开始利用【镜像】命令绘制图形。

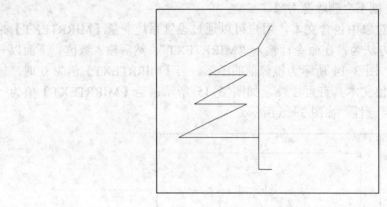

图 3-17 原图形

【操作步骤】

（1）在命令行中输入命令"MIRROR"，执行【镜像】命令。

（2）选择整个图形，按〈Enter〉键完成对象选择。图形被选中后会出现夹点，如图 3-18 所示。

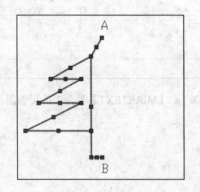

图 3-18 选中图形

（3）完成对象选择之后，命令行中会提示"指定镜像线的第一点"，选择点 A。

（4）此时命令行中会继续提示"指定镜像线的第二点"，并且图上会出现镜像预览，如图 3-19 所示。选择点 B。

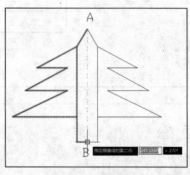

图 3-19 镜像预览

（5）命令行提示"要删除源对象吗？"，输入"N"，不删除源对象。圣诞树的绘制完成了，效果如图 3-20 所示。

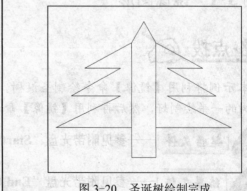

图 3-20 圣诞树绘制完成

3.3.2 偏移图形

【偏移】命令经常用于绘制同心圆、平行线和平行曲线等图形。下面为一些执行【偏移】命令后的图形，粗实线的图形为源图形，细实线的图形为偏移生成的图形。图 3-21 所示为直线的偏移，图 3-22 所示为矩形的偏移，图 3-23 所示为圆形的偏移，图 3-24 所示为样条曲线的偏移。

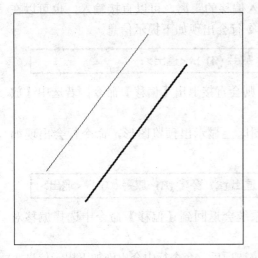

图 3-21　偏移直线

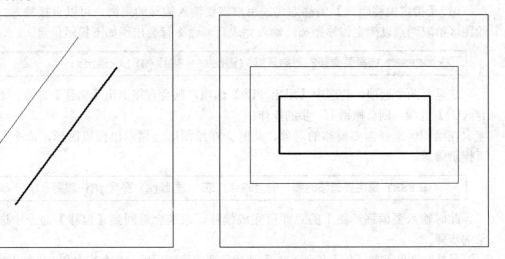

图 3-22　偏移矩形

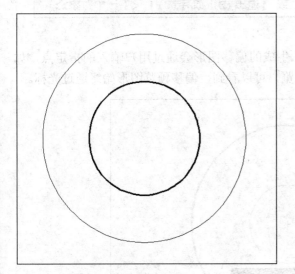

图 3-23　偏移圆形

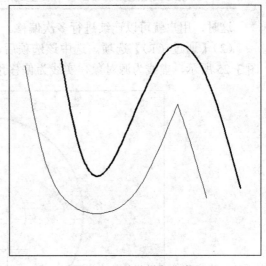

图 3-24　偏移样条曲线

【偏移】命令的执行方法如下。

■ 选择菜单栏中的【修改】→【偏移】命令。

■ 单击【修改】工具栏中的【镜像】按钮 ⚏。

■ 在命令行中输入"OFFSET"，然后按〈Enter〉键。

执行【偏移】命令后，命令行会出现如下提示信息。

当前设置：删除源=否　图层=源　OFFSETGAPTYPE=0

☁ ▾ OFFSET 指定偏移距离或 [通过(T) 删除(E) 图层(L)] <通过>：

系统默认的偏移方式为【指定偏移距离】，这里还有【通过（T）】、【删除（E）】和【图层（L）】3 个选项，下面将对它们作详细说明。

（1）【指定偏移距离】偏移方式。用户需要输入偏移的距离，可以直接输入，也可以在绘图区拾取两点以确定偏移距离。输入完成后，命令行会出现如下提示信息。

☁ ▾ OFFSET 选择要偏移的对象，或 [退出(E) 放弃(U)] <退出>：

这里有两个选项，若选中【退出（E）】选项，则会直接退出【偏移】命令；若选中【放弃（U）】选项，则会撤销上一步的操作。

在绘图区选择需要偏移的对象，此时会在绘图区上显示出预览图形，命令行会出现如下提示信息。

☁ ▾ OFFSET 指定要偏移的那一侧上的点，或 [退出(E) 多个(M) 放弃(U)] <退出>：

此时输入要偏移一侧上的点即可完成偏移，系统会返回到【偏移】命令中选择偏移对象的步骤。

另外，这里还有一个【多个（M）】选项，选中该选项后，命令行中会出现如下提示信息。

☁ ▾ OFFSET 指定要偏移的那一侧上的点，或 [退出(E) 放弃(U)] <下一个对象>：

这时，用户就可以连续进行多次偏移。

（2）【通过（T）】选项。选中该选项后，生成的偏移图形会通过用户输入的指定点，如图 3-25 所示，虚线为源对象，实线为偏移预览，可以看到，偏移预览图形始终通过光标。

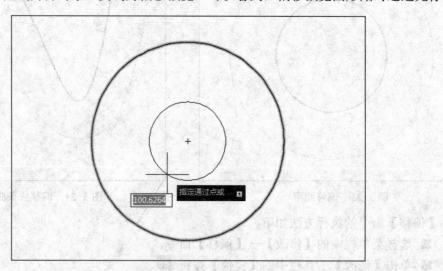

图 3-25 【通过】偏移方式

应用·技巧

　　用户应合理地使用【偏移】命令中的选项。当知道偏移的距离时,用户可以直接指定偏移的距离;当偏移生成的对象通过某个点时,用户可使用【通过(T)】选项进行偏移。

　　(3)【删除(E)】选项。该选项用于设置偏移后是否删除源对象。选中该选项后,命令行中会出现如下提示信息。

> ☁· **OFFSET** 要在偏移后删除源对象吗?[是(Y) 否(N)] <否>:

　　若选择【是(Y)】,则在偏移后会删除源对象;若选择【否(N)】,则不会删除源对象。
　　(4)【图层(L)】选项。该选项用于设置偏移生成的图形的所在图层。选中该选项后,命令行中会出现如下提示信息。

> ☁· **OFFSET** 输入偏移对象的图层选项 [当前(C) 源(S)] <源>:

　　若选择【当前(C)】,则偏移生成的图形会成为当前图层中的图形;若选择【源(S)】,则偏移生成的图形会与源对象在同一个图层中。

示例 3-2　偏移图形

思路·点拨 ✍

　　本示例将利用【偏移】命令绘制一个简单的表格。表格由一系列的等距离的水平线和竖直线组合而成,用户可以利用【偏移】命令直接将它们快速地绘制出来。

　　——参见附带光盘 "Start\Ch3\示例 3-2.dwg";

　　——参见附带光盘 "End\Ch3\示例 3-2.dwg";

　　——参见附带光盘 "AVI\Ch3\示例 3-2.avi"。

　　表格的尺寸可参考附带光盘目录下的 "Start\Ch3\示例 3-2.dwg",如图 3-26 所示。下面开始利用【偏移】命令绘制表格。

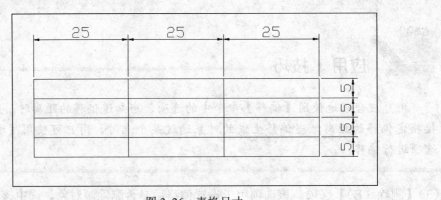

图 3-26　表格尺寸

【操作步骤】

（1）绘制一条长为 75mm 的水平直线。

（2）在命令行中输入"OFFSET"，执行【偏移】命令，并设定距离为"5"，按〈Enter〉键确定，命令行出现如下提示信息。

`OFFSET 指定偏移距离或 [通过(T) 删除(E) 图层(L)] <通过>: 5`

（3）选择刚刚绘制的直线为偏移的对象，按〈Enter〉键确定，命令行中会出现如下提示，选择【多个（M）】选项。

`OFFSET 选择要偏移的对象，或 [退出(E) 放弃(U)] <退出>: M`

（4）然后连续向上偏移 4 次，偏移完成后，效果如图 3-27 所示。

图 3-27　水平直线偏移结果

（5）接下来开始绘制竖直直线，在图形

的左端绘制一条竖直直线，如图 3-28 所示。

图 3-28　绘制竖直直线

（6）将偏移距离改为"25"，用上面的方法将竖直直线向右偏移 3 次，至此，表格的绘制就完成了，效果如图 3-29 所示。

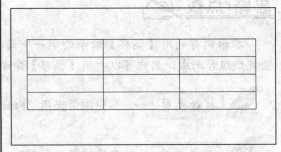

图 3-29　绘制完成的表格

3.3.3　阵列图形

【阵列】命令主要用于绘制多个相同的并且分布位置有一定规律的图形。AutoCAD 2015 所提供的阵列命令有 3 个：矩形阵列、路径阵列和环形阵列。

矩形阵列的效果如图 3-30 所示。图 3-30a 为矩形阵列前的图形，图中的正六边形为矩形阵列的对象，图 3-30b 为矩形阵列后的图形。由此可以看出，矩形阵列的作用是将图形沿水平与竖直方向进行阵列。

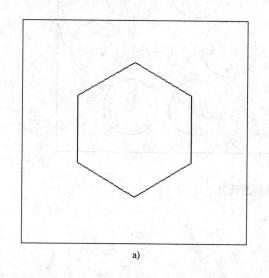
a)

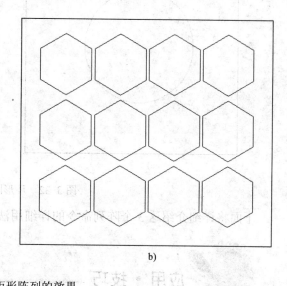
b)

图 3-30　矩形阵列的效果

路径阵列的效果如图 3-31 所示。图 3-31a 为路径阵列前的图形，图中的椭圆为路径阵列的对象，直线为阵列的路径，图 3-31b 为路径阵列后的图形。由此可以看出，路径阵列的作用是将图形沿选定的路径进行阵列。

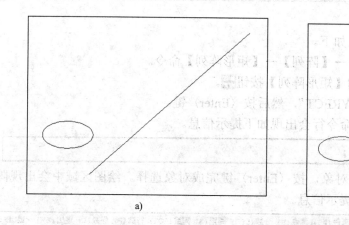
a)

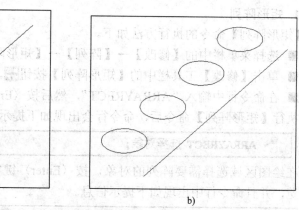
b)

图 3-31　路径阵列的效果

环形阵列的效果如图 3-32 所示。图 3-32a 为环形阵列前的图形，图中的圆为环形阵列的对象，图 3-32b 为环形阵列后的图形。由此可以看出，环形阵列的作用是将图形围绕一个中心进行阵列。

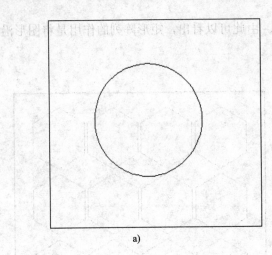

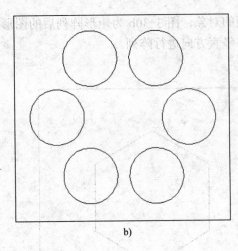

a)   b)

图 3-32   环形阵列的效果

下面将详细介绍这 3 个阵列命令的详细用法。

应用·技巧

当需要复制生成的对象较多，且其有一定的排列规律时，用户可以使用【阵列】命令进行操作；但当需要复制生成的对象较少，或其无一定的排列规律时，用户应直接使用【复制】命令进行操作。

1. 矩形阵列

【矩形阵列】命令的执行方法如下。

■ 选择菜单栏中的【修改】→【阵列】→【矩形阵列】命令。

■ 单击【修改】工具栏中的【矩形阵列】按钮 。

■ 在命令行中输入"ARRAYRECT"，然后按〈Enter〉键。

执行【矩形阵列】命令后，命令行会出现如下提示信息。

> ARRAYRECT 选择对象：

在绘图区域选择需要阵列的对象，按〈Enter〉键完成对象选择。绘图区域中会出现阵列预览，并且命令行中出现如下提示信息。

> ARRAYRECT 选择夹点以编辑阵列或 [关联(AS) 基点(B) 计数(COU) 间距(S) 列数(COL) 行数(R) 层数(L) 退出(X)] <退出>：

这时，用户可以在绘图区域上通过拖动夹点以编辑阵列。另外，这里还有 8 个选项，即【关联（AS）】、【基点（B）】、【计数（COU）】、【间距（S）】、【列数（COL）】、【行数（R）】、【层数（L）】和【退出（X）】，下面将对它们作详细说明。

（1）【关联（AS）】选项。该选项用于设置阵列生成的对象是否关联。选中该选项后，命令行中会出现如下提示信息。

> ARRAYRECT 创建关联阵列 [是(Y) 否(N)] <是>：

若选择【是（Y）】，则阵列生成的图形关联为一个整体；若选择【否（N）】，则生成的对象将会被分解。

（2）【基点（B）】选项。该选项用于设置生成对象的基点。选中该选项后，命令行中会出现如下提示信息。

> ▪▪▫ ARRAYRECT 指定基点或 [关键点(K)] <质心>:

此时即可输入生成图形的基点。另外，这里还有另外一个选项【关键点（K）】，其作用是选取源对象上的关键点（如圆的圆心、线段的中心和端点等）作为基点。选中该选项后，命令行中会出现如下提示信息。

> ▪▪▫ ARRAYRECT 指定源对象上的关键点作为基点:

这时系统会自动捕捉源对象的关键点。

（3）【计数（COU）】选项。该选项用于设置阵列的列数和行数。选中该选项后，命令行中会出现如下提示信息。

> ▪▪▫ ARRAYRECT 输入列数数或 [表达式(E)] <4>:

输入列数，按〈Enter〉键确定，命令行中会出现输入行数提示。

> ▪▪▫ ARRAYRECT 输入行数数或 [表达式(E)] <3>:

输入行数，按〈Enter〉键即可完成更改。若选择【表达式（E）】选项，则可以输入表达式来确定行数和列数。

（4）【间距（S）】选项。该选项用于设置阵列生成对象的列间距和行间距。选中该选项后，命令行会出现如下提示信息。

> ▪▪▫ ARRAYRECT 指定列之间的距离或 [单位单元(U)] <515.1744>:

输入列间距，按〈Enter〉键确定，命令行中会出现输入行间距提示。

> ▪▪▫ ARRAYRECT 指定行之间的距离 <56.073>:

输入行间距，按〈Enter〉键即可完成更改。若选择【单位单元（U）】选项，则需要绘制一个矩形，该矩形的长度和高度分别为阵列的列间距和行间距。

（5）【列数（COL）】选项。该选项用于设置阵列的列数和列间距。其设置方法与【计数（COU）】选项中设置列数和【间距（S）】选项中设置列间距的方法一样。

（6）【行数（R）】选项。该选项用于设置阵列的行数和行间距。其设置方法与【计数（COU）】选项中设置行数和【间距（S）】选项中设置行间距的方法一样。

（7）【层数（L）】选项。该选项用于设置阵列的层数和层间距。其设置方法与设置列数和列间距类似。

（8）【退出（X）】选项。若选中该选项，即退出阵列设置，完成阵列操作。

2. 路径阵列

【路径阵列】命令的执行方法如下。

■ 选择菜单栏中的【修改】→【阵列】→【路径阵列】命令。

■ 在命令行中输入"ARRAYPATH",然后按〈Enter〉键。

执行【矩形阵列】命令后,命令行会出现如下提示信息。

> ARRAYPATH 选择对象:

在绘图区域选择需要阵列的对象,按〈Enter〉键完成对象选择。命令行中会出现选择路径曲线的提示。

> ARRAYPATH 选择路径曲线:

选择阵列的路径后,绘图区域中会出现阵列预览,并且命令行中会出现如下提示信息。

> ARRAYPATH 选择夹点以编辑阵列或 [关联(AS) 方法(M) 基点(B) 切向(T) 项目(I) 行(R) 层(L) 对齐项目(A) z 方向(Z) 退出(X)] <退出>:

这里有 10 个选项,其中【关联(AS)】、【基点(B)】、【层(L)】和【退出(X)】选项的用法与矩形阵列的对应选项的用法类似。下面将详细说明其他选项的用法。

(1)【方法(M)】选项。该选项用于设置阵列对象列数的确定方法。选中该选项后,命令行会出现如下提示信息。

> ARRAYPATH 输入路径方法 [定数等分(D) 定距等分(M)] <定距等分>:

若选择【定数等分(D)】,则按输入的列数来进行等距阵列;若选择【定距等分(M)】,则按输入的间距来进行等距阵列。

(2)【切向(T)】选项。该选项用于设置阵列生成图形的切向。指定切向与水平方向的夹角为阵列路径倾斜角与阵形图形旋转角度的差值。

(3)【项目(I)】选项。该选项用于设置阵列的列数。

若在【方法(M)】选项中选中了【定数等分(D)】,则命令行中会出现输入阵列列数的提示。

> ARRAYPATH 输入沿路径的项目数或 [表达式(E)] <1>:

若在【方法(M)】选项中选中了【定距等分(M)】,则命令行中会出现输入阵列间距的提示。

> ARRAYPATH 指定沿路径的项目之间的距离或 [表达式(E)] <515.1744>:

(4)【行(R)】选项。该选项用于设置行数、行间距及行标高增量。

(5)【对齐项目(A)】选项。该选项用于设置阵列生成图形是否与路径对齐。选中该选项后,命令行会出现如下提示信息。

> ARRAYPATH 是否将阵列项目与路径对齐?[是(Y) 否(N)] <是>:

为了便于读者理解,这里用一个小例子进行说明。图 3-33 为阵列前的图形,箭头为阵列对象,曲线为阵列的路径。当阵列项目与路径对齐时,路径阵列的图形如图 3-34 所示;当阵列项目不与路径对齐时,路径阵列的图形如图 3-35 所示。

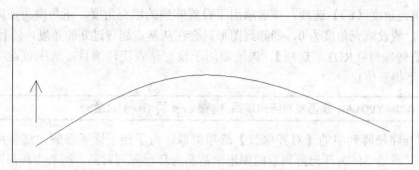

图 3-33　阵列前的图形

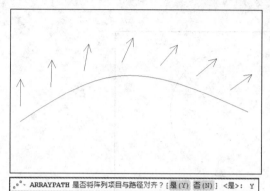

°。° ▪ ARRAYPATH 是否将阵列项目与路径对齐？[是(Y) 否(N)] <是>: Y

°。° ▪ ARRAYPATH 是否将阵列项目与路径对齐？[是(Y) 否(N)] <否>: N

图 3-34　阵列项目与路径对齐　　　　　　　图 3-35　阵列项目不与路径对齐

（6）【Z 方向（Z）】选项。该选项用于设置阵列中的所有项目是否保持 Z 方向。

3. 环形阵列

【环形阵列】命令的执行方法如下。

■ 选择菜单栏中的【修改】→【阵列】→【环形阵列】命令。

■ 在命令行中输入"ARRAYPOLAR"，然后按〈Enter〉键。

执行【环形阵列】命令后，命令行会出现如下提示信息。

```
°ᵣᵇᵣ° ▪ ARRAYPOLAR 选择对象：
```

在绘图区域中选择需要阵列的对象和阵列中心点。指定完成后，绘图区域中会出现阵列预览，并且命令行中会出现如下提示。

```
°ᵣᵇᵣ° ▪ ARRAYPOLAR 选择夹点以编辑阵列或 [关联(AS) 基点(B) 项目(I) 项目间角度(A) 填充角度(F) 行(ROW) 层(L) 旋转项目(ROT) 退出(X)] <退出>：
```

这里有 9 个选项，其中【关联（AS）】、【基点（B）】、【项目（I）】、【行（ROW）】、【层（L）】和【退出（X）】选项的用法与上述阵列命令中相应选项的用法类似。下面将详细说明其他选项的用法。

（1）【项目间角度（A）】选项。该设置相邻两个阵列图形的旋转角度差。选中该选项后，命令行会出现如下提示信息。

```
°ᵣᵇᵣ° ▪ ARRAYPOLAR 指定项目间的角度或 [表达式(EX)] <60>：
```

若选择【表达式（EX）】选项，则可以用表达式来确定项目间角度。

（2）【填充角度（F）】选项。该选项用于设置阵列的填充角度，正角度为逆时针，负角度为顺时针。假设填充角度为 θ，则阵列图形只会在从基点起转过 θ 的角度内进行阵列。

（3）【旋转项目（ROT）选项】。该选项用于设置是否旋转项目。选中该选项后，命令行会出现如下提示信息。

> ⊞▪ ARRAYPOLAR 是否旋转阵列项目？[是(Y) 否(N)] <是>:

该选项与路径阵列中的【对齐项目】选项类似。为了便于读者理解，这里用一个小例子进行说明。图 3-36 为环形阵列前的图形，箭头为环形阵列对象，圆心为环形阵列的中心点。当旋转阵列项目时，环形阵列的图形如图 3-37 所示；当不旋转阵列项目时，环形阵列的图形如图 3-38 所示。

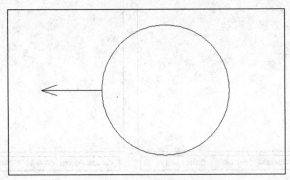

图 3-36　环形阵列前的图形

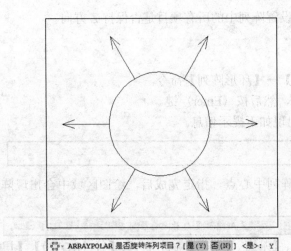

> ⊞▪ ARRAYPOLAR 是否旋转阵列项目？[是(Y) 否(N)] <是>: Y

图 3-37　旋转项目

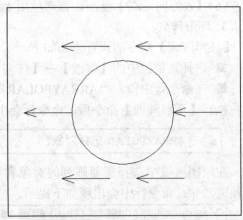

> ⊞▪ ARRAYPOLAR 是否旋转阵列项目？[是(Y) 否(N)] <否>: N

图 3-38　不旋转项目

示例 3-3　阵列图形

思路·点拨 ✍

本示例将利用【阵列】命令绘制如图 3-39 所示的图形。先利用【环形阵列】命令将单个圆内的图形生成，然后再利用【矩形阵列】命令将整个图形绘制出来即可。

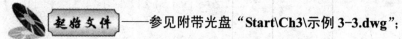

起始文件——参见附带光盘 "Start\Ch3\示例 3-3.dwg"；

结果文件——参见附带光盘 "End\Ch3\示例 3-3.dwg"；

动画演示——参见附带光盘 "AVI\Ch3\示例 3-3.avi"。

打开附带光盘目录下的 "Start\Ch3\示例 3-3.dwg"，图形如图 3-40 所示，大圆的直径为 20mm。

图 3-39　阵列示例图形

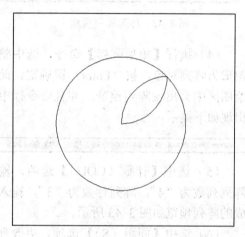

图 3-40　原图形

【操作步骤】

（1）在命令行中输入 "ARRAYPOLAR"，执行【环形阵列】命令。选中两断圆弧为阵列对象，如图 3-41 所示。

（2）选定大圆的圆心为阵列的中心点，命令行中会出现如下提示信息。

ARRAYPOLAR 选择夹点以编辑阵列或 [关联(AS) 基点(B) 项目(I) 项目间角度(A) 填充角度(F) 行(ROW) 层(L) 旋转项目(ROT) 退出(X)] <退出>:

（3）选中【项目（I）】选项，输入阵列中的项目数为 "4"，阵列预览如图 3-42 所示，按〈Enter〉键确定。

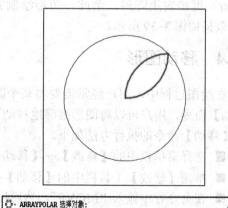

ARRAYPOLAR 选择对象：

图 3-41　环形阵列对象选择

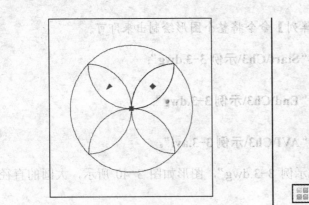

ARRAYPOLAR 输入阵列中的项目数或 [表达式(E)] <4>: 4

图 3-42　环形阵列预览

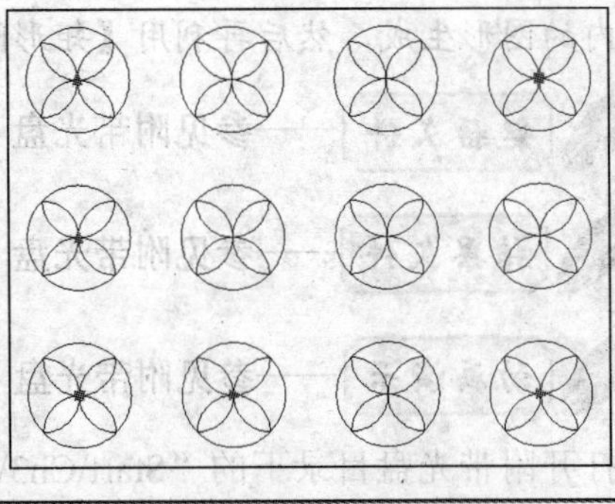

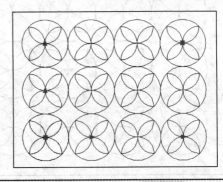

ARRAYRECT 输入列数数或 [表达式(E)] <4>: 4

ARRAYRECT 输入行数数或 [表达式(E)] <3>: 3

图 3-43　更改阵列的列数和行数

（4）执行【矩形阵列】命令，选中整个图形为阵列对象，按〈Enter〉键确定，此时绘图区中会出现阵列预览，并且命令行中会出现如下提示。

ARRAYRECT 选择夹点以编辑阵列或 [关联(AS) 基点(B) 计数(COU) 间距(S) 列数(COL) 行数(R) 层数(L) 退出(X)] <退出>:

（5）选中【计数（COU）】选项，输入阵列列数为"4"，阵列行数为"3"，输入完成的阵列预览如图 3-43 所示。

（6）选中【间距（S）】选项，更改列间距和行间距为"20"（圆的直径为 20mm）。更改完成后的阵列预览如图 3-44 所示，按〈Enter〉键确定矩阵列。至此，图形绘制完毕，效果如图 3-39 所示。

ARRAYRECT 指定列之间的距离或 [单位单元(U)] <30>: 20

ARRAYRECT 指定行之间的距离 <30>: 20

图 3-44　更改阵列的列间距和行间距

3.3.4　移动图形

在绘图过程中，用户经常需要将某个图形移动到指定的位置。利用 AutoCAD 2015 的【移动】命令，用户可以将图形准确地移动到需要的位置。

【移动】命令的执行方法如下。

■ 选择菜单栏中的【修改】→【移动】命令。
■ 单击【修改】工具栏中的【移动】按钮。
■ 在命令行中输入"MOVE"，然后按〈Enter〉键。

执行【移动】命令后，命令行会出现如下提示信息。

MOVE 选择对象:

在绘图区域选择需要移动的对象，按〈Enter〉键完成对象选择，命令行会出现如下提示信息。

* ▾ MOVE 指定基点或 [位移(D)] <位移>:

系统默认的移动方式为【指定基点】，另外这里还有【位移（D）】选项，下面将对它们作详细说明。

（1）【指定基点】移动方式。在此方式下，用户需要输入移动对象的基点，可以输入坐标，也可以在绘图区拾取。输入完成后，命令行会出现如下提示信息。

* ▾ MOVE 指定第二个点或 <使用第一个点作为位移>:

此时输入第二个点，即可完成图形的移动。

（2）【位移（D）】选项。该选项用于设置移动图形相对原图形的位移。选中该选项后，命令行会出现如下提示信息。

* ▾ MOVE 指定位移 <0.0000, 0.0000, 0.0000>:

系统要求用户输入一个坐标，该坐标的 X、Y、Z 的值即为移动图形对应的三个方向的位移。

应用·技巧

在实际绘图中，用到移动命令时，用户经常使用的是利用基点进行移动的方式，而选好移动图形的基点是精确移动图形的关键。实际操作请看下面的示例。

示例 3-4 移动图形

思路·点拨

本示例将以一个十分简单的移动操作来向读者介绍如何精确地移动图形。选好移动图形的基点是精确移动图形的关键。

起始文件——参见附带光盘"Start\Ch3\示例 3-4.dwg"；

结果文件——参见附带光盘"End\Ch3\示例 3-4.dwg"；

动画演示——参见附带光盘"AVI\Ch3\示例 3-4.avi"。

打开附带光盘目录下的"Start\Ch3\示例 3-4.dwg"，图形如图 3-45 所示。下面将详细说明准确地将圆移动到椭圆的中心的方法。

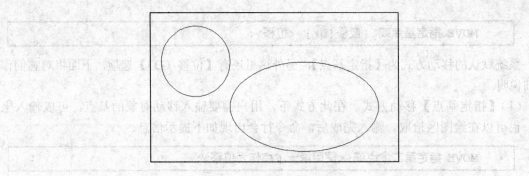

图 3-45　移动前的图形

【操作步骤】

（1）在命令行中输入"MOVE"，执行
【移动】命令。选中圆为移动对象，按
〈Enter〉键确定。此时命令行中会出现如下
提示信息。

` ` · ˅ MOVE 指定基点或 [位移 (D)] <位移>：

（2）在绘图区域上拾取圆的圆心作为移
动的基点，并将圆拖动到椭圆的中心，移动
预览图形如图 3-46 所示。

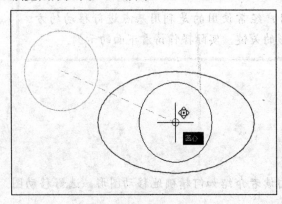

图 3-46　移动图形预览

（3）单击鼠标左键确定移动位置。最终
的图形如图 3-47 所示。

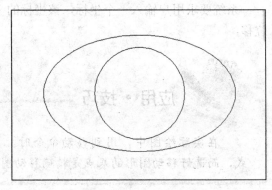

图 3-47　移动后的图形

可见，精确移动图形的关键是要选择好
移动的基点。在移动时，往往需要选择图形
的特殊几何点作为移动的基点，例如线段的
端点与中点、圆的圆心和多边形的顶点等。

3.3.5　旋转图形

【旋转】命令就是把选中的对象绕选定的基点旋转一定的角度。若旋转角度为正，图形
逆时针旋转；若旋转角度为负，图形顺时针旋转。

【旋转】命令的执行方法如下。

■ 选择菜单栏中的【修改】→【旋转】命令。

■ 单击【修改】工具栏中的【旋转】按钮 ⬚。

■ 在命令行中输入"ROTATE"，然后按〈Enter〉键。

执行【旋转】命令后，命令行会出现如下提示信息。

> **ROTATE 选择对象：**

在绘图区域选择需要旋转的对象，按〈Enter〉键完成对象选择，命令行会出现如下提示信息。

> **ROTATE 指定基点：**

此时需要选择旋转的基点，因为图形将会围绕基点旋转。选定基点后，绘图区域中会显示旋转预览，并且命令行中会出现如下提示信息。

> **ROTATE 指定旋转角度，或 [复制（C） 参照（R）] <0>：**

此时指定旋转角度。旋转角度的输入需要在命令行中输入角度的数值，或在绘图区域上拾取一个点（该点与基点的连线与水平夹角即为旋转角度），即可完成旋转操作。另外，这里还有【复制（C）】和【参照（R）】两个选项，下面将对它们作详细说明。

（1）【复制（C）】选项。该选项用于设置是否保留源对象。若选择该选项，则在旋转完成后保留源对象；否则，在旋转完成后将删除源对象。

（2）【参照（R）】选项。该选项用于设置参照角度。系统的默认参照角度为 0 度。选中该选项后，命令行中会出现如下提示信息。

> **ROTATE 指定参照角 <0>：**

此时用户可以直接在命令行中输入参照角度，或在绘图区上拾取两点（该两点所连成的直线与水平夹角即为参照角度）。

应用·技巧

在输入旋转角度时，若输入的角度为正，则图形逆时针旋转；若输入的角度为负，则图形顺时针旋转。

示例 3-5　旋转图形

思路·点拨

本示例将以简单的旋转操作来向读者介绍如何精确地旋转图形。合理利用【旋转】命令中的参照选项是精确旋转图形的关键。

——参见附带光盘"Start\Ch3\示例 3-5.dwg"；

结果文件——参见附带光盘"End\Ch3\示例 3-5.dwg";

动画演示——参见附带光盘"AVI\Ch3\示例 3-5.avi"。

打开附带光盘目录下的"Start\Ch3\示例 3-5.dwg",图形如图 3-48 所示,下面将详细说明如何准确地以 A 为基点旋转矩形使其 AB 边与直角三角形的 AC 边重合。

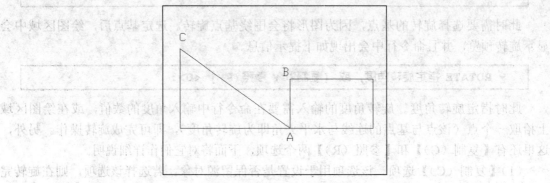

图 3-48　旋转前的图形

【操作步骤】

（1）在命令行中输入"ROTATE",执行【旋转】命令,选中矩形为旋转对象,按〈Enter〉键确定,命令行中会出现如下提示信息。

ROTATE 指定基点:

（2）选定点 A 为旋转基点,选定后,在绘图区域上会出现旋转预览,如图 3-49 所示,并且命令行会出现如下提示信息。

ROTATE 指定旋转角度,或 [复制(C) 参照(R)] <0>:

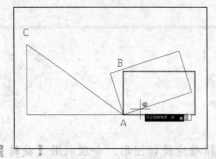

图 3-49　旋转预览

（3）选中【参照（R）】选项,然后按顺序选取点 A 与点 B,此时的旋转预览如图 3-50 所示。

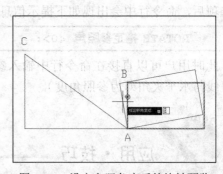

图 3-50　设定参照角度后的旋转预览

（4）将光标移到点 C,并单击确定旋转。旋转完成后的图形如图 3-51 所示。

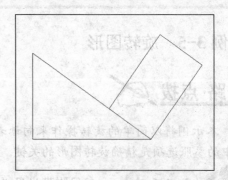

图 3-51　旋转完成后的图形

3.3.6　缩放图形

【缩放】命令可以使图形按一定的比例放大或缩小。在实际绘图中，用户经常会使用【缩放】命令来使图形适应图纸的大小。

【缩放】命令的执行方法如下。

■ 选择菜单栏中的【修改】→【缩放】命令。
■ 单击【修改】工具栏中的【缩放】按钮 。
■ 在命令行中输入"SCALE"，然后按〈Enter〉键。

执行【缩放】命令后，命令行会出现如下提示信息。

> SCALE 选择对象:

在绘图区域中选择需要缩放的对象，按〈Enter〉键完成对象选择，命令行会出现如下提示信息。

> SCALE 指定基点:

输入基点后，绘图区域中会显示缩放预览，并且命令行中会出现如下提示信息。

> SCALE 指定比例因子或 [复制(C) 参照(R)]:

这时需要输入比例因子，比例因子的输入有两种方法，即直接在命令行中输入比例因子的数值或在绘图区域中拾取一个点（该点与基点的连线的长度即为比例因子的数值）。另外，这里还有【复制（C）】和【参照（R）】两个选项，下面将对它们作详细说明。

（1）【复制（C）】选项。该选项用于设置是否保留源对象。若选择该选项，则在缩放完成后保留源对象；否则，在缩放完成后将删除源对象。

（2）【参照（R）】选项。该选项用于设置参照长度。系统的默认参照长度为 1，图形的实际放大倍数为比例因子除以参照长度。选中该选项后，命令行中会出现如下提示信息。

> SCALE 指定参照长度 <1.0000>:

此时用户可以直接在命令行中输入参照长度，或在绘图区域中拾取两点（该两点所连成的线段的长度即为参照角度）。

示例 3-6　缩放图形

思路·点拨

本示例将以一个简单的缩放操作来向读者介绍如何准确地缩放图形。合理利用【缩放】命令中的参照选项是精确缩放图形的关键。

起始文件——参见附带光盘"Start\Ch3\示例 3-6.dwg"；

结果文件——参见附带光盘"End\Ch3\示例 3-6.dwg"；

动画演示 ——参见附带光盘 "AVI\Ch3\示例 3-6.avi"。

打开附带光盘目录下的 "Start\Ch3\示例 3-6.dwg"，图形如图 3-52 所示。下面以圆心为基点缩放圆，使其半径等于线段的长度。

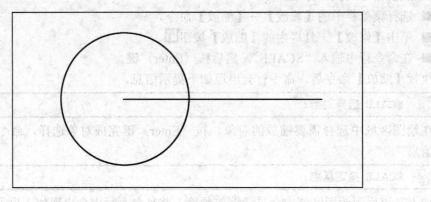

图 3-52　缩放前的图形

【操作步骤】

（1）在命令行中输入命令 "SCALE"，执行【缩放】命令，选中圆为缩放对象，然后选中圆心为缩放的基点，命令行中会出现如下提示信息。

> SCALE 指定比例因子或 [复制(C) 参照(R)]:

（2）选中【参照（R）】选项，命令行中会出现如下提示信息。

> SCALE 指定参照长度 <1.0000>:

（3）利用拾取两点的方式选定参照长度（先后单击圆心和圆上的任意一点），完成选择后在绘图区域中会出现缩放预览，如图 3-53 所示。

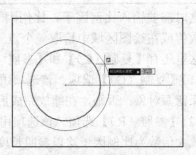

图 3-53　选定参照长度后的缩放预览

（4）选中线段的另一端点完成缩放，缩放完成后的图形如图 3-54 所示。

图 3-54　缩放完成后的图形

3.4　图形修剪

AutoCAD 2015 提供了丰富的图形修剪命令，下面将对这些命令进行详细的介绍，包括图形的打断、修剪、延伸、圆角和倒角。

3.4.1　打断图形

【打断】命令可以使图形在特定的地方断开，或将其截断一部分。打断的对象可以是线段、多段线和圆等。

【打断】命令的执行方法如下。

■ 选择菜单栏中的【修改】→【打断】命令。
■ 单击【修改】工具栏中的【打断】按钮。
■ 在命令行中输入 "BREAK"，然后按〈Enter〉键。

执行【打断】命令后，命令行会出现如下提示信息。

> BREAK 选择对象：

在绘图区域中选择需要打断的对象。需要注意的是，在对象选择时，单击的点会成为系统默认的打断的第一点。对象选择完成后，命令行中会出现如下提示信息。

> BREAK 指定第二个打断点 或 [第一点(F)]：

此时，用户只需直接输入第二个打断点即可完成打断，打断的效果如图 3-55 所示，打断点为点 A 与点 B。另外，这里还可以重新选择第一个打断点或输入 "@" 直接打断于一点，下面将对此作详细介绍。

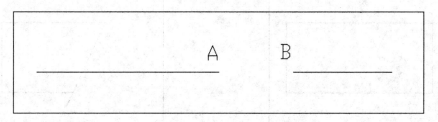

图 3-55　打断的效果

（1）【第一点（F）】选项。选中该选项即可重新选择打断的第一点。

（2）直接输入 "@"。直接输入 "@" 即可直接完成打断命令。由于只有一个打断点，因此断开处没有缺口。直接输入 "@" 的打断效果如图 3-56 所示，为了方便观察，被打断的两段线分别被改成粗实线与细实线，打断点为点 C。

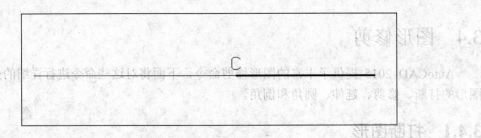

图 3-56　打断于点的效果

另外，AutoCAD 2015 中还有一个【打断】命令的派生命令——【打断于点■】，该命令的作用相当于【打断】命令在选择对象后直接输入"@"。

应用·技巧

由于【打断】命令实现的效果比较单一，因此在实际绘图中用得比较少，很多时候用户会使用【分解】、【修剪】等命令来实现效果。

3.4.2　修剪图形

修剪图形就是指沿着选中的剪切边界来断开对象，并删除该对象位于剪切边某一侧的部分。图 3-57 所示为修剪前的图形，线段为修剪边，执行【修剪】命令后，将矩形位于线段左侧部分的图形剪掉，如图 3-58 所示。

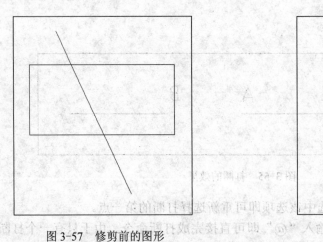
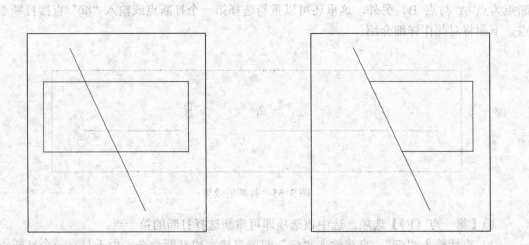

图 3-57　修剪前的图形　　　　　　　　　　　図 3-58　修剪后的图形

【修剪】命令的执行方法如下。
■ 选择菜单栏中的【修改】→【修剪】命令。
■ 单击【修改】工具栏中的【修剪】按钮 ━━。

■ 在命令行中输入"TRIM",然后按〈Enter〉键。

执行【修剪】命令后,命令行会出现如下提示信息。

> **TRIM** 选择对象或 <全部选择>:

这时,用户需要选择修剪的剪切边,按〈Enter〉键完成剪切边的选择。

> **TRIM** [栏选(F) 窗交(C) 投影(P) 边(E) 删除(R) 放弃(U)]:

此时,用户可以直接在绘图区上选择图形进行修剪。另外,这里还有【栏选(F)】、
【窗交(C)】、【投影(P)】、【边(E)】、【删除(R)】和【放弃(U)】6 个选项。下面将对
它们进行详细的介绍。

(1)【栏选(F)】选项。选中该选项后,用户需绘制一多段线,所有与该多段线相交的
图形将会被修剪。

(2)【窗交(C)】选项。选中该选项后,用户需绘制一矩形,所有与该矩形相交的图形
将会被修剪。

(3)【投影(P)】选项。该选项用于确定修剪操作的空间。这里主要是指三维空间中两
个对象的修剪,此时可以将对象投影到某一平面上进行修剪操作。

(4)【边(E)】选项。该选项用于设置修剪边的隐含延伸模式。选中该选项后,命令行
会出现【输入隐含边延伸模式】的提示。

> **TRIM** 输入隐含边延伸模式 [延伸(E) 不延伸(N)] <延伸>:

若选中【延伸(E)】,则当修剪边太短而且没有与被修剪对象相交时,系统会假想地将
修剪边延长,然后再进行修剪;若选中【不延伸(N)】选项,则只有当被修剪对象与剪切
边真正相交时,才可以进行修剪。

(5)【删除(R)】选项。方便用户在【修剪】命令进行中能进行图形的删除而不用退出
【修剪】命令。选中后会要求选择删除的对象,命令行会出现如下提示信息。

> **TRIM** 选择要删除的对象或 <退出>:

选中需要删除的对象,按〈Enter〉键完成,即可删除对象。

(6)【放弃(U)】选项。该选项用于撤销【修剪】命令中的上一步操作。

3.4.3 延伸图形

【延伸】命令就使对象的终点落到指定的某个对象的边界上。图 3-59 为延伸前的图
形,圆弧为延伸边界,线段为延伸对象,执行【延伸】命令后,如图 3-60 所示。

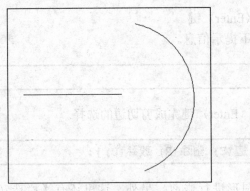

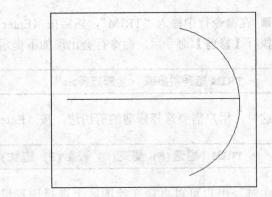

图 3-59　延伸前的图形　　　　　　　　图 3-60　延伸后的图形

【延伸】命令的执行方法如下。

■ 选择菜单栏中的【修改】→【延伸】命令。

■ 单击【修改】工具栏中的【延伸】按钮 。

■ 在命令行中输入"EXTEND"，然后按〈Enter〉键。

执行【延伸】命令后，命令行会出现如下提示信息。

> ✗/✗ **EXTEND** 选择对象或 <全部选择>：

选择延伸边界，按〈Enter〉键确定。命令行中会出现如下提示信息。

> ✗/✗ **EXTEND** [栏选(F) 窗交(C) 投影(P) 边(E) 放弃(U)]：

这里的各个选项都与【修剪】命令中的对应选项类似，故此处不再赘述。

应用·技巧

　　当需要修剪或延伸直线线段时，用户也可以使用夹点的操作来实现修剪或延伸的效果。所以，当编辑数目较少的直线线段时，用户可以直接使用夹点操作，以较少的操作实现同样的效果。

示例 3-7　修剪图形

思路·点拨 ✍

　　这里将以一个简单的小示例来向读者介绍【修剪】和【延伸】命令的具体用法，以期让读者对【修剪】和【延伸】命令的使用有一个基本的认识。

 起始文件——参见附带光盘"Start\Ch3\示例 3-7.dwg"；

—— 参见附带光盘"End\Ch3\示例 3-7.dwg";

—— 参见附带光盘"AVI\Ch3\示例 3-7.avi"。

打开附带光盘目录下的"Start\Ch3\示例 3-7.dwg",图形如图 3-61 所示,本实例将通过【修剪】、【延伸】命令来编辑图形,使之变为如图 3-62 所示的样子。

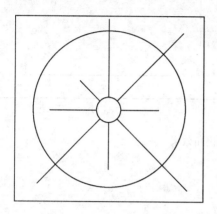

图 3-61　修剪延伸前的图形

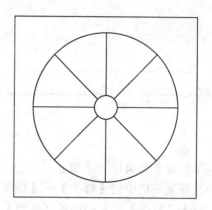

图 3-62　修剪延伸后的图形

【操作步骤】

（1）在命令行中输入"TRIM",执行【修剪】命令。选取大圆为剪切边,按〈Enter〉键确认。

（2）选中大圆外侧的线段以进行修剪,修剪完成后按〈Enter〉键确认。修剪完成后的图形如图 3-63 所示。

（3）执行【延伸】命令,选取大圆为延伸边界,按〈Enter〉键确认。

（4）选中剩余的线段以将其延伸到圆上（注意选取时要选中线段靠外的一侧）,按〈Enter〉键确认。至此,图形修改完毕,最终图形如图 3-62 所示。

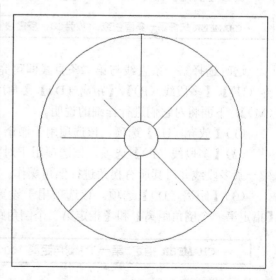

图 3-63　修剪后延伸前的图形

3.4.4　倒角

在绘图时,用户经常需要为某些图形绘制倒角。AutoCAD 2015 有专门的【倒角】命令。图 3-64a 所示为倒角前的图形,图 3-64b 所示为对矩形所有角进行倒角后的图形。以下将对该命令进行详细的介绍。

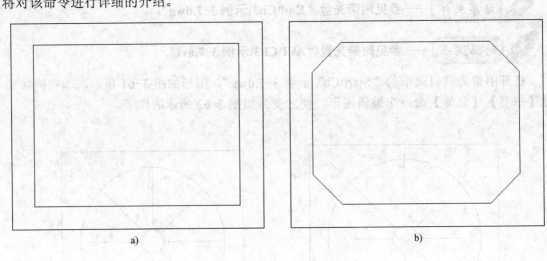

图 3-64　矩形的倒角效果

【倒角】命令的执行方法如下。
- 选择菜单栏中的【修改】→【倒角】命令。
- 单击【修改】工具栏中的【倒角】按钮。
- 在命令行中输入"CHAMFER"，然后按〈Enter〉键。

执行【倒角】命令后，命令行会出现如下提示信息。

> CHAMFER 选择第一条直线或 [放弃(U) 多段线(P) 距离(D) 角度(A) 修剪(T) 方式(E) 多个(M)]：

这时选择第一条直线与第二条直线即可完倒角绘制。另外，这里有 7 个选项，即【放弃（U）】、【多段线（P）】、【距离（D）】、【角度（A）】、【修剪（T）】、【方式（E）】和【多个（M）】，下面将对它们进行详细的说明。

（1）【放弃（U）】选项。该选项用于撤销【倒角】命令中的上一个操作。

（2）【多段线（P）】选项。该选项用于对多段线进行倒角。选中该选项后，用户可以选中一条多段线并对其所有拐角进行倒角操作。

（3）【距离（D）】选项。该选项用于设置倒角距离。选中该选项后，命令行中会提示【指定第一个倒角距离】和【指定第二个倒角距离】。

> CHAMFER 指定 第一个 倒角距离 <0.0000>：

> CHAMFER 指定 第二个 倒角距离 <1.0000>：

倒角距离的概念如图 3-65 所示。

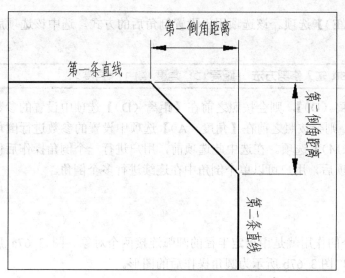

图 3-65　倒角距离的概念

（4）【角度（A）】选项。选中该选项后，用户可以设置【第一条直线的倒角长度（即第一倒角距离）】和【第一条直线的倒角角度（即倒角的斜线与第一条直线的夹角）】。命令行会出现如下提示信息。

> CHAMFER 指定第一条直线的倒角长度 <0.0000>:

> CHAMFER 指定第一条直线的倒角角度 <0>:

（5）【修剪（T）】选项。该选项用于设置倒角后是否保留原拐角边。选中该选项后，命令行会出现如下提示信息。

> CHAMFER 输入修剪模式选项 [修剪(T) 不修剪(N)] <修剪>:

选择【修剪】即表示倒角后对倒角边进行修剪；选择【不修剪】即表示不进行修剪。图 3-66a 所示为倒角前的图形，图 3-66b 所示为不修剪的倒角效果，图 3-66c 所示为修剪的倒角效果。

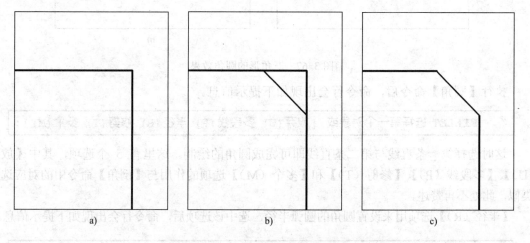

图 3-66　修剪与不修剪的效果

（6）【方式（E）】选项。该选项用于设置倒角后的方式。选中该选项后，命令行会出现如下提示信息。

> CHAMFER 输入修剪方法 [距离(D) 角度(A)] <角度>：

若选择【距离（D）】，则会按照之前在【距离（D）】选项中设置的参数进行倒角；若选择【角度（A）】，则会按照之前在【角度（A）】选项中设置的参数进行倒角。

（7）【多个（M）】选项。在选中此选项前，用户进行一个倒角操作后便自动结束命令的执行；选中该选项后，用户可以单个倒角中在连续进行多个倒角。

3.4.5 圆角

【圆角】命令的作用就是用指定半径的圆弧连接两个对象。图 3-67a 所示为【圆角】命令执行前的图形，图 3-67b 所示为圆角操作后的图形。

【圆角】命令的执行方法如下。

- 选择菜单栏中的【修改】→【圆角】命令。
- 单击【修改】工具栏中的【圆角】按钮 。
- 在命令行中输入 "FILLET"，然后按〈Enter〉键。

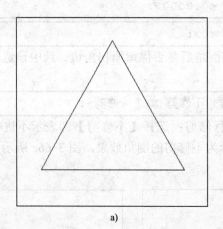
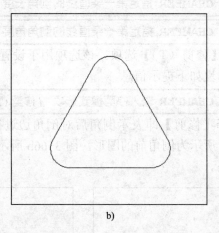

a)   b)

图 3-67　三角形的圆角效果

执行【圆角】命令后，命令行会出现如下提示信息。

> FILLET 选择第一个对象或 [放弃(U) 多段线(P) 半径(R) 修剪(T) 多个(M)]：

这时选择第一条直线与第二条直线即可完成圆角的绘制。这里有 5 个选项，其中【放弃（U）】、【多段线（P）】、【修剪（T）】和【多个（M）】选项的作用与【倒角】命令中的对应选项类似，此处不再赘述。

【半径（R）】选项用来设置圆角的圆弧半径，选中该选项后，命令行会出现如下提示信息。

> FILLET 指定圆角半径 <0.0000>：

输入半径的大小即可。圆角半径的概念如图 3-68 所示。

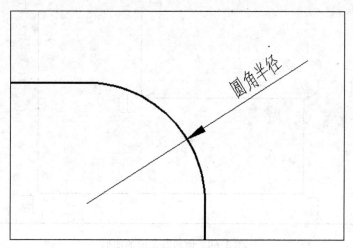

图 3-68　圆角半径的概念

应用·技巧

　　【倒角】和【圆角】命令不但可以在二维绘图中使用，而且可以用于对三维实体的编辑。

示例 3-8　倒角和圆角

思路·点拨

　　这里将以一个简单的小示例来向读者介绍【倒角】和【圆角】命令的具体用法，以期让读者对【倒角】和【圆角】命令的使用有一个基本的认识。

 —— 参见附带光盘 "Start\Ch3\示例 3-8.dwg"；

 —— 参见附带光盘 "End\Ch3\示例 3-8.dwg"；

 —— 参见附带光盘 "AVI\Ch3\示例 3-8.avi"。

　　打开附带光盘目录下的 "Start\Ch3\示例 3-8.dwg"，图形如图 3-69 所示。将 A、B、F 三个角改为倒角，倒角距离为 15mm；将 C、D、E 三个角改为圆角，圆角半径为 15mm。

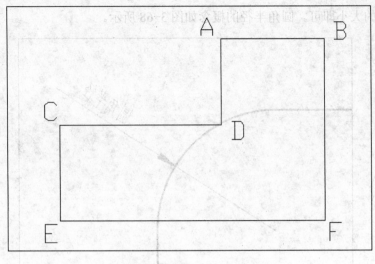

图 3-69　倒角圆角前的图形

【操作步骤】

（1）在命令行中输入"CHAMFER"，执行【倒角】命令。选中【修剪（T）】选项，设置修剪模式为【修剪】，命令行显示如下提示信息。

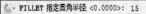

CHAMFER 输入修剪模式选项 [修剪(T) 不修剪(N)] <修剪>: T

（2）选中【距离（D）】选项，设置倒角距离，指定"第一个倒角距离"和"第二个倒角距离"都为"15"，命令行显式如下提示信息。

CHAMFER 指定 第一个 倒角距离 <0.0000>: 15

CHAMFER 指定 第二个 倒角距离 <15.0000>: 15

（3）分别对 A、B、F 三个角进行倒角操作，倒角后的效果如图 3-70 所示。

（4）执行【圆角】命令，选中【修剪（T）】选项，设置修剪模式为【修剪】，命令行显示如下提示信息。

FILLET 输入修剪模式选项 [修剪(T) 不修剪(N)] <修剪>: T

（5）选中【半径（R）】选项设置圆角，指定圆角半径为"15"。

FILLET 指定圆角半径 <0.0000>: 15

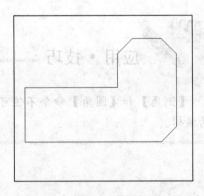

图 3-70　倒角后圆角前的图形

（6）分别对 C、D、E 三个角进行圆角操作，圆角后的效果如图 3-71 所示，至此，图形编辑完成。

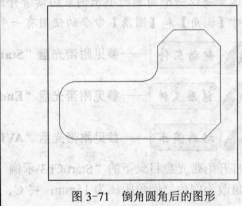

图 3-71　倒角圆角后的图形

3.5 使用夹点编辑图形

夹点是 AutoCAD 2015 中一种集成的编辑模式，为用户提供了一种便捷的编辑操作途径。用户可以利用夹点快速地修改图形。

3.5.1 夹点

选择对象时，被选中的对象上会显示出若干个小方框，这些小方框就是用于标记被选中对象的夹点，即对象的控制点。对于不同的类型图形，夹点的位置与数量也是不一样的，部分图形的夹点如图 3-72 所示

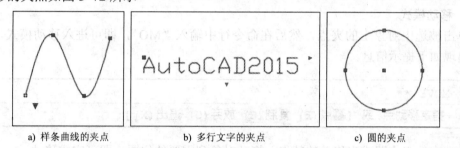

a) 样条曲线的夹点　　　　b) 多行文字的夹点　　　　c) 圆的夹点

图 3-72　部分图形的夹点

下面具体介绍各种常用对象的夹点位置。

- 直线：中点和两个端点。
- 多段线：直线段的中点和两端点、圆弧的两端点和中点。
- 射线：起点和射线上的一个点。
- 构造线：控制点和线上邻近的两点。
- 多线：控制线上的两个端点。
- 圆：圆心和 4 个象限点。
- 圆弧：圆心和两个端点。
- 椭圆：中心点和 4 个顶点。
- 椭圆弧：圆弧的两个端点、对应椭圆的中心点和 4 个顶点。
- 区域填充：填充图形的中心点。
- 线性标注和对齐标注：尺寸线和尺寸界线的端点、尺寸文字的中心点。
- 角度标注：尺寸线端点和指定尺寸标注弧的端点，尺寸文字的中心点。
- 半径和直径标注：半径和直径标注的端点、尺寸文字的中心点。

3.5.2 使用夹点编辑对象

1. 拉伸模式

单击被选中对象上的夹点时，系统会自动进入拉伸模式，命令行中会出现如下信息。

```
** 拉伸 **
>_ ▾指定拉伸点或  [基点 (B)  复制 (C)  放弃 (U)  退出 (X) ]:
```

拖动选中的夹点到需要的位置，便可完成拉伸。

另外，这里有【基点（B)】、【复制（C)】、【放弃（U)】和【退出（X)】4 个选项，下面将对它们进行详细的说明。

（1）【基点（B)】选项。该选项用于重新确定拉伸基点。

（2）【复制（C)】选项：若选中该选项，则允许确定一系列的拉伸点，用以实现多次拉伸。

（3）【放弃（U)】选项：该选项用于取消上一步的操作。

（4）【退出（X)】选项：该选项用于退出当前的操作。

2. 移动模式

单击被选中对象上的夹点，然后在命令行中输入"MO"，即可进入移动模式，命令行中会出现如下提示信息。

```
** MOVE **
>_ ▾指定移动点 或  [基点 (B)  复制 (C)  放弃 (U)  退出 (X) ]:
```

被选中的夹点即成为移动的基点，拖动对象到需要的位置，即可完成移动。

另外，这里有【基点（B)】、【复制（C)】、【放弃（U)】和【退出（X)】4 个选项，它们的用法与拉伸模式下的对应选项类似，此处不再赘述。

3. 旋转模式

单击被选中对象上的夹点，然后在命令行中输入"RO"，即可进入旋转模式，命令行中会出现如下提示信息。

```
** 旋转 **
>_ ▾指定旋转角度或  [基点 (B)  复制 (C)  放弃 (U)  参照 (R)  退出 (X) ]:
```

此时输入旋转的角度即可完成旋转。用户可以直接输入角度值，也可与在绘图区域中拾取一点确定角度（与【旋转】命令下的确定角度方式一样）。

另外，这里有 5 个选项，其中【基点（B)】、【复制（C)】、【放弃（U)】和【退出（X)】这 4 个选项的用法与拉伸模式下的对应选项类似；而【参照（R)】选项则与【旋转】命令下的对应选项一样。

4. 缩放模式

单击被选中对象上的夹点，然后在命令行中输入"SC"，即可进入旋转模式，命令行中会出现如下提示信息

```
** 比例缩放 **
>_ ▾指定比例因子或  [基点 (B)  复制 (C)  放弃 (U)  参照 (R)  退出 (X) ]:
```

此时输入比例因子即可完成缩放。用户可以直接输入比例因子，也可与在绘图区域中拾取一点确定比例因子（与【缩放】命令下的输入比例因子方式一样）。

另外，这里有 5 个选项，其中【基点（B）】、【复制（C）】、【放弃（U）】和【退出（X）】这 4 个选项的用法与拉伸模式下的对应选项类似；而【参照（R）】选项则与【缩放】命令下的对应选项一样。

5. 镜像模式

单击被选中对象上的夹点，然后在命令行中输入"MI"，即可进入镜像模式，命令行中会出现如下提示信息。

```
** 镜像 **
>- 指定第二点或 [基点(B) 复制(C) 放弃(U) 退出(X)]:
```

此时输入镜像线的第二点即可完成镜像（镜像线的第一点为被选中的夹点）。

另外，这里有【基点（B）】、【复制（C）】、【放弃（U）】和【退出（X）】4 个选项，它们的用法与拉伸模式下的对应选项类似，此处不再赘述。

应用·技巧

夹点集成了许多编辑的命令，而且操作快捷方便，所以在实际绘图中用得非常多，而且可以代替许多其他编辑命令，如【移动】、【修剪】、【延伸】、【旋转】等。

示例 3-9 使用夹点编辑对象

思路·点拨

这里将以一个简单的小示例来向读者介绍如何使用夹点来快速编辑对象。

起始文件——参见附带光盘"Start\Ch3\示例 3-9.dwg"；

结果文件——参见附带光盘"End\Ch3\示例 3-9.dwg"；

动画演示——参见附带光盘"AVI\Ch3\示例 3-9.avi"。

打开附带光盘目录下的"Start\Ch3\示例 3-9.dwg"，图形如图 3-73 所示。通过移动和拉伸直线线段，使直线成为矩形的对角线。

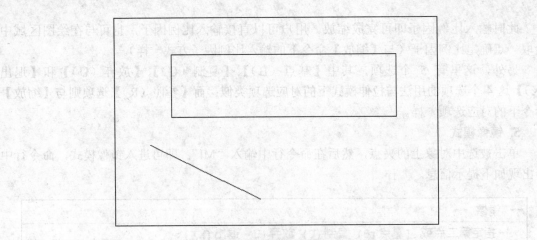

图 3-73　编辑前的图形

【操作步骤】

（1）选中直线线段，使线段上出现夹点，选中线段左上的夹点，并在命令行中输入"MO"，进入移动模式，再将光标移动到矩形的左上角顶点，如图 3-74 所示。单击鼠标左键确定移动。

（2）选中直线右下的夹点，进行拉伸操作，并将光标移动到矩形的右下角顶点，如图 3-75 所示。单击鼠标左键确定拉伸。编辑完成后的图形如图 3-76 所示。

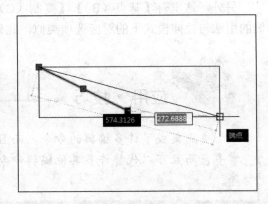

图 3-75　拉伸直线线段

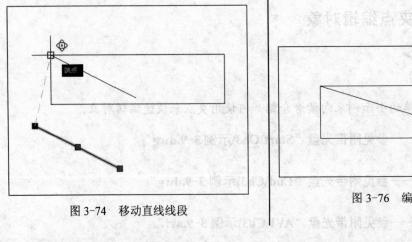

图 3-74　移动直线线段

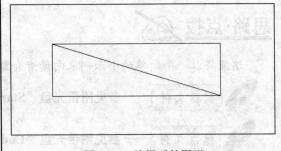

图 3-76　编辑后的图形

3.6　修改图形的特性

在系统默认的情况下，在某图形中所绘制对象的颜色、线型和线宽等特性都与该层属性设置相同。在实际工作要求中，用户往往需要修改这些特性。AutoCAD 2015 提供了【特性】工具栏与【特性】窗口等工具来修改图形的特性。

3.6.1 【特性】工具栏

　　【特性】工具栏可用于修改选中图形的颜色、线型和线宽等特性，如图 3-77 所示。当选取单个对象时，【特性】工具栏中会显示这个对象的相应特性；当选取多个对象时，工具栏中会显示选择对象的相同特性，特性不同的控制项则为空白；当没有选取对象时，【特性】工具栏将显示当前图层的特性。如要修改某特性，只需在相应的控制项中选取新的选项。各控制项的下拉列表框如图 3-78 所示。图 3-78a 所示为颜色控制项的下拉列表框，图 3-78b 所示为线型控制项的下拉列表框，图 3-78c 所示为线宽控制项的下拉列表框。

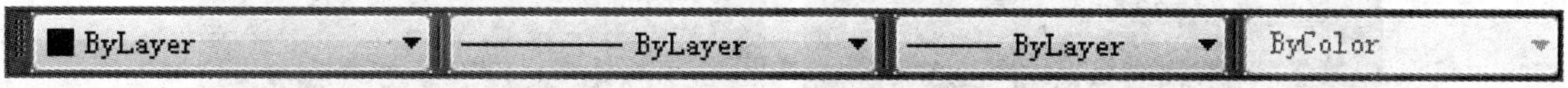

图 3-77 【特性】工具栏

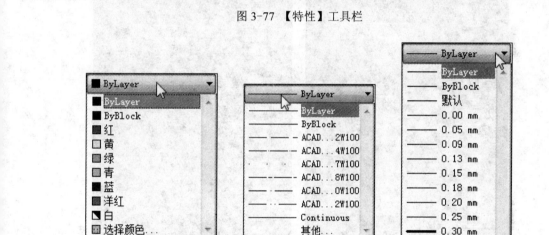

图 3-78 控制项下拉列表框

3.6.2 【特性】窗口

　　【特性】窗口可用于修改选中对象的任何特性，选取的对象不同，【特性】窗口中显示的内容和项目也不同，如图 3-79 所示。图 3-79a 所示为选中圆时的【特性】窗口，图 3-79b 所示为选中直线时的【特性】窗口。【特性】窗口并不影响在绘图区的工作，即打开【特性】窗口后，用户仍可执行系统的各种命令，进行绘图工作。

　　【特性】窗口的调用方法如下。

　　■ 选择菜单栏中的【修改】→【特性】命令。

　　■ 在命令行中输入 "PROPERTIES"，然后按〈Enter〉键。

　　在【特性】窗口中，修改某个特性的方式取决于所要修改特性的类型，主要有以下 3 种方式。

（1）从下拉列表框中选择。对于带有下拉列表框的选项，如图层、线型和线宽等，用户可以从下拉列表框中选取一个新值来修改对象的特性。

（2）直接输入新值。对于带有数值的特性，如半径、长度和角度等，用户可以通过输入一个新的值来修改对象的相应特性。

（3）用对话框修改特性值。对于某些需要用对话框来设置和编辑的特性，如超链接、字符串的分栏等，用户可选择特性并单击其后部出现的省略号按钮■，通过弹出的对话框来修改对象的特性。

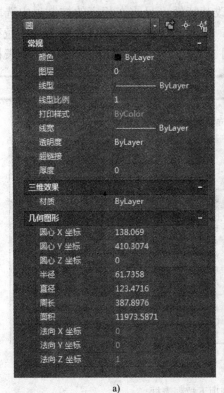

a)　　　　　　　　　　　　　b)

图 3-79 【特性】窗口

应用·技巧

在实际绘图中，用户经常会用到【特性】窗口，因为在该窗口中几乎可以修改到图形对象的每一个属性。

3.7　图案填充和面域

当需要用一个重复的图案填充一个区域时，用户可以使用 AutoCAD 2015 的【图案填充】命令，建立一个相关联的填充阴影对象。本节将对其相关命令进行详细的介绍。

3.7.1　图案填充

在进行图案填充前，用户需要对以下一些基本概念有所了解。

（1）图案边界。当进行图案填充时，首先要确定填充图案的边界。定义为边界的对象只能是直线、双向射线、单向射线、多段线、样条曲线、圆弧、圆、椭圆、椭圆弧和面域等对象或用这些对象定义的块，而且作为边界的对象在当前屏幕上必须全部可见。

（2）孤岛。在进行图案填充时，把位于总填充区域内的封装区域称为孤岛，如图 3-80 所示。

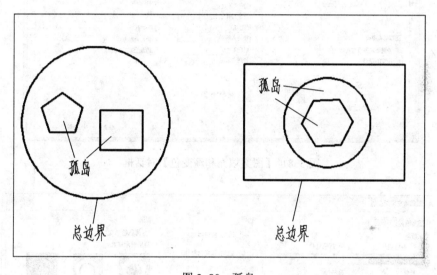

图 3-80　孤岛

 应用·技巧

在建筑制图中，【图案填充】命令一般用于立面图的墙面绘制、总平面图的铺地绘制等。

【图案填充】命令的执行方法如下。

■　选择菜单栏中的【绘图】→【图案填充】命令。

■　单击【绘图】工具栏中的【图案填充】按钮。

■　在命令行中输入"BHATCH"，然后按〈Enter〉键。

执行【图案填充】命令后，即可弹出【图案填充和渐变色】对话框，如图 3-81 所示。切换至【渐变色】选项卡，即可进行渐变色的填充，如图 3-82 所示。

图 3-81 【图案填充和渐变色】对话框

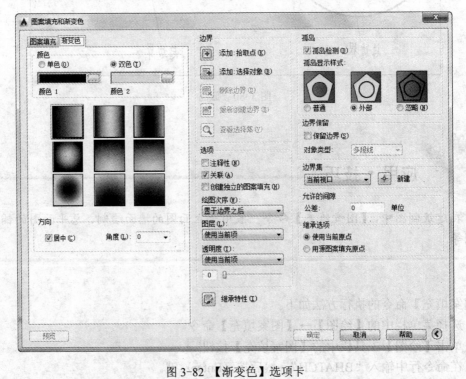

图 3-82 【渐变色】选项卡

下面将对【图案填充和渐变色】对话框中比较常用的选项进行详细的介绍。

（1）【图案填充】标签。

①【类型】下拉列表框。该选项用于确定填充图案及其参数。单击下拉箭头会出现选项列表。在该列表中，"预定义"选项表示用 AutoCAD 标准图案文件中的图案填充；"用户定义"选项表示用户要临时定义填充图案；"自定义"选项表示选用 ACAD.PAT 图案文件或其他图案方件中的图案填充。

②【图案】下拉列表框。该选项用于确定标准图案文件中的填充图案。只有用户在"类型"中选择了"预定义"选项，此选项才允许用户从自己定义的图案文件中选取填充图案。用户可在下拉列表框中选取填充图案。选取所需要的填充图案后，在"样例"图框内会显示出该图案。

③【颜色】下拉列表框。该选项用于填充图案及背景的颜色。此选项中有两个下拉列表框，左边的下拉列表框用于选定填充实体的颜色，右边的下拉列表框用于选定填充图案的背景颜色。

④【样例】。该选项用于控制是否可从关联性填充中选择编辑对象。若选中该选项，选择填充图案后，边界即包含在选择集中。

⑤【自定义图案】下拉列表框。此下拉列表框用于从用户定义的填充图案。只有在【类型】下拉列表框中选中"自定义"选项后，该选项才可以使用，才允许用户从自己定义的图案文件中选取填充图案。

⑥【角度】下拉列表框：该选项用于确定填充图案时的旋转角度。图案的初始角度为0，单击下拉箭头可选取旋转角度，也可在编辑框内直接输入旋转角度。

⑦【比例】下拉列表框：该选项用于确定填充图案的缩放比例。图案的初始比例均为1，单击下拉箭头可选取缩放比例，也可在编辑框内直接输入缩放比例。

（2）【渐变色】标签。

①【单色】单选按钮。应用单色对所选择的对象进行渐变填充，其样式如图 3-83 所示。用户可在左边的颜色选择框中可设置渐变色的颜色，在右边的滚动条中可以设置渐变明暗。

②【双色】单选按钮。应用双色对所选择的对象进行渐变填充，其样式如图 3-84 所示。用户可在两个颜色选项框中选择渐变色的两个颜色。

图 3-83 【单色】单选按钮

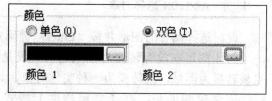

图 3-84 【双色】单选按钮

③【渐变方式】：此处有9个渐变方式样板，分别表示不同的渐变方式。

④【居中】复选框：该选项用于设置渐变填充是否居中。。

⑤【角度】下拉列表框：该选项用于设置渐变色的倾斜角度。单击下拉箭头可选取倾斜角度，也可以直接输入角度。

⑥【添加：拾取点】按钮。以取点形式自动确定填充区域边界，即在填充的区域内任意拾取一点，系统会自动确定出包围该点的封闭填充边界，边界内的区域会被填充。

⑦【添加：选择对象】按钮。以选取对象的方式确定填充区域的边界，即以选取的封闭图形对象为边界，在对象包围的区域内将会被填充。

⑧【删除边界】按钮。删除已选中的边界对象。

⑨【重新创建边界】按钮。围绕选定的图案填充或填充对象创建多段线或面域。

⑩【查看选择集】按钮。观看填充区域的边界。

⑪【注释性】复选框。该选项用于指定填充图案为注释性。

⑫【关联】复选框。该选项用于指定填充图案是否与边界关联。选中此复选框后，填充图案与图形边界保持着关联，图案填充后，当修改边界图形时，系统会根据边界的新位置和形状自动生成填充图案。

⑬【创建独立的图案填充】复选框。该选项用于设置当指定多个独立的闭合边界时，是各个边界的填充图案是一个整体的对象，还是几个独立的对象。

⑭【绘图次序】下拉列表框。该选项用于指定图案填充的绘图顺序。图案填充可以放在所有其他对象之后、所有其他对象之前、图案填充边界之后或图案边界之前。

⑮【继承特性】按钮。单击该按钮，可选中图中已有的填充图案，并将其作为当前的填充图案。

3.7.2　面域

"面域"是一个没有厚度的二维实心区域，包括边界以及边界内的区域，具备实体特性。"面域"不能直接被创建，而是使用【面域】命令由封闭图形转化而成。

【面域】命令的执行方法如下。

■ 选择菜单栏中的【绘图】→【面域】命令。

■ 单击【绘图】工具栏中的【面域】按钮◎。

■ 在命令行中输入"REGION"，然后按〈Enter〉键。

执行【面域】命令后，命令行会出现如下提示信息。

◎▾ REGION 选择对象：

此时选择闭合的图形并按〈Enter〉键确定，即可完成面域的创建。

封闭图形在没有转化为面域之前，仅是一种几何线框，没有属性信息。而封闭图形一旦被转换为面域，就转变为一种实体对象，具有实体属性。

需要说明的是，在【二维线框】模式下，面域与几何线框的视觉效果看上去并没有多大差别，这时用户可以将其切换至【真实】、【概念】或【着色】（菜单命令【视图】→【视觉样式】）等模式下观察。图 3-85 为矩形封闭图形与矩形面域的对比，其中图 3-85a 所示为矩形线框，图 3-85b 所示为使用矩形线框创建的面域，并在【着色】模式下观察。

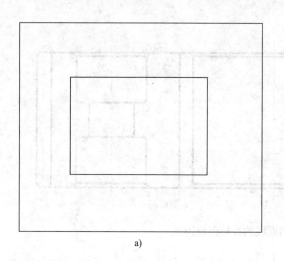 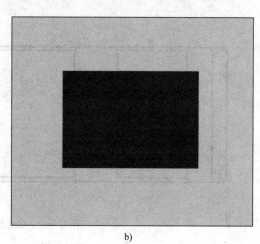

a)　　　　　　　　　　　　　b)

图 3-85　封闭图形与面域

应用·技巧

　　【面域】命令在二维绘图时用得比较少，主要用于三维建模中。在使用三维编辑命令拉伸之前，一般要将绘制的图形创建成面域，以保证拉伸生成的图形为一实体而不是平面。

示例 3-10　图案填充

思路·点拨

　　本实例将为一个齿轮的剖面图画上剖面线，具体方法是：先选择填充的图案和角度，再选取需要进行填充的地方，即可完成剖面线的绘制。

　起始文件——参见附带光盘 "Start\Ch3\示例 3-10.dwg"；

　结果文件——参见附带光盘 "End\Ch3\示例 3-10.dwg"；

　动画演示——参见附带光盘 "AVI\Ch3\示例 3-10.avi"。

　　这里将以一个简单的小示例来向读者介绍如何使用【图案填充】命令。首先，请读者打开附带光盘目录下的 "Start\Ch3\示例 3-10.dwg"，图形如图 3-86 所示。现在我们来使用【图案填充】命令来给这个齿轮的剖视图画上剖面线。

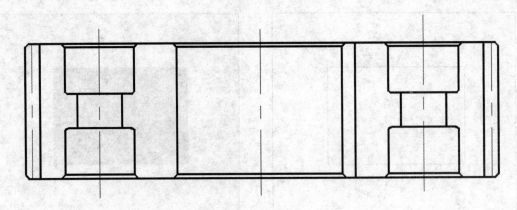

图 3-86　未画剖面线的齿轮剖视图

【操作步骤】

（1）在命令行中输入命令"HATCH"，执行【图案填充】命令，系统将弹出【图案填充和渐变色】对话框，在【图案】下拉列表框中选择"LINE"选项，在【角度】组合框中输入"45"，如图 3-87 所示。

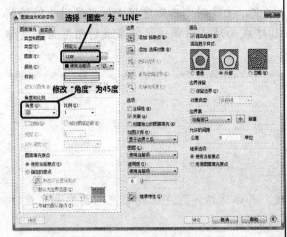

图 3-87　填充图案参数设置

（2）单击【添加：拾取点】按钮，并拾取图 3-88 中的这 4 个点，并按〈Enter〉键确定选择。

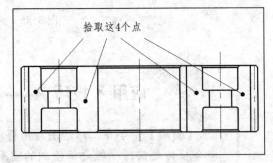

图 3-88　选择需要填充图案的区域

（3）单击【确定】按钮，即可完成图案填充。至此，齿轮剖视图的剖面线就绘制完成了。完成后的效果如图 3-89 所示。

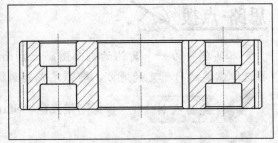

图 3-89　剖面线绘制完成后的效果

3.8　综合实例

本节将以 3 个综合实例来向读者介绍如何使用图形编辑命令来绘制建筑制图中的一些常见图形。

3.8.1　综合实例 1——绘制沙发的平面图

思路·点拨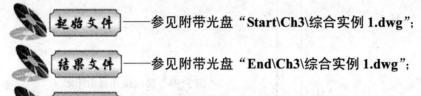

　　本实例将绘制一个沙发的平面俯视图。具体方法为：首先，绘制沙发的左半部分，利用【直线】命令绘制出大概的外形轮廓；其次，为其某些角进行圆角处理；最后，利用【镜像】命令，将沙发的另一边镜像复制出来。

　　起始文件——参见附带光盘"Start\Ch3\综合实例 1.dwg"；

　　结果文件——参见附带光盘"End\Ch3\综合实例 1.dwg"；

　　动画演示——参见附带光盘"AVI\Ch3\综合实例 1.avi"。

　　在绘制室内平面图时，用户经常需要绘制各种家具及室内设施。本节以沙发的平面图为例，向用户介绍如何灵活地运用图形编辑命令快速地作图。

　　沙发的平面图如图 3-90 所示。

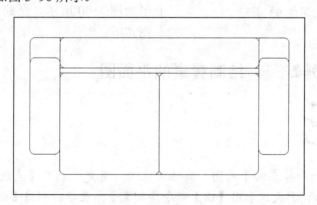

图 3-90　沙发的平面图

【操作步骤】

　　（1）在命令行中输入命令"LINE"，执行【直线】命令。按如图 3-91 所示的尺寸画出直线段，或者直接打开附带光盘目录下的"Start\Ch3\综合实例 1.dwg"。

　　（2）在命令行中输入"FILLET"，执行【圆角】命令。输入"r"在【半径（R）】选项下设置半径为"50"，输入"t"在【修剪（T）】选项下，输入"n"设置修剪模式为【不修剪（N）】。接下来对一些边角进行圆角操作，圆角操作完成后如图 3-92 所示。

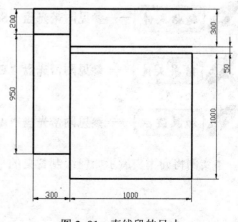

图 3-91　直线段的尺寸

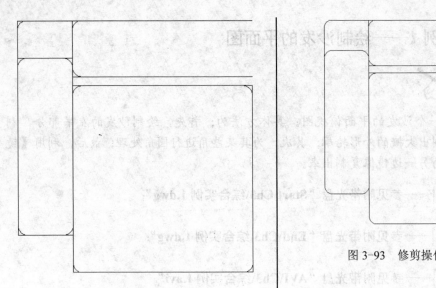

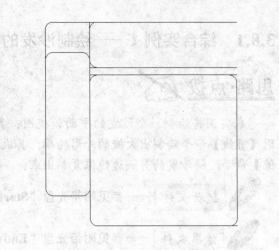

图 3-93　修剪操作后的图形

图 3-92　圆角操作后的图形

（3）在命令行中输入命令"TRIM"，执行【修剪】命令，将一些没用的边角修剪掉，修剪后的图形如图 3-93 所示。

（4）在命令行中输入"MIRROR"，执行【镜像】命令。选中整个图形作为镜像对象，并选择不删除源对象，完成镜像后的图形如图 3-90 所示。至此，沙发的平面图绘制完毕。

3.8.2　综合实例 2 ——绘制餐桌的平面图

思路·点拨

本实例将绘制一个餐桌的平面图。具体方法为：首先，利用【直线】命令和【圆角】命令将椅子绘制出来；其次，利用【圆】命令绘制桌子；最后，利用【环形阵列】命令将椅子阵列到桌子的周围，这样便可完成餐桌平面图的绘制。

起始文件——参见附带光盘"Start\Ch3\综合实例 2.dwg"；

结果文件——参见附带光盘"End\Ch3\综合实例 2.dwg"；

动画演示——参见附带光盘"AVI\Ch3\综合实例 2.avi"。

本实例将向用户展示如何绘制餐桌的平面图，如图 3-94 所示。

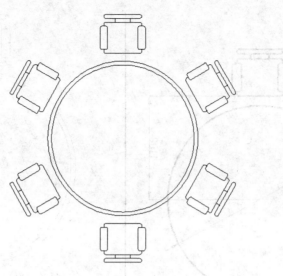

图 3-94　餐桌的平面图

【操作步骤】

（1）在命令行中输入"LINE"，执行
【直线】命令，按图 3-95 所示的尺寸画出图
形，或者直接打开附带光盘目录下的"Start\
Ch3\综合实例 2.dwg"，该图形为椅子的大概
轮廓。

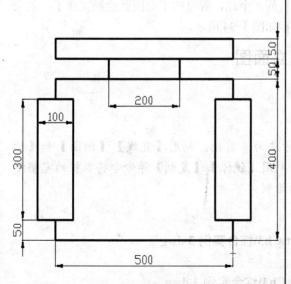

图 3-95　椅子轮廓图形（一）

（2）在命令行中输入"FILLET"，执行
【圆角】命令，输入"r"在【半径（R）】选

项下设置圆角的半径为"25"，输入"t"在
【修剪（T）】选项下，继续输入"t"设置修
剪模式为【修剪（T）】。接下来对一些边角
进行圆角操作，圆角操作完成后椅子的形状
就绘制完成了，效果如图 3-96 所示。

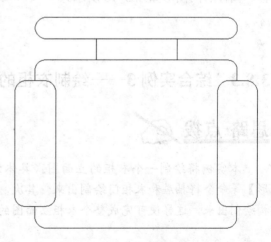

图 3-96　椅子轮廓图形（二）

（3）在命令行中输入"CIRCLE"，执行
【圆】命令，按图 3-97 所示的尺寸在椅子下
方 1100mm 处，绘制 1 个直径为 2000mm
的圆。

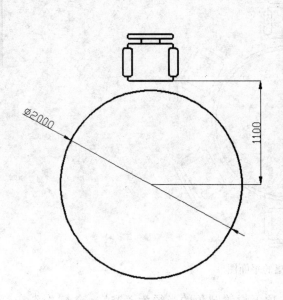

图 3-97　绘制圆的位置和大小

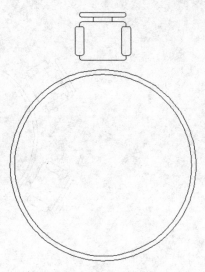

图 3-98　偏移后的图形

（4）在命令行中输入"OFFSET"，执行【偏移】命令，设置偏移的距离为 50mm，并选中圆为偏移对象，选中偏移方向为向内偏移。偏移后的图形如图 3-98 所示。

（5）在命令行中输入"ARRAYPOLAR"，执行【环形阵列】命令。选中整个椅子为阵列对象，选中圆心为阵列的中心点，输入"i"，在【项目（I）】中设置项目数为"6"；输入"i"，在【项目（I）】中设置项目数为"6"；输入"rot"，在【旋转项目（ROT）】中输入"Y"设置旋转阵列项目，按〈Enter〉键确定阵列。至此，餐桌的平面图就绘制完成了，效果如图 3-94 所示。

3.8.3　综合实例 3——绘制衣柜的立面图

思路·点拨

本实例将绘制一个衣柜的立面图。具体方法为：首先，利用【直线】、【椭圆】和【矩形】等命令将抽屉和衣柜门绘制出来；其次，利用【镜像】、【复制】等命令将衣柜的完整结构绘制出来，这样便可完成整个衣柜立面图的绘制。

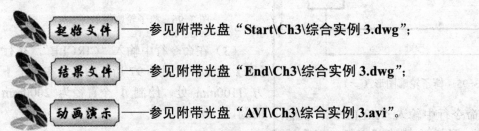

起始文件——参见附带光盘"Start\Ch3\综合实例 3.dwg"；

结果文件——参见附带光盘"End\Ch3\综合实例 3.dwg"；

动画演示——参见附带光盘"AVI\Ch3\综合实例 3.avi"。

本实例通过绘制一个衣柜的立面图来对本章所学的知识进行综合练习和巩固应用。衣柜的立面图如图 3-99 所示。

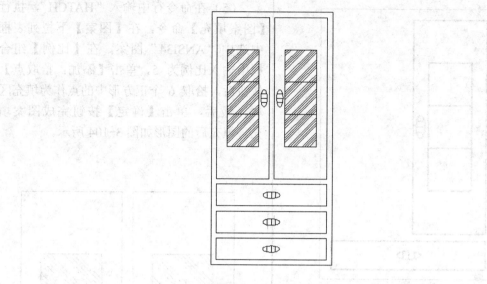

图 3-99　衣柜的立面图

【操作步骤】

（1）按图 3-100 所示的尺寸绘制出"把手""抽屉"和"柜门"的草图，或者直接打开附带光盘目录下的"Start\Ch3\综合实例 3.dwg"。

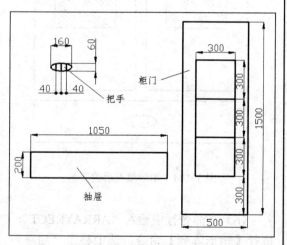

图 3-100　把手、抽屉和柜门的草图

（2）在命令行中输入"ROTATE"，执行【旋转】命令，选中整个把手作为旋转对象，任意指定一旋转基点，输入"c"以选择复制对象。旋转完毕后，将旋转得到的立

着的"把手"通过【移动】（在命令行中输入"MOVE"）命令移动到如图 3-101 所示的"柜门"的位置。

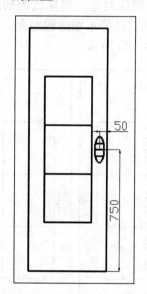

图 3-101　把手与柜门的相对位置

（3）将未旋转的"把手"通过【移动】命令移动到"抽屉"的中心，然后将整个"抽屉"连同"把手"通过【移动】命令移动到"柜门"下方 50mm 处，如图 3-102

所示。

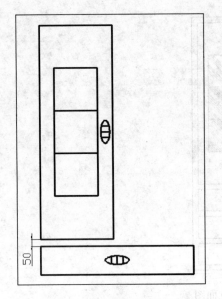

图 3-102　抽屉和柜门的相对位置

（4）在命令行中输入"MIRROR"，执行【镜像】命令，选中整个"柜门"连同"把手"为镜像对象，镜像线为抽屉两横线中点的连线，选择不删除源对象。镜像后的图形如图 3-103 所示。

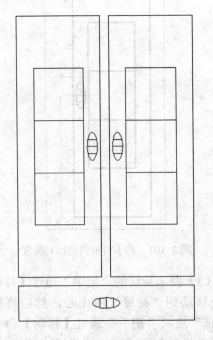

图 3-103　柜门镜像后的图形

（5）在命令行中输入"HATCH"，执行【图案填充】命令，在【图案】下拉列表框中选中"ANSI34"图案，在【比例】组合框中输入比例为 5，单击【添加：拾取点】按钮后，拾取 6 个正方形中的点作为填充区域，最后，单击【确定】按钮完成图案填充。填充后的图形如图 3-104 所示。

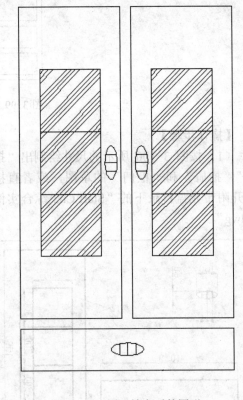

图 3-104　图形填充后的图形

（6）在命令行中输入"ARRAYRECT"，执行【矩形阵列】命令，选中整个"抽屉"为阵列对象，输入"COL"，在【列数】选项下设置列数为"1"；输入"r"，在【行数】选项下设置行数为"3"，行间距为"-250"，最后，按〈Enter〉键确定阵列。阵列后的图形如图 3-105 所示。

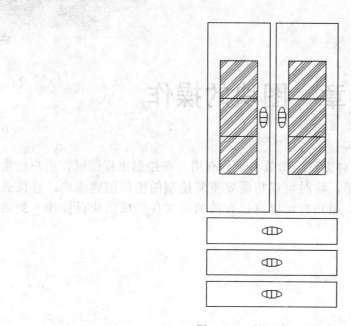

图 3-105　抽屉阵列后的图形

（7）绘制一个宽 1150mm、高 2350mm 的矩形，将整个图形包围在中间。至此，整个衣柜的立面图就已经绘制完成了，如图 3-99 所示。

第 4 章 图块的操作

AutoCAD 2015 的图块功能对提高绘图效率十分有用。在绘制工程图时，用户经常需要用到大量相同或相似的图形，这时可以将需要重复绘制的图形创建成块，直接插入到所需要绘制的位置。另外，用户也可以将已有的图形文件当成图块直接插入到当前图形中。

 本讲内容

❱ 图块的创建
❱ 图块的插入
❱ 属性图块

4.1 图块的创建

在 AutoCAD 2015 中，图块分为"内部图块"和"外部图块"两类。"内部图块"只能存在于创建该图块的图形文件中，无法单独打开，也无法被用到其他图形文件中；"外部图块"可以作为一个图形文件单独存储，能独立打开，也能被其他图形引用。

本节将介绍创建内部图块和外部图块的方法。

4.1.1 内部图块的创建

创建内部图块的操作方法如下。

■ 选择菜单栏中的【绘图】→【块】→【创建】命令。
■ 单击【绘图】工具栏中的【创建块】按钮　。
■ 在命令行中输入"BLOCK"，然后按〈Enter〉键。

执行上述任一操作，系统均弹出【块定义】对话框，如图 4-1 所示。只需在该对话框中输入名称、指定基点、选择对象，即可创建内部图块。

下面将对【块定义】对话框中的主要选项进行介绍。

（1）【名称】文本框。用户可以在该文本框中输入图块的名称，最多可使用 255 个字符。

（2）【基点】选项组。

①【在屏幕上指定】复选框。在关闭【块定义】对话框时，系统会提示用户选定基点。

图 4-1 【块定义】对话框

②【拾取点】按钮。单击该按钮，系统会提示用户选取基点。选取基点后会在其下的【X】、【Y】、【Z】文本框中显示该基点的坐标。

（3）【对象】选项组。

①【在屏幕上指定】复选框。在关闭【块定义】对话框时，会提示用户选定对象。

②【选择对象】按钮。单击该按钮，可在绘图区域选取创建图块的对象。在【选择对象】按钮的右侧有一个【快速选择】按钮，单击该按钮，系统会弹出【快速选择】对话框，可用以筛选对象以帮助用户选择。

③【保留】单选按钮。单击此按钮，则创建图块后，在绘图区域保留创建图块的对象，不作任何改变。

④【转换为块】单选按钮：单击此按钮，则创建图块后，在绘图区域保留创建图块的对象，并将对象转换为图块。

⑤【删除】单选按钮：单击此按钮，则创建图块后，删除创建图块的对象。

（4）【方式】选项组。

①【注释性】复选框。该选项用于设置图块的注释性。

②【使块方向与布局匹配】复选框。该选项用于设置在图纸空间视口中块参照的方向是否与布局的方向匹配。

③【按统一比例缩放】复选框。该选项用于设置对象是否按统一的比例进行缩放。

④【允许分解】复选框。该选项用于设置对象是否允许被分解。

应用·技巧

内部图块创建后只能在当前图纸中使用，因此，在实际的绘图过程中，内部图块用得并不是特别多。更多的是将经常需要用到的图形保存成外部图块，然后再插入到需要用到的图纸中。

4.1.2 外部图块的创建

在命令行中输入"WBLOCK",然后按〈Enter〉键,系统即弹出【写块】对话框,如图 4-2 所示。通过在对话框中进行设置即可完成对外部图块的创建。

图 4-2 【写块】对话框

【写块】对话框中的大部分选项与【块定义】对话框中的同名选项作用类似,因此此处只介绍其他不同的选项。

(1)【源】选项组。

①【块】单选按钮。该选项用于指定该当前图纸中的内部图块成为创建外部图块的对象。单击该按钮,即可激活其右侧的下拉列表框,此时就可以在该对话框中选取图纸中的内部图块。

②【整个图形】单选按钮。该选项用于指定当前整个图纸图形成为创建外部图块的对象。

③【对象】单选按钮。该选项用于选取当前图纸上的图形作为创建外部图块的对象。

(2)【目标】选项组。

①【文件名和路径】。用户在此处可以设置外部图块的保存路径和文件名。

②【插入单位】下拉列表框。用户在此下拉列表框中可以设置插入的单位。

应用·技巧

在创建好的外部图块文件中,用户可以利用"BASE"命令对图块的基点重新进行设置。

示例 4-1　创建内部图块

思路·点拨

本示例将利用【创建块】命令来将一个椅子平面图图形创建为内部图块。具体方法为：执行【创建块】命令，然后选择整个椅子图形为创建块的对象，最后再选择基点、输入图块名称，这样即可完成图块的创建。

起始文件 ——参见附带光盘"Start\Ch4\示例 4-1.dwg"；

结果文件 ——参见附带光盘"End\Ch4\示例 4-1.dwg"；

动画演示 ——参见附带光盘"AVI\Ch4\示例 4-1.avi"。

打开附带光盘目录下的"Start\Ch4\示例 4-1.dwg"，椅子的平面图如图 4-3 所示。

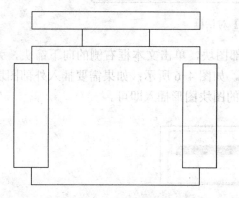

图 4-3　原图形

【操作步骤】

（1）在命令行中输入"BLOCK"，系统将弹出【块定义】对话框。

（2）在【块定义】对话框的【名称】文本框中输入图块的名称"椅子平面图"；设置图块的基点为坐标原点（X、Y、Z 坐标值均为 0）；在【对象】选项组中单击【选择对

象】按钮，选中整个椅子为对象。设置完毕后的【块定义】对话框如图 4-4 所示，在【名称】文本框的右侧会出现图块的预览。

图 4-4　设置完毕后的【块定义】对话框

（3）单击【确定】按钮即可完成内部图块的创建。此时，图块"椅子平面图"已经保存在该图纸的内部。

4.2　图块的插入

插入图块的操作方法如下。

■ 选择菜单栏中的【插入】→【块】命令。

■ 单击【绘图】工具栏中的【插入块】按钮 。

■ 在命令行中输入"INSERT"，然后按〈Enter〉键。

执行【插入块】命令后，系统即弹出【插入】对话框，如图 4-5 所示。下面对【插入】对话框中的主要选项进行介绍。

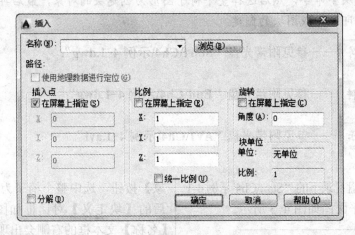

图 4-5 【插入】对话框

（1）【名称】下拉列表框。如果需要插入内部图块，单击文本框右侧的向下箭头，弹出内部图块下拉列表框，在其中选择所需图块即可，如图 4-6 所示；如果需要插入外部图块，可单击右方的【浏览】按钮，选择保存在硬盘内的图块图形插入即可。

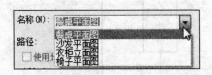

图 4-6 内部图块下拉列表框

（2）【插入点】选项组。用户可在此处设置图块的插入点。选中【在屏幕上指定】复选框，即可在屏幕上拾取插入点；若不选中，可在下方的文本框中输入插入点的坐标。

（3）【比例】选项组。用户可在此处设置图块的插入比例，若选中【在屏幕上指定】复选框，即可在插入时在绘图区域拾取距离以确定图块的插入比例（图块的插入比例为拾取距离与 1 的比值）；若不选中该复选框，则用户可在下方的【X】文本框中直接输入图块的插入比例。

（4）【旋转】选项组。用户可在此处设置图块插入时的旋转角度。若选中【在屏幕上指定】复选框，即可在插入图块时拾取角度；若不选中该复选框，则用户可在下方的【角度】文本框中输入插入图块时的旋转角度。

应用·技巧

外部图块文件与 AutoCAD 的图形文件是一样，两者在本质上并无区别。所以，AutoCAD 的图形也可以作为外部图块插入到图纸中。

示例 4-2   插入图块

思路·点拨

本示例将进行一个插入内部图块的操作，将一个五角星图块插入到圆形中。具体方法为：执行【插入块】命令，选择需要插入的图块以及插入的比例、角度和插入点，即可完成图块的插入。

 起始文件——参见附带光盘 "Start\Ch4\示例 4-2.dwg"；

 结果文件——参见附带光盘 "End\Ch4\示例 4-2.dwg"；

 动画演示——参见附带光盘 "AVI\Ch4\示例 4-2.avi"。

打开附带光盘目录下的 "Start\Ch4\示例 4-2.dwg"，原图形如图 4-7 所示。五角星图块如图 4-8 所示，图块文件已经保存在原图形中，读者不必另行绘制。本示例的任务就是把五角星图块插入到圆形中。

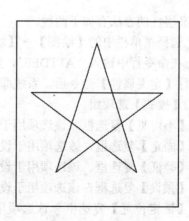

图 4-8   五角星图块

【操作步骤】

（1）在命令行中输入 "INSERT"，系统即弹出【插入】对话框。

（2）从【名称】下拉列表框中选择名为 "五角星" 的图块；选中【插入点】选项组

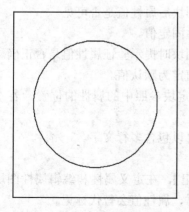

图 4-7   原图形

中的【在屏幕上指定】复选框，在【比例】选项组中设置比例为"1"；在【旋转】选项组中设置旋转角度为"0"。设置完毕的【插入】对话框如图 4-9 所示。设置完毕后，单击【确定】按钮插入图块。

图 4-9　设置完毕的【插入】对话框

（3）接下来在绘图区域中选取插入的基点，拾取圆形的圆心作为插入基点。至此，图块插入的操作就完成了，如图 4-10 所示。

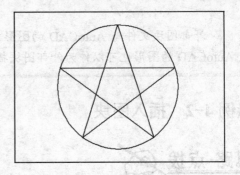

图 4-10　操作完成后的图形

4.3　属性图块

"属性图块"实际上是一种包含"文字信息"的图块，其所包含的"文字信息"被称为"属性"。

4.3.1　定义属性

定义属性的方法有如下两种。

■　选择菜单栏中的【绘图】→【块】→【定义属性】命令。

■　在命令行中输入"ATTDEF"，然后按〈Enter〉键。

执行【定义属性】命令后，系统即弹出【属性定义】对话框，如图 4-11 所示。

（1）【模式】选项组。

①【不可见】复选框。该选项用于设置插入属性图块后属性值是否可见。

②【固定】复选框。该选项用于设置是否赋予属性固定值。

③【验证】复选框。该选项用于设置在插入属性图块时提示验证属性值是否正确。

④【预设】复选框。该选项用于设置是否将属性值定为默认值。

⑤【锁定位置】复选框。该选项用于设置是否锁定块参照中的属性的位置。若不选中该复选框，用户便可以利用夹点对属性进行移动。

⑥【多行】复选框。该选项用于设置属性值是否可以包含多行文字。

（2）【属性】选项组。

①【标记】文本框。该选项用于设置属性的【标记】，在定义属性和编辑属性图块时，标记的内容会出现在图块图形中，而在插入属性图块时，属性值会替代标记。

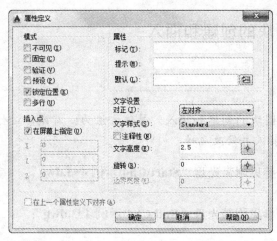

图 4-11 【属性定义】对话框

②【提示】文本框。该选项用于指定插入属性图块时显示的提示内容，如不输入提示，【标记】文本框中的内容将会用作提示。

③【默认】文本框。该选项用于设置属性的默认值。

（3）【插入点】选项组。用户可在此处设置属性的插入点。若选中【在屏幕上指定】复选框，即可在绘图区域拾取插入点；另外，用户也可在下方的文本框中手动输入插入点的坐标。

（4）【文字设置】选项组。

①【对正】下拉列表框。该选项用于指定属性文字的对正方式。

②【文字样式】下拉列表框。该选项用于指定属性文字的样式。

③【注释性】复选框。该选项用于设置图块的注释性。

④【文字高度】文本框。该选项用于设置属性文字的高度。

⑤【旋转】文本框。该选项用于设置属性文字的旋转角度。

4.3.2 属性图块的创建和插入

若要创建属性图块，用户只需将定义好属性与所需的图形一起创建成图块即可，其他操作与一般的图块创建无异。

属性图块的插入与一般图块的插入基本相同，只是在插入时会要求用户输入属性的值。

属性图块的创建和插入的详细操作请读者参照以下示例。

应用·技巧

在建筑制图中，属性图块通常会用于制作标高符号图块与轴线编号图块等需要进行标注文字修改的图块。

示例 4-3 属性图块的创建和插入

思路·点拨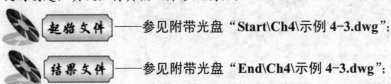

本示例将进行属性图块的创建和插入。具体方法为：首先，进行属性的插入与属性图块的创建，其次，将其插入并修改属性。

起始文件——参见附带光盘"Start\Ch4\示例 4-3.dwg"；

结果文件——参见附带光盘"End\Ch4\示例 4-3.dwg"；

动画演示——参见附带光盘"AVI\Ch4\示例 4-3.avi"。

打开附带光盘目录下的"Start\Ch4\示例 4-3.dwg"，原图形如图 4-12 所示。首先创建一个如图 4-13 所示的属性图块，"字线"为属性的【标记】；然后在绘图区域插入两次，每次插入时图块属性的分别为"C"与"D"，如图 4-14 所示。

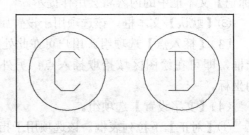

图 4-14 操作完成后的图形

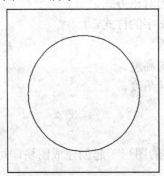

图 4-12 原图形

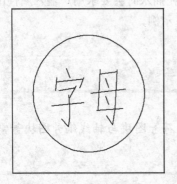

图 4-13 属性图块

【操作步骤】

（1）在命令行输入"ATTDEF"，系统将弹出【属性定义】对话框。

（2）在【属性】选项组中，将【标记】设置为"字母"，将【提示】设置为"请输入字母"，将【默认】设置为"A"；在【文字设置】选项组中，将【对正】设置为"正中"，【文字高度】设置为"10"；在【插入点】选项组中，不选中【在屏幕上指定】复选框，并将 X、Y 坐标均设置为"30"。设置完毕后的【属性定义】对话框如 4-15 所示。单击【确定】按钮即可完成属性的定义，此时的图形如图 4-13 所示。

（3）接下来会将整个图形连同文字创建为图块。在命令行中输入"BLOCK"，系统将弹出【块定义】对话框。在【名称】下拉列表框中选择"属性图块示例"；在【基点】选项组中设置基点 X、Y 坐标均为"30";在【对象】选项组中,单击【删除】单选按钮,以在创建图块后删除图形,选择整个图形包括刚刚定义的属性为创建图块的对象,这时在【名称】下拉列表框右侧会出现图块的预览图形。设置完毕的【块定义】对话框如图 4-16 所示。单击【确定】按钮完成属性图块的创建。

图 4-15 设置完毕的【属性定义】对话框

图 4-16 设置完毕的【块定义】对话框

(4)在命令行输入"INSERT",系统将弹出【插入】对话框。在【名称】下拉列表框中选择"属性图块示例";在【插入点】选项组设置插入点的 X、Y 坐标均为"30"。设置完毕的【插入】对话框如图 4-17 所示。

(5)接下来单击【确定】按钮,这时会

弹出一个【编辑属性】对话框。在这个对话框中,用户可以修改属性的值,在"请输入字母"文本框中将默认值"A"修改为"C",如图 4-18 所示。单击【确定】按钮,完成插入图块,插入后的图形如图 4-19 所示。

图 4-17 设置完毕的【插入】对话框

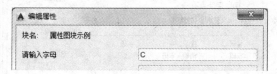

图 4-18 在【编辑属性】对话框中修改属性的值

(6)接下来插入属性图块。在命令行输入"INSERT",系统将弹出【插入】对话框。在【插入点】选项组修改插入点的 X、Y 坐标分别为"60"和"30",单击【确定】按钮。然后将属性的值修改为"D",单击【确定】插入。插入完成后的图形如图 4-14 所示。

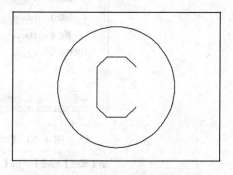

图 4-19 属性值为"C"的属性图块

4.3.3　块属性编辑

当插入属性图块后，用户可以使用【编辑属性】命令对属性的值和文字特性等进行修改。

【编辑属性】命令的执行方法主要有如下 3 种。

■ 选择菜单栏中的【修改】→【对象】→【属性】→【单个】命令。

■ 单击【修改Ⅱ】工具栏中的【编辑属性】按钮 。

■ 在命令行中输入"EATTEDIT"，然后按〈Enter〉键。

执行【编辑属性】命令后，命令行中会出现如下提示信息。

✐ EATTEDIT 选择块：

这时只需选中需要修改属性的图块，即可弹出【增强属性编辑器】对话框。该对话框包含【属性】选项卡、【文字选项】选项卡以及【特性】选项卡，【属性】选项卡如图 4-20a 所示，【文字选项】选项卡如图 4-20b 所示，【特性】选项卡如图 4-20c 所示。

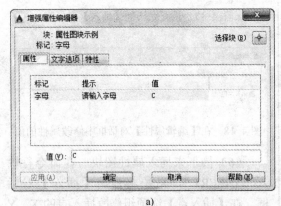
a)

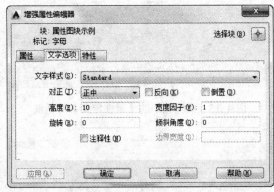
b)

c)

图 4-20 【增强属性编辑器】对话框

a)【属性】选项卡　b)【文字选项】选项卡　c)【特性】选项卡

（1）【属性】选项卡。该选项卡显示了当前选中的属性图块中每个属性的标记、提示和值。若需要修改某个属性的值，只需在列表框中选中该项属性，然后在下方的【值】文本框中输入新值即可。

（2）【文字选项】选项卡。该选项卡用于修改属性文字的样式、对正和高度等特性。

（3）【特性】选项卡。该选项卡用于修改属性文字的图层、线宽、线型和颜色等特性。

应用·技巧

属性图块中属性的值不一定必须是数字或字母，可以包含数字、大小写字母、汉字和其他标点符号。

4.4 综合实例

本节将以 3 个综合实例来向读者介绍如何使用图块操作来简化建筑制图、提高制图的效率。

4.4.1 综合实例 1——外部图块指北针的创建

思路·点拨

指北针图形是建筑制图中的常用图形之一，本实例将制作一个指北针的外部图块。具体方法为：先绘制出一个指北针图形，然后再将它保存成外部图块。

 起始文件——参见附带光盘"Start\Ch4\综合实例 1.dwg"；

 结果文件——参见附带光盘"End\Ch4\综合实例 1\图块指北针.dwg"；

 动画演示——参见附带光盘"AVI\Ch4\综合实例 1.avi"。

打开附带光盘目录下的"Start\Ch4\综合实例 1.dwg"，起始图形如图 4-21 所示。

【操作步骤】

（1）为指北针的箭头进行填充。在命令行输入"HATCH"，系统将弹出【图案填充和渐变色】对话框，选取填充图案为【SOLID】，选择箭头为填充区域。设置完毕的【图案填充和渐变色】对话框如图 4-22 所示。单击【确定】按钮完成填充，填充完成的图形如图 4-23 所示。

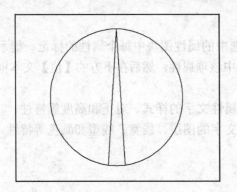

图 4-21　起始图形

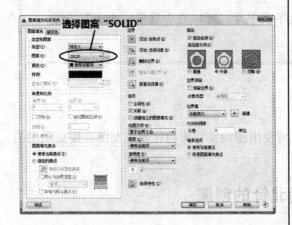

图 4-22　设置完毕的【图案填充和渐变色】对话框

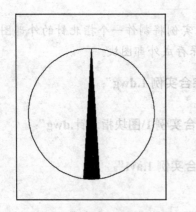

图 4-23　填充完成的图形

（2）在命令行中输入"MTEXT"，在指北针箭头上方插入一个"N"，设置文字高度为"800"。文字插入完毕后的图形如图 4-24所示。

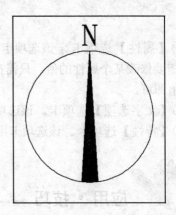

图 4-24　文字插入完成的图形

（3）将整个图形保存为外部块。在命令行中输入"WBLOCK"，系统将弹出【写块】对话框。选择整个图形为创建图块的对象，选择基点为圆心，将文件名改为"图块指北针"。设置完毕的【写块】对话框如图 4-25 所示。单击【确定】按钮即可完成图块的创建。

图 4-25　设置完毕的【写块】对话框

（4）最后为确保外部图块创建无误，找到刚刚创建好的"图块指北针"文件并将其打开，其图形应与如图 4-24 所示的图形相同。至此，"图块指北针"创建完毕。

4.4.2　综合实例 2——定位轴线的标注

思路·点拨

本实例将为一张建筑平面图作定位轴线的标注。具体方法为：首先，将绘制好的定位轴线编号图块打开，其次，将它们插入到建筑平面图中，最后，修改其属性。

起始文件——参见附带光盘"Start\Ch4\综合实例 2\起始文件.dwg"；

结果文件——参见附带光盘"End\Ch4\综合实例 2\结果文件.dwg"；

动画演示——参见附带光盘"AVI\Ch4\综合实例 2.avi"。

打开附带光盘目录下的"Start\Ch4\综合实例 2\起始文件.dwg"，起始图形如图 4-26 所示。

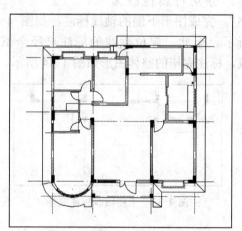

图 4-26　起始图形

【操作步骤】

（1）在命令行中输入"INSERT"，系统将弹出【插入】对话框。选择的插入外部图块为附带光盘目录下的"Start\Ch4\综合实例 2\图块文件\轴线编号（向左）.dwg"，在【插入点】选项组中选中【在屏幕上指定】复选框。设置完毕的【插入】对话框如图 4-27 所示。单击【确定】按钮进行插入。

图 4-27　设置完毕的【插入】对话框

（2）选择插入点为图形左下角的点 A，如图 4-28 所示。

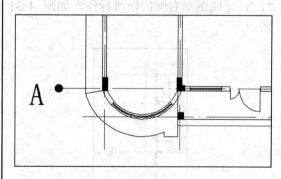

图 4-28　图形左下角的点 A

（3）接下来命令行会出现如下提示。

INSERT 轴线编号 <A>:

输入轴线编号为"A"，此时便完成了第一个轴线标注，如图 4-29 所示。

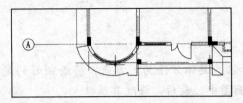

图 4-29　第一个轴线标注

（4）重复步骤（1）～步骤（3），将图块属性分别改为"C""E"和"F"，完成图形左侧的轴线标注，如图 4-30 所示。

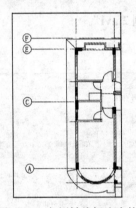

图 4-30　左侧轴线标注完毕

（5）重复步骤（1）～步骤（4），插入附带光盘目录下的"Start\Ch4\综合实例 2\图块文件\轴线编号（向右）.dwg"的图块文件，分别将属性改为"A""B""D"和"F"，完成图形右侧的轴线标注，如图 4-31 所示。

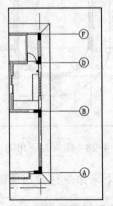

图 4-31　右侧轴线标注完毕

（6）重复步骤（1）～步骤（4），插入附带光盘目录下的"Start\Ch4\综合实例 2\图块文件\轴线编号（向上）.dwg"的图块文件，分别将属性改为"1""2""3"和"5"，完成图形上侧的轴线标注，如图 4-32 所示。

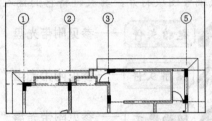

图 4-32　上侧轴线标注完毕

（7）重复步骤（1）～步骤（4），插入附带光盘目录下的"Start\Ch4\综合实例 2\图块文件\轴线编号（向下）.dwg"的图块文件，分别将属性改为"1""2""4"和"5"，完成图形下侧的轴线标注，如图 4-33 所示。至此，定位轴线的标注已经全部完成，标注完毕的整体图形如图 4-34 所示。

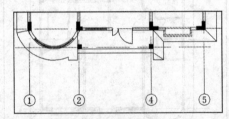

图 4-33　下侧轴线标注完毕

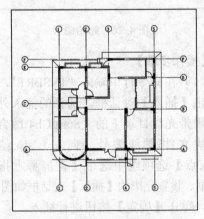

图 4-34　标注完毕的整体图形

4.4.3 综合实例 3——标高的标注

思路·点拨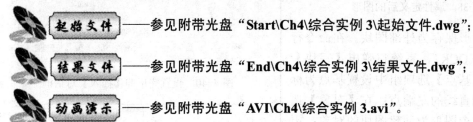

本实例将为一张建筑立面图作标高的标注。具体方法为：首先，将标高符号图块绘制出来，其次，将其保存成外部图块，最后，将其插入到立面图中进行标高标注。

起始文件——参见附带光盘 "Start\Ch4\综合实例 3\起始文件.dwg"；

结果文件——参见附带光盘 "End\Ch4\综合实例 3\结果文件.dwg"；

动画演示——参见附带光盘 "AVI\Ch4\综合实例 3.avi"。

打开附带光盘目录下的 "Start\Ch4\综合实例 3\起始文件.dwg"，起始图形如图 4-35 所示，本实例将该图形进行标高标注。

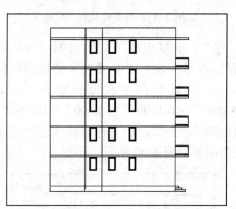

图 4-35 起始图形

【操作步骤】

（1）进行标高符号图块的绘制，请读者打开附带光盘目录下 "Start\Ch4\综合实例 3\绘制标高图块（起始).dwg"，如图 4-36 所示。

（2）定义属性。在命令行中输入 "ATTDEF"，系统将弹出【属性定义】对话框，在【属性】选项组中，将【标记】设定为 "0.000"；将【提示】设定为 "输入高

度"，将【默认】设定为 "0.000"，在【文字设置】选项组中，将【对正】设定为【居中】，将【文字高度】设定为 500。设置完毕的【属性定义】对话框如图 4-37 所示。单击【确定】按钮插入属性。

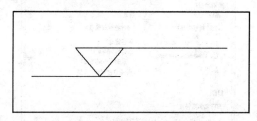

图 4-36 绘制标高图块起始图形

图 4-37 设置完毕的【属性定义】对话框

（3）将属性插入到标高符号的上方，如图 4-38 所示。

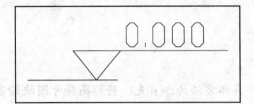

图 4-38　属性定义后的图形

（4）将图形保存为外部图块。在命令行中输入"WBLOCK"，系统将弹出【写块】对话框。在【基点】选项组中设置基点为标高符号的下侧直线的左端点；在【对象】选项组中拾取整个图形为创建图块的对象；更改文件名为"标高符号图块"。设置完毕的【写块】对话框如图 4-39 所示。单击【确定】按钮创建建图块。

图 4-39　设置完毕的【写块】对话框

（5）为图纸进行标高标注。打开附带光盘目录下的"Start\Ch4\综合实例 3\起始文件.dwg"。在命令行中输入"INSERT"，系统将弹出【插入】对话框。选中刚刚创建好的"标高符号图块"进行插入，设置好的【插入】对话框如图 4-40 所示，单击【确定】按钮插入图块。

（6）先对地面高度进行标高。将"标高

符号图块"插入到图形最下方线段的右方，属性值为默认的"0.000"即可。插入完成后的图形如图 4-41 所示。

图 4-40　设置完毕的【插入】对话框

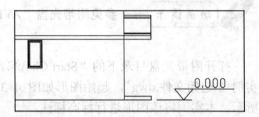

图 4-41　地面标高标注完成

（7）重复步骤（5）、步骤（6）插入"标高符号图块"对各楼层及楼顶进行标高标注，从低到高的高度分别为"3.500""6.800""10.1000""13.400""16.700"和"18.500"。至此，所有标高标注已经完成，结果图形如图 4-42 所示。

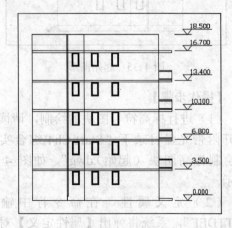

图 4-42　结果图形

第 5 章　尺　寸　标　注

尺寸标注是表达所绘制图案的基础。尺寸用于描述各对象组成部分的大小和相对位置关系，是实际生产中的重要依据。在建筑制图中，对尺寸标注有着特殊的要求，和其他行业略有不同。

本讲内容

- ➥ 尺寸标注的基础
- ➥ 尺寸标注样式
- ➥ 设置尺寸标注样式的几何特征
- ➥ 标注尺寸
- ➥ 文本标注

5.1　尺寸标注的基础

在了解尺寸标注的应用之前，我们先要明白关于尺寸标注的基本规则。在建筑制图中，尺寸标注应遵循以下 5 个原则。

- ■ 图样上所标注尺寸为建筑图形缩放后的大小。
- ■ 图形中的尺寸以系统默认值 mm（毫米）为单位时，不需要标注计量单位代号或者名称。如采用其他单位，必须注明相应的计量单位代号或名称。如°、m、cm等。
- ■ 图样上所标注尺寸应为建筑施工完工后的尺寸，否则须另外说明。
- ■ 建筑图形对象每个尺寸一般只标注一次，且标注在能清晰反映该图形结构特征的视图上，并要在一定程度上反映施工的基准。
- ■ 尺寸的配置要合理，功能尺寸应该直接标注；同一要素的尺寸应该尽可能集中标注；尽量避免在不可见的轮廓上标注尺寸对象；数字之间不允许有任何图线穿过，必要时可以将图线断开。

5.1.1　尺寸标注的组成

在建筑制图或者其他工程绘图中，一个完整的尺寸标注应该由标注文字、尺寸线、尺寸边界、尺寸线的端点符号及起点等组成，如图 5-1 所示，以下是对这 5 个组成要素的简要说明。

（1）标注文字。标注文字用于指示测量值的字符串或者说明文字。在建筑绘图中，标注文字一般只反映基本尺寸，既可以标注在该尺寸线上方，也可以标注在尺寸线的中断处。尺寸数字不可被任何图线所通过，否则必须将图线断开。

（2）尺寸线。尺寸线用于指示标注的方向和范围，也用细实线绘制，一端或两端带有终端符号，如建筑标记。尺寸线不能用其他图线代替，也不得与其他图形重合。

（3）尺寸边界。尺寸边界用于表示标注尺寸的起止范围，用细实线绘制，并用图形的轮廓线、轴线或对称中心线引出，或用这些线代替。

（4）尺寸线的端点符号。尺寸线的端点符号即箭头，箭头显示在尺寸线的末端，用于指定测量的开始和结束位置。而建筑制图中，端点符号为一斜杠。

（5）起点。尺寸标注的起点是尺寸标注对象标注的定义点，系统测量的数据均以起点为计算端点。

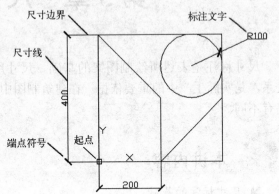

图 5-1　尺寸标注的组成

5.1.2　尺寸标注的类型

AutoCAD 2015 提供了十余种的标注工具以标注图形对象，分别位于"标注"或"注释"选项卡中。使用它们可以进行角度、直径、半径、线性、对齐、连续、圆心及基线等的标注，如图 5-2 所示。

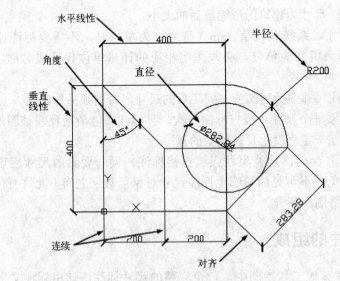

图 5-2　尺寸标注的类型

5.2 尺寸标注样式

在 AutoCAD 2015 中，使用标注样式可以控制标注的格式和外观，建立强制执行的绘图标准，并有利于对标注格式及用途进行修改。尺寸标注样式是决定尺寸标注形成的尺寸变量设置的集合。通过创建标注样式，用户可以设置尺寸标注的系统变量，并控制任何类型尺寸标注的布局及形成。

为了方便管理和修改，标注样式的创建和管理显得十分重要。

新建尺寸标注样式的操作方法如下。

■ 选择菜单栏中的【格式】→【标注样式】命令。
■ 选择菜单栏中的【标注】→【标注样式】命令。
■ 在命令行中输入"DIMSTYLE"，然后按〈Enter〉键。
■ 单击【标注】的工具栏中的【标注样式】按钮 。

执行【标注样式】命令后，系统会弹出如图 5-3 所示的【标注样式管理器】对话框。

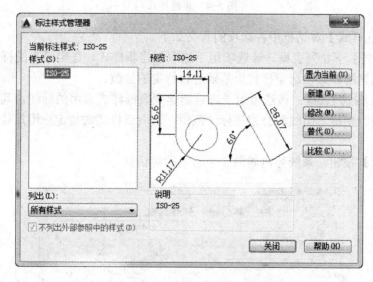

图 5-3 【标注样式管理器】对话框

【标注样式管理器】对话框中的各选项的含义如下。

（1）【样式】列表框。在该列表框中，列出了图形中所包含的所有标注样式，当前样式呈高亮显示。选中某一个样式名并单击鼠标右键，在弹出的快捷菜单中可以设置当前标注样式、重命名样式和删除样式。

（2）【列出】下拉列表框。在该下拉列表框中，有"所有样式"和"正在使用的样式"两个选项，可方便用户管理样式，特别是用多个样式标准的用户。

（3）【预览】选项区。在该选项区，有用户所选用户的样式的标注样图，可帮助新手观察标注结果。

（4）【说明】选项组。在该区域，有用户对该样式标准的定义说明。

（5）按钮区。

①【置为当前】按钮。单击此按钮，把在【样式】列表框中选中的样式设置为当前样式。

②【新建】按钮。单击此按钮，将弹出【创建新标注样式】对话框，此处将【新样式名】设置为【建筑标注】，如图 5-4 所示。

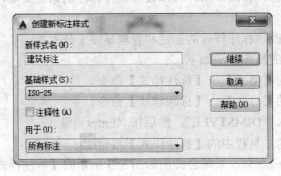

图 5-4　新建样式

【创建新标注样式】对话框中各选项的含义如下。

a.【基础样式】下拉列表框。该选项用于选取创建新样式。选定已有的样式，以此作为基础样式；新创建的样式以选定样式为基础进行特定的修改。

b.【用于】下拉列表框：该选项用于选定新建列表框样式适用的标注，其中有线型、角度、半径、直径、坐标、引线和公差等标注范围，选取新样式的特定应用尺寸类型，或者所有标注应用。

单击【继续】按钮，系统弹出如图 5-5 所示的对话框。

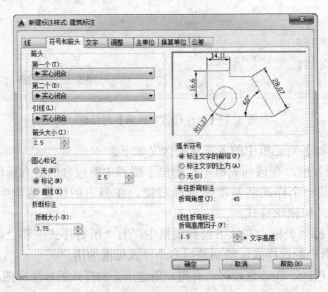

图 5-5　新建标注样式

③【修改】按钮。该选项用于修改一个已存在的尺寸标注样式。单击此按钮，弹出"修改标注样式"对话框，该对话框中的各选项与【新建标注样式】对话框完全相同，用户

可以在此对已有标注样式进行修改。

④【替代】按钮。该选项用于设置临时覆盖尺寸标注样式。单击此按钮，弹出"代替当前样式"对话框，该对话框中的各选项与【新建标注样式】对话框完全相同，用户可在此改变选项的设置并覆盖原来的设置，但是这种修改只对指定的尺寸标注起作用，而不影响当前尺寸变量的设置。

⑤【比较】按钮。该选项用于比较两个尺寸标注样式在参数上的区别，或浏览一个尺寸标注样式的参数设置。单击此按钮，弹出【比较标注样式】对话框，如图 5-6 所示。用户可以把比较结果复制到剪贴板上，然后再粘贴到其他 Windows 应用软件上使用。

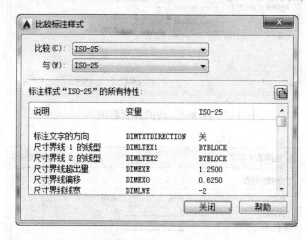

图 5-6　比较标注样式

5.3　设置尺寸标注样式的几何特征

在标注尺寸中，不同行业有着不同的标注方法，其中，标注尺寸的几何特征就有着明显的不同。就建筑制图来说，线、符号与箭头以及文字都有一定的要求。

5.3.1　"线"的几何样式修改

"线"的几何样式修改在上文的【新建标注样式：建筑标注】对话框中的第一个选项卡——【线】选项卡中进行，如图 5-7 所示。下面对该选项卡中的各选项进行详细介绍。

（1）【尺寸线】选项组。

①【颜色】下拉列表框。该选项用于设置尺寸线的颜色。用户可以直接输入颜色名字，也可以从下拉列表框中选择，如果选取【选择颜色】，将在打开的调色板中选择其他颜色。

②【线型】下拉列表框。该选项用于设置尺寸线的线型。若选择【其他】，弹出【选择线型】对话框，如图 5-8 所示。如果在系统默认的加载线型中找不到需要的线型，可单击【加载】按钮，系统将弹出【加载或重载线型】对话框，如图 5-9 所示，在【文件】按钮右侧的文本框中输入所需线型名字或在列表中找到所需线型。

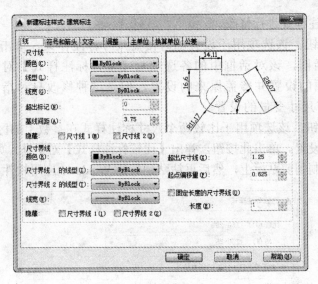

图 5-7　线的样式标准

图 5-8　【选择线型】对话框

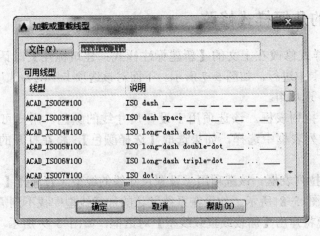

图 5-9　【加载或重载线型】对话框

③【线宽】下拉列表框。该选项用于设置尺寸线的线宽，其中列出了各种线宽的名字和宽度。

④【超出标记】数值框。当尺寸箭头设置为短斜线、短波浪线等或尺寸线无箭头时，用户可以利用此数值框设置尺寸线超出尺寸界线的距离。

⑤【基线间距】数值框。该选项用于设置以基线方式标注尺寸时相邻两尺寸线之间的距离。

⑥【隐藏】复选框。该选项用于确定是否隐藏尺寸线及相应的箭头。若选中"尺寸线1"复选框，表示隐藏第一段尺寸线，若选中"尺寸线2"复选框，表示隐藏第二段尺寸线。

（2）【尺寸界线】选项组。

①【颜色】下拉列表框。该选项用于设置尺寸界线的颜色。用户可以直接输入颜色名字，也可以从下拉列表框中选择。如果选取【选择颜色】，将在打开的调色板中选择其他颜色。

②【尺寸线型】下拉列表框。该选项用于设置尺寸界线的线型。

③【线宽】下拉列表框。该选项用于设置尺寸界线的线宽。

④【隐藏】复选框。该选项用于确定是否隐藏尺寸界线。

⑤【超出尺寸线】数值框。该选项用于设置尺寸界线超出尺寸线的距离。

⑥【起点偏移量】数值框。该选项用于确定尺寸界线的实际起始点相对于所指定尺寸界线的起始点的偏移量。

⑦【固定长度的尺寸界线】复选框。选中该复选框后，系统将以固定长度的尺寸界线标注尺寸。用户可以在【长度】数值框中输入长度值。

在【新建标注样式：建筑标注】对话框界面中的右上方是一个尺寸样式显示框，该框以样例的形式显示设置的尺寸样式。

5.3.2 "符号和箭头"的几何样式修改

"符号和箭头"的几何样式修改在【新建标注样式：建筑标注】对话框中的第二个选项卡——【符号和箭头】选项卡中进行，如图 5-10 所示。该选项卡用于设置箭头、圆心标记、弧长符号和半径折弯标注等的形式和特征，其各选项的含义如下。

图 5-10 【符号和箭头】选项卡

（1）【箭头】选项组。

①【第一个】下拉列表框。该选项用于设置第一个尺寸箭头的形状。用户可在下拉列表列表框中选择，其中列出了各种箭头形式的名字以及各类箭头的形状。一旦确定了第一个箭头的类型，第二个箭头会自动与其匹配。若想要第二个箭头取不同的形状，可在"第二个"下拉列表框中设定。

②【第二个】下拉列表框：该选项用于设置第二个尺寸箭头的形式（可与第一个箭头不同）。

③【引线】下拉列表框：该选项用于设置引线箭头的形式。

④【箭头大小】数值框：在该数值框中，设置箭头的大小。

（2）【圆心标记】选项组。

该选项组用于设置半径标注、直径标注和中心标注中的中心标记和中心线的形式。

①【无】单选按钮。既不产生中心标记，也不产生中心线。

②【标记】单选按钮。中心标记为一个记号。

③【直线】单选按钮。中心标记采用中心线的形式。

④【大小】数值框。在该数值框中，用户可以在此设置中心标记和中心线的大小和粗细。

（3）【折断标注】选项组。

该选项组用于控制折断标注的间距宽度。【折断大小】数值框用于显示和设置用于折断标注的间距大小。

（4）【弧长符号】选项组。

该选项组用于控制弧长标注中圆弧符号的显示。

①【标注文字的前缀】单选按钮：将弧长符号放在标注文字的前面。

②【标注文字的上方】单选按钮：将弧长符号放在标注文字的上方。

③【无】单选按钮：不显示弧长符号。

（5）【半径折弯标注】选项区。

该选项组用于控制半径标注折弯的显示。折弯半径标注通常在圆或圆弧的中心点位于页面外部时创建。

【折弯角度】选项用于确定折弯半径标注中尺寸线横向线段的角度。

（6）【线型折弯标注】选项区。

该选项组用于控制线性标注折弯的显示。

当标注不能精确表示实际尺寸时，通常将折弯线添加到线性标注中。通常，实际尺寸比所需值小。

5.3.3 "文字"的几何样式修改

"文字"的几何样式修改在【新建标注样式：建筑标注】对话框中的第三个选项卡——【文字】选项卡中进行，如图 5-11 所示。该选项卡用于设置尺寸文本的形式、位置和对齐方式等。

（1）【文字外观】选项组。

①【文字样式】下拉列表框。该选项用于设置当前尺寸文本采用的文本样式。用户可在下拉列表列表框中选择一个样式，也可以单击右侧的 ⸺ 按钮，在弹出的【文本样式】对

话框（见图 5-12）中创建新的文字样式或对文字样式进行修改。

图 5-11 【文字】选项卡

图 5-12 【文字样式】对话框

②【文字颜色】下拉列表框。该选项用于设置尺寸文本的颜色，其操作方式与设置尺寸线颜色的方法相同。

③【填充颜色】下拉列表框。该选项用于设置尺寸文本的底色，其操作方式与设置尺寸线颜色的方法相同。

④【文字高度】数值框。该选项用于设置尺寸文本的字高。若选用的文字样式中已设置了具体的字高（不是 0），则此处的设置无效；若文字样式中设置的字高为 0，则以此处的设置为准。

⑤【分数高度比例】数值框。该选项用于确定尺寸文本的比例系数。

⑥【绘制文字边框】复选框。若选中此复选框，用户可在尺寸文本的周围加上边框。

（2）【文字位置】选项组。

①【垂直】下拉列表框。该选项用于设置尺寸文本相对于尺寸线在垂直方向的对齐方式，其中有 5 种对齐方式。

- 【居中】。将尺寸文本放在尺寸线的中间。
- 【上】。将尺寸文本放在尺寸线的上方。
- 【外部】。将尺寸文本放在远离第一条尺寸界线起点的位置，即和所标注对象分列于尺寸线的两侧。
- 【JIS】。使尺寸文本的位置符合 JIS（日本工业标准）规则。
- 【下】。将尺寸文本放在尺寸线的下方。

上面 5 种文本布置方式和相关位置的对比如图 5-13 所示。

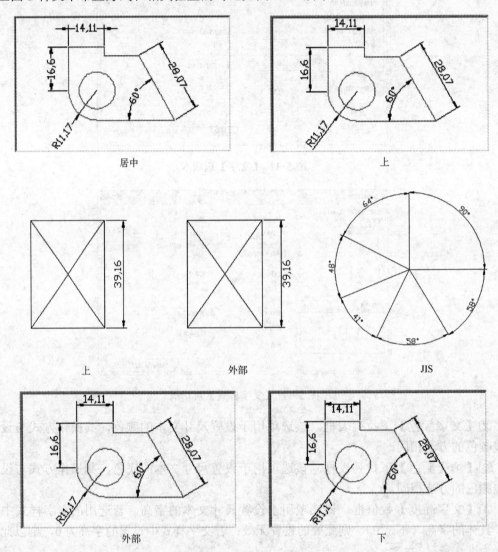

图 5-13   文字标注位置 1

②【水平】下拉列表框。该选项用于设置尺寸文本相对于尺寸线和尺寸界线在水平方向的对齐方式，其中有【居中】、【第一条尺寸界线】、【第二条尺寸界线】、【第一条尺寸界线上方】和【第二条尺寸界线上方】5 种对齐方式（与【垂直】下拉列表框中各选项的作用类似，此处不再赘述），如图 5-14 所示。

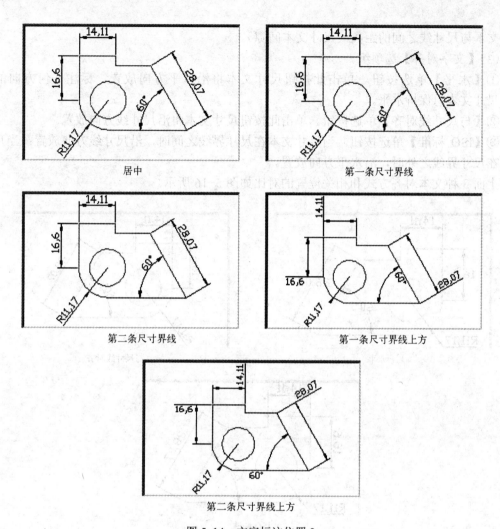

图 5-14　文字标注位置 2

③【观察方向】下拉列表框。该选项用于设置尺寸文本的观察方向，其中有【从左到右】和【从右到左】两种观察方向，如图 5-15 所示。

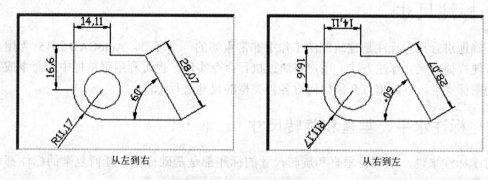

图 5-15　文字标注观察方向

④【从尺寸线偏移】数值框：当尺寸文本放在断开的尺寸线中间时，该选项用来设置

尺寸文本与尺寸线之间的距离（尺寸文本间隙）。

（3）【文字对齐】选项组。

①【水平】单选按钮。单击此按钮尺寸文本将沿水平方向放置。标注任何方向的尺寸，尺寸文本总保持水平。

②【与尺寸线对齐】单选按钮。单击此按钮尺寸文本将沿尺寸线方向放置。

③【ISO 标准】单选按钮。当尺寸文本在尺寸界线之间时，沿尺寸线方向放置；当尺寸文本在尺寸界线之外时，沿水平方向放置。

上面 3 种文本对齐方式和相关位置的对比如图 5-16 所示。

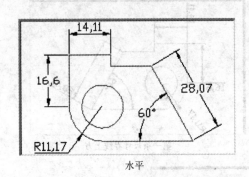
水平

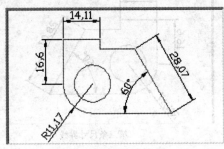
与尺寸线对齐

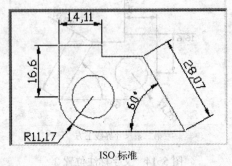
ISO 标准

图 5-16　文字标注对齐方向

5.4　标注尺寸

正确地进行尺寸标注是建筑制图工作中非常重要的一个环节。AutoCAD 2015 为用户提供了方便快捷的尺寸标注方法，用户可通过执行命令实现，也可利用菜单栏中的命令或工具栏中的图标实现。下面重点介绍如何对各种类型的尺寸进行标注。

5.4.1　标注水平、垂直和旋转尺寸

对于标注来说，水平、垂直和旋转尺寸的标注都是基础标注，任何复杂的标注都可在这三大基础标注的基础上进行。由下面的操作来说明标注的注意点。

【线性】命令的执行方法如下。

■ 选择菜单栏中的【标注】→【线性】命令。

■ 单击【标注】工具栏中的【线性】按钮 ⊞。

执行【线性】命令后，命令行会出现如下提示信息。

> DIMLINEAR 指定第一个尺寸界线原点或 <选择对象>:

在图形区域选择所需要标注对象的一个点，单击鼠标左键完成对象选择。命令行会出现如下提示信息。

> DIMLINEAR 指定第二条尺寸界线原点:

继续选择标注对象的另一个点，单击鼠标左键完成对象选择。系统会在图形区显示出用户所标注的尺寸，命令行会出现如下提示信息。

> DIMLINEAR [多行文字(M) 文字(T) 角度(A) 水平(H) 垂直(V) 旋转(R)]:

下面将对各选项进行详细说明。

①【多行文字[M]】。该选项用于多行文本编辑器确定尺寸文本，如图所示：

用以改变文字格式的各种选项，可以做很详细的修改。

②【文字[T]】。该选项用于在命令行提示下输入或编辑尺寸文本，选择此项后，命令行会出现如下提示信息。

> DIMLINEAR 输入标注文字 <58.77>:

其中，在括号内的是系统测量得到的被标注线段的长度，直接按〈Enter〉键即可采用此长度值。用户也可以输入其他数值代替默认值。

③【角度[A]】。该选项用于确定尺寸文本的倾斜角度。命令行的提示信息如下。

> DIMLINEAR 指定标注文字的角度:

④【水平[H]】。该选项用于水平标注尺寸，即无论标注什么方向的线段，尺寸线均水平放置。若标注的是竖直线，则标注值为 0。选择此项后，用户可以继续修改标注内容，命令行会出现如下提示信息。

> DIMLINEAR 指定尺寸线位置或 [多行文字(M) 文字(T) 角度(A)]

⑤【垂直[V]】。该选项用于垂直标注尺寸，即无论标注什么方向的线段，尺寸线均垂直放置。若标注的是水平线，则标注值为 0。

⑥【旋转[R]】：该选项用于输入尺寸线旋转的角度值，以旋转标注尺寸。

> DIMLINEAR 指定尺寸线的角度 <0>:

在标注斜线长度时，用户可以选择【旋转】选项，如果不确定旋转角度，可以用光标捕捉斜线的两个端点，系统将自动捕捉旋转角度，进而显示斜线的长度。

> `▼ DIMLINEAR 指定尺寸线的角度 <0>：  指定第二点：`

5.4.2 标注平齐尺寸

标注平齐尺寸，即创建与尺寸界线原点对齐的线性标注，这种命令标注的尺寸线与所标轮廓线平行，标注的是起始点到终点之间的距离尺寸，主要用于斜线长度的标注。

【标注】命令的执行方法如下。

■ 选择菜单栏中的【标注】→【对齐】命令。
■ 单击【标注】工具栏中的【对齐】按钮。

执行【对齐】命令后，命令行会出现如下提示信息。

> `↖ ▼ DIMALIGNED 指定第一个尺寸界线原点或 <选择对象>：`

【对齐】命令的使用方法与【线性】命令类似，参见 5.4.1 节相关内容。

5.4.3 基线标注

基线标注，即从上一个或选定标注的基线处创建连续的线性、角度或坐标标注。用户可以通过【标注样式管理器】对话框、【直线】选项卡和【基线间距】设定基线标注之间的默认间距。

【基线标注】命令的执行方法如下。

■ 选择菜单栏中的【标注】→【基线】命令。
■ 单击【标注】工具栏中的【基线】按钮。

执行【基线】命令后，命令行会出现如下提示信息。

> `⇄ ▼ DIMBASELINE 选择基准标注：`

如果之前有标注操作，系统会默认选择最近一次标注的基准进行连续标注操作。命令行的提示信息如下。

> `⇄ ▼ DIMBASELINE 指定第二条尺寸界线原点或 [放弃(U) 选择(S)] <选择>：`

选择方式和对应选项的含义参见 5.4.3 节。

5.4.4 连续标注

连续标注是创建从上一次所创建标注的延伸线处开始的标注，即自动从创建的上一个线性约束、角度约束或坐标标注继续创建其他标注，或者从选定的尺寸界线继续创建其他标注，将自动排列标注线。

【连续】命令的执行方法如下。

■ 选择菜单栏中的【标注】→【连续】命令。

■ 单击【标注】工具栏中的【连续】按钮 ⊞。

执行【连续】命令后，命令行会出现如下提示信息。

> **▼ DIMCONTINUE 选择连续标注：**

在图形区域选择需要连续标注的对象（此对象为一个标注），单击左键完成对象选择。
命令行会出现如下提示信息。

> **▼ DIMCONTINUE 指定第二条尺寸界线原点或 [放弃(U) 选择(S)] <选择>：**

继续选择标注对象的另一个点（此对象为需要标注的坐标点），单击左键完成对象选择。系统默认新建标注为选择标注，用户可以继续选定另外一个点进行连续标注。

另外，这里还有【放弃（U）】和【选择（S）】两个选项，下面将对它们作详细说明。

（1）【放弃】。该选项用于撤销该命令中上一步的操作。

（2）【选择】。该选项用于中断正在进行的连续标注，并重新选择需要连续标注的对象（此对象为一个标注）。

示例 5-1　线性标注

思路·点拨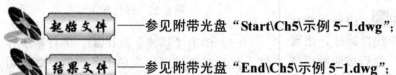

线性标注为最常用的标注方式，而在使用时，若使用连续标注和基线标注，则能帮助设计者更加方便快捷地进行一连串的线性标注。而连续标注和基线标注的基础均为线性标注。

起始文件——参见附带光盘"Start\Ch5\示例 5-1.dwg"；

结果文件——参见附带光盘"End\Ch5\示例 5-1.dwg"；

动画演示——参见附带光盘"AVI\Ch5\示例 5-1.avi"。

本示例将利用标注命令标注建筑图，先打开附带光盘目录下的"Start\Ch5\示例 5-1.dwg"，原图形如图 5-17 所示，接下来开始利用标注命令进行标注。

【操作步骤】

（1）把【标注】图层置为当前层。单击【线性】按钮 ⊟，进行线性标注，当命令行中提示"指定第一个尺寸界线"时，选择点 A，如图 5-18 所示。

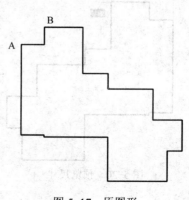

图 5-17　原图形

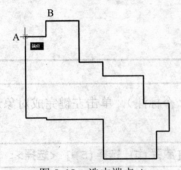

图 5-18　选中端点 A

（2）接下来命令行中继续提示【指定第二个尺寸界线】，选择点 B，图中会出现标注预览。如图 5-19 所示，选择一个合适的位置放置尺寸。

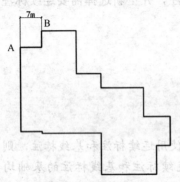

图 5-19　放置尺寸

（3）单击【连续】按钮，进行连续标注，系统会自动捕捉上一个线性标注，出现如图 5-20 所示的预览图，然后按照顺序依次单击各个角，到最后一个标注完成，按〈空格〉确定输入结果如图 5-21 所示。

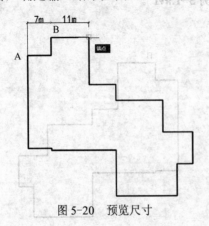

图 5-20　预览尺寸

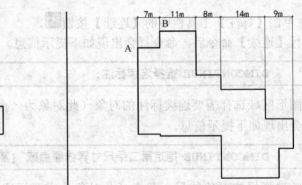

图 5-21　连续标注

（4）再次单击【线性】按钮，进行线性标注，方法如步骤（1），但是选择顺序先选择点 B，再选择点 A，如图 5-22 所示。

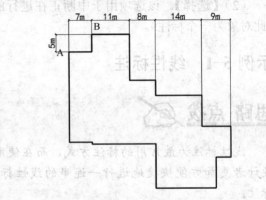

图 5-22　线性标注

（5）单击【基线】按钮，进行基线标注，然后按照顺序依次单击各个角，到最后一个标注完成，按〈空格〉确定输入，结果如图 5-23 所示。

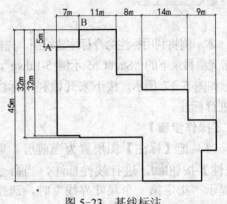

图 5-23　基线标注

应用·技巧

进行线性标注时，点选择的先后将会影响到连续标注和基线标注的基线判断，连续标注的尺寸是基于第二个界线点，而基线标注则是基于第一个界线点。

5.4.5　标注径向型尺寸

标注径向型尺寸包括半径、直径和折弯标注，可用于以圆或者圆弧为对象的标注，测定选定圆或者圆弧的半径、直径，并显示前面带有符号的标注文字。用户可以使用夹点轻松地重新定位生成的半径、直径折弯标注。

（1）【半径】命令的执行方法如下。

■ 选择菜单栏中的【标注】→【半径】命令。

■ 单击【标注】工具栏中的【半径】按钮 。

执行【半径】命令后，命令行会出现如下提示信息。

> DIMRADIUS 选择圆弧或圆：

在图形区域选择需要标注半径的圆弧或圆，单击左键完成对象选择。

（2）【直径】命令的执行方法如下。

■ 选择菜单栏中的【标注】→【直径】命令。

■ 单击【标注】工具栏中的【直径】按钮 。

执行【直径】命令后，命令行会出现如下提示信息。

> DIMDIAMETER 选择圆弧或圆：

在图形区域选择需要标注直径的圆弧或圆，单击左键完成对象选择。

（3）【折弯】命令的执行方法如下。

■ 选择菜单栏中的【标注】→【折弯】命令。

■ 单击【标注】工具栏中的【折弯】按钮 。

执行【折弯】命令后，命令行会出现如下提示信息。

> DIMJOGGED 选择圆弧或圆：

在图形区域选择需要标注折弯的圆弧或圆，单击左键完成对象选择。命令行的提示信息如下。

> DIMJOGGED 指定图示中心位置：

按照需要选定中心位置替代中心，单击左键完成。命令行会出现如下提示信息。

> DIMJOGGED 指定尺寸线位置或 [多行文字(M) 文字(T) 角度(A)]：

标注选项参照线性标注，完成后，命令行会出现如下提示信息。

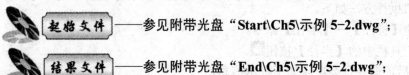

移动光标把折弯位置调整合适，单击左键确定输入，完成折弯标注。

除了上面的介绍，其他还有圆心标注、弧长标注、坐标标注，它们均为类似的标注方法，此处不再赘述。

示例 5-2　径向型标注

思路·点拨

径向标注是对弧线的标注方式。在建筑设计时，弧线的利用能使得图形更加得平滑，所以在很多设计图中都能见到弧线的存在。本示例中将讲述各种弧线的标注方式。

起始文件——参见附带光盘 "Start\Ch5\示例 5-2.dwg"；

结果文件——参见附带光盘 "End\Ch5\示例 5-2.dwg"；

动画演示——参见附带光盘 "AVI\Ch5\示例 5-2.avi"。

本示例将利用标注命令标注建筑图，先打开附带光盘目录下的 "Start\Ch5\示例 5-1.dwg"，原图形如图 5-24 所示；接下来开始利用标注命令进行标注。

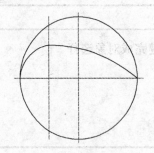

图 5-24　原图形

【操作步骤】

（1）把【标注】图层置为当前层。单击【直径】按钮，进行直径标注，当命令行中提示"选择圆弧或圆"时，选择外圆，图中会出现标注预览，如图 5-25 所示，选择一个合适的位置放置尺寸。

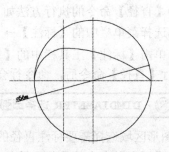

图 5-25　直径标注

（2）单击【半径】按钮，进行半径标注，当命令行中提示"选择圆弧或圆"时，选择四分之一圆弧，图中会出现标注预览，如图 5-26 所示，选择一个合适的位置放置尺寸。

（3）单击【折弯】按钮，进行折弯标注，当命令行中提示"选择圆弧或圆"时，选择较长圆弧，命令行继续提示"图标中心位置"，选择左轴直线上的一点，如图 5-27 所示，图中会出现标注预览，选择一个合适的位置放置尺寸，再确定折弯位置。

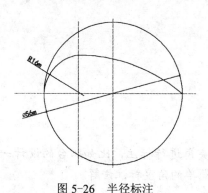

图 5-26 半径标注

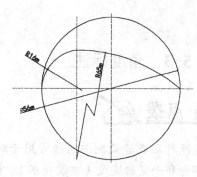

图 5-27 折弯标注

 应用·技巧

当圆弧或圆的中心位于布局之外并且无法在其实际位置显示时，创建折弯半径标注。一般来说标注的原点（这称为中心位置替代）与真实原点其中一轴的轴坐标相同。

5.4.6 标注角度型尺寸

角度标注也是常用标注之一，其标注方法与圆弧标注大致相似。当要标注两条线的夹角角度时，用户需要依次选择两条线。需要注意的是，标注角度过程中，系统默认角度在180°以内。

【角度】命令的执行方法如下。

■ 选择菜单栏中的【标注】→【角度】命令。

■ 单击【标注】工具栏中的【角度】按钮　。

执行【角度】命令后，命令行会出现如下提示信息。

> DIMANGULAR 选择圆弧、圆、直线或 <指定顶点>：

在图形区域选择需要标注的圆弧、圆或直线，单击左键完成对象选择。若选择的是直线，命令行会出现如下提示信息。

> DIMANGULAR 选择第二条直线：

选定第二条直线后，命令行会出现如下提示信息。

> DIMANGULAR 指定标注弧线位置或 [多行文字(M) 文字(T) 角度(A) 象限点(Q)]：

其中前 3 个选项前文已做介绍，【象限点(Q)】选项则用于选定两直线所标注角度的象限，用以确定标注角度是为锐角或钝角。若选中该选项，只需移动光标，把角度位置调至适合位置，单击鼠标左键确定即可。

示例 5-3　角度标注

思路·点拨 ✍

角度标注在建筑制图中通常用于对具有坡度的夹角进行标注，比如阳台的设计一般情况下都会有一定的坡度（方便排水）。本示例将进行简单的角度标注讲解。

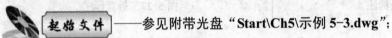

起始文件——参见附带光盘"Start\Ch5\示例 5-3.dwg"；

结果文件——参见附带光盘"End\Ch5\示例 5-3.dwg"；

动画演示——参见附带光盘"AVI\Ch5\示例 5-3.avi"。

本示例将利用标注命令标注建筑图，打开附带光盘目录下的"Start\Ch5\示例 5-3.dwg"，原图形如图 5-28 所示，接下来开始利用标注命令进行标注。

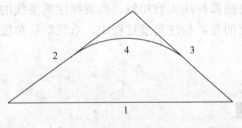

图 5-28　原图形

【操作步骤】

（1）把【标注】图层置为当前层。单击【角度】按钮，进行直线角度标注，当命令行中提示【选择圆弧、圆、直线】时，选择直线 1；当命令行继续提示【选择第二条直线】时，选择直线 2，图中会出现标注预览，选择一个合适的位置放置标注角度，结果如图 5-29 所示。

（2）再次单击【角度】按钮，进行圆弧角度标注，当命令行中提示【选择圆弧、圆、直线】时，选择圆弧 4，图中会出现标注预览，选择一个合适的位置放置标注角度，结果如图 5-30 所示。

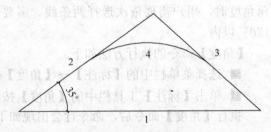

图 5-29　直线角度标注

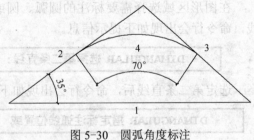

图 5-30　圆弧角度标注

5.4.7　引线标注

引线标注不仅可以用以标注特定的尺寸（如圆角、倒角等），还可以在图中添加多行旁注、说明。在引线标注中，指引线可以是折线，也可以是曲线；指引线端部可以有箭头，也可以没有箭头。

引线标注有多种形式，下面介绍 3 种常用的引线标注方法。

■　在命令行中输入"LEADER"，然后按〈Enter〉键。命令行会出现如下提示信息。

> **LEADER 指定引线起点：**

按照提示选定引线起点，选定引线箭头所指点，单击鼠标左键确定，命令行会出现如下提示信息。

> **LEADER 指定下一点：**

指定下一点为折弯点，选定之后，命令行会出现如下提示信息。

> **LEADER 指定下一点或 [注释(A) 格式(F) 放弃(U)] <注释>：**

系统默认的指令为【指定下一点】，用户可以用鼠标继续选择引线折点绘制直线。另外，这里还有【注释（A）】、【格式（F）】和【放弃（U）】3 个选项，下面将对它们作详细说明。

（1）【注释】。输入注释文本，在"< >"中为默认项。在指令行输入"A"或者按〈Enter〉键，命令行会出现如下提示信息。

> **LEADER 输入注释文字的第一行或 <选项>：**

如果在此提示下输入第一行文本后按〈Enter〉键，可继续输入第二行文本，如此反复执行，直到输入全部注释文本，然后在此提示下直接按〈Enter〉键，指引线终端标注会显示所有输入的多行文本，并结束引线标注。

（2）【格式】。该选项用于更改指引线的格式。在指令行输入"F"或选定该选项后，命令行会出现如下提示信息

> **LEADER 输入引线格式选项 [样条曲线(S) 直线(ST) 箭头(A) 无(N)] <退出>：**

按照提示和引线所需要的格式选择引线的样式，并选定【样条曲线】或【直线】以及有【箭头】或【无】箭头。默认选项为"退出"。

（3）【放弃】。该选项用于放弃引线上一个选定点。

■　在命令行中输入"QLEADER"，然后按〈Enter〉键。命令行会出现如下提示信息。

> **QLEADER 指定第一个引线点或 [设置(S)] <设置>：**

选择【设置】选项，系统将弹出如图 5-31 所示的【引线设置】对话框。

（1）【注释】选项卡。如图 5-31a 所示，该选项卡用于设置引线标注中注释文本的类型、多行文本的格式，并用于确定注释文本是否多次使用。

（2）【引线和箭头】选项卡。如图 5-31b 所示，该选项卡用于设置引线标注中指引线和箭头的形式。其中，【点数】选项组设置执行该命令时提示输入的点的数目。注意：设置的点数要比希望的指引线段数多 1，用户可利用数值框进行设置。如果选中【无限制】复选框，系统会一直提示输入点直到连续按〈Enter〉键两次为止。【角度约束】选项组用于设置第一、二段指引线的角度约束，有常用的约束角度可供选择。

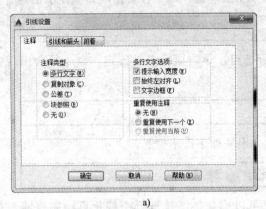 

图 5-31 【引线设置】对话框

（3）【附着】选项卡，如图 5-32 所示，该选项卡用于设置注释文本和指引线的相对位置。若最后一段指引线指向右侧，软件自动把注释文本放在右侧；反之，软件自动把注释文本放在左侧。单击该选项卡中左侧和右侧的单选按钮，分别设置位于左侧和右侧的注释文本与最后一段指引线的相对位置，二者可相同，也可不同。

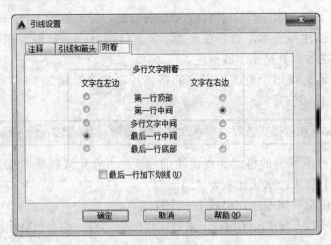

图 5-32 【引线设置】对话框

设置完成后，捕捉需要引线的坐标，选定后，命令行会出现如下提示信息。

QLEADER 指定文字宽度 <0>:

输入需要的文字宽度（默认宽度为"0"），设置好文字宽度后，命令行会出现如下提示信息。

> QLEADER 输入注释文字的第一行 <多行文字 (M) >:

注释文字方法参照上文，按两次〈Enter〉键结束输入。

■ 选择菜单栏中的【标注】→【多重引线】命令；或者在命令行中输入"MLEADER"，然后按〈Enter〉键。命令行会出现如下提示信息。

> MLEADER 指定引线箭头的位置或 [引线基线优先 (L) 内容优先 (C) 选项 (O)] <选项>:

先调整引线选项，选择【选项】这一项后，命令行提示如下信息。

> MLEADER 输入选项 [引线类型 (L) 引线基线 (A) 内容类型 (C) 最大节点数 (M) 第一个角度 (F) 第二个角度 (S) 退出选项 (X)] <退出选项>:

其中的设置如上文对话框各选项，此处不再赘述，设置选项后，退出选项，命令行会出现提示如下信息。

> MLEADER 指定引线箭头的位置或 [引线基线优先 (L) 内容优先 (C) 选项 (O)] <内容优先>:

> MLEADER 指定引线箭头的位置或 [引线基线优先 (L) 内容优先 (C) 选项 (O)] <引线基线优先>:

另外，这里还有【引线箭头优先（H）】、【引线基线优先（L）】和【内容优先（C）】3 个不同的选项，下面将对它们作详细说明。

（1）【引线箭头优先】。先选定箭头所指向的坐标，然后确定引线导线，最后输入标注文本。

（2）【引线基线优先】。先选定基线所指向的坐标，然后确定引线导线，最后输入标注文本。

（3）【内容优先】。先确定标注文本，系统自动捕捉文本框的中文字的右下角点，并以该点为起点，然后选定箭头指向点坐标。

先捕捉 1 点，后捕捉 2 点，上述 3 种不同选项的结果如图 5-33 所示。

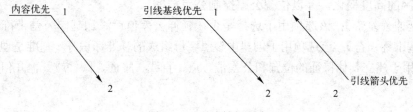

图 5-33 引线捕捉顺序

5.4.8 标注形位公差

形位公差表示形状、轮廓、方向、位置和跳动的允许偏差。在 AutoCAD 2015 中，用户可以通过特征控制框来添加形位公差，而特征控制框可通过引线使用"TOLERANCE""LEADER"或"QLEADER"命令进行创建。

执行【公差】命令的方法如下。

■ 选择菜单栏中的【标注】→【公差】命令。

■ 单击【标注】工具栏中的【公差】按钮 📧。

■ 在命令行中输入 "TOLERANCE"，然后按〈Enter〉键，系统会弹出【形位公差】对话框，如图 5-34 所示。

执行【公差】命令实质上就是调用系统自带的公差图块来绘制公差标记。【形位公差】对话框中各选项的含义如下。

（1）【符号】。单击【符号】下的黑色方框，弹出【特征符号】选择框，如图 5-35 所示，从中选定所需特征符号。

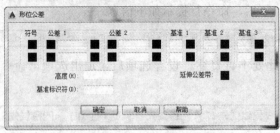

图 5-34　形位公差

图 5-35　特征符号

（2）【公差】。在【公差】选项组中，前黑色框为是否添加直径符号，中间为输入公差值，后黑色框为附加符号框（同特征符号方法选定附加符号），如图 5-36 所示。

图 5-36　附加符号

（3）【基准】。用户可在此处输入基准参照符，选择附加符号。

（4）【高度】。该选项用于创建特征控制框中的投影公差零值。投影公差带控制固定垂直部分延伸区的高度变化，并以位置公差控制公差精度。

（5）【延伸公差带】：该选项用于选择是否在延伸公差值后添加延伸公差带符号。

（6）【基准标识符】：该选项用于创建由参照字母组成的基准标识符。基准是理论上精确的几何参照，用于建立其他特征的位置和公差带。点、直线、平面、圆柱或其他几何图形都能作为基准。

示例 5-4　形位公差标注

思路·点拨 ✍

本示例将对形位公差的标注做简单的演示。因为在 AutoCAD 2015 中，基准的基座是没有标准块的，所以建议设计者自行把基准创建成块，以便多次调用，本示例将不介绍基准的基座的具体画法。

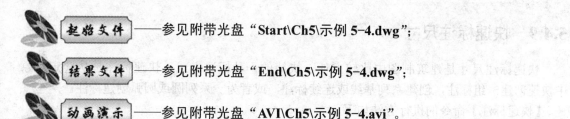

起始文件 —— 参见附带光盘 "Start\Ch5\示例 5-4.dwg";

结果文件 —— 参见附带光盘 "End\Ch5\示例 5-4.dwg";

动画演示 —— 参见附带光盘 "AVI\Ch5\示例 5-4.avi"。

本示例将利用标注命令标注建筑图，先打开附带光盘目录下的 "Start\Ch5\示例 5-4.dwg"，原图形如图 5-37 所示；接下来开始利用标注命令进行标注。

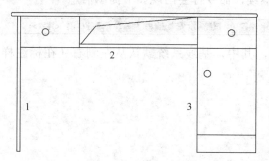

图 5-37 原图形

【操作步骤】

（1）把【标注】置为当前层，单击🔲插入块 "基准 A"，并将其置于直线 1 上，如图 5-38 所示。

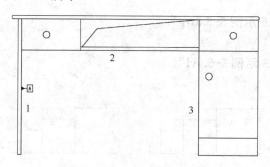

图 5-38 放置基准 A

（2）在命令行中输入命令 "LEADER"，执行【引线】命令，当命令行提示【指定引线起点】时，在直线 2 上选择合适位置，单击鼠标左键选定后，拉出引线；当命令行提示【指定下一点】"，继续拉出引线，在合适位置按〈Enter〉键确定输入。

（3）当命令行提示【输入注释文字的第一行】时，按〈Enter〉键进行下一项输入，输入 "T"，系统将弹出【形位公差】对话框，按如图 5-39 所示的内容进行设置，然后按〈Enter〉键确定。得到结果如图 5-40 所示。

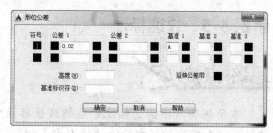

图 5-39 形位公差对话框

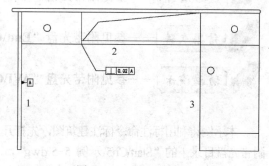

图 5-40 形位公差标注

5.4.9 快速标注尺寸

快速标注尺寸是建筑制图中比较方便、快捷的一种标注方式。快速标注是从选定对象中快速创建一组标注,创建系列基线或连续标注,或者为一系列圆或圆弧创建标注。

【快速标注】命令的执行方法如下。

■ 选择菜单栏中的【标注】→【快速标注】命令。

■ 单击【标注】工具栏中的【快速标注】按钮 。

■ 在命令行中输入"QDIM",然后按〈Enter〉键。命令行会出现如下提示信息。

> ⚡ ▾ QDIM 选择要标注的几何图形:

在选定所需标注的图形后,按〈Enter〉键继续,命令行会出现如下提示信息。

> ⚡ ▾ QDIM 指定尺寸线位置或 [连续(C) 并列(S) 基线(B) 坐标(O) 半径(R) 直径(D) 基准点(P) 编辑(E) 设置(T)] <连续>:

按照所需标注的要求,选择所需要的选项,其中,基线系统默认从左到右(在标注样式可中设置),所得结果效果请参照示例 5-5。

示例 5-5 快速标注

思路·点拨 ✍

本示例将演示快速标注的各种线性标注方法,用以相互比较异同。对于半径和直径的快速标注和前文的径向标注的使用方式相同,此处不再赘述。

起始文件——参见附带光盘"Start\Ch5\示例 5-5.dwg";

结果文件——参见附带光盘"End\Ch5\示例 5-5.dwg";

动画演示——参见附带光盘"AVI\Ch5\示例 5-5.avi"。

本示例将利用标注命令标注建筑图,先打开附带光盘目录下的"Start\Ch5\示例 5-5.dwg",原图形如图 5-41 所示;接下来开始利用标注命令进行标注。

【操作步骤】

(1)把【标注】图层置为当前层。单击【快速标注】按钮 ,进行快速标注,当命令行中提示【选择要标注的几何图形】时,选择如图 5-41a 所示的图块,然后按〈Enter〉键确定。

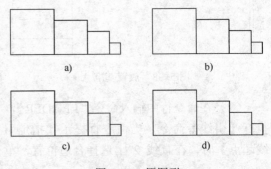

图 5-41 原图形

(2)当命令行继续提示【尺寸线位置】

时，在命令行中输入"C"选择【连续(C)】选项，将光标放在图形下面，图上会出现标注预览，在一个合适的位置放置标注尺寸，结果如图 5-42a 所示。

（3）重复操作步骤（1），选择 b 图块，当命令行继续提示【尺寸线位置】时，在命令行中输入"s"选择【并列[S]】选项，并将光标放在图形下面，图上会出现标注预览，在一个合适的位置放置标注尺寸，结果如图 5-42b 所示。

（4）重复操作步骤（1），选择 c 图块，当命令行继续提示【尺寸线位置】时，在命令行中输入"p"选择【基准点[P]】选项，选择图块左下角点为基准点，再在命令行中输入"b"选择【基线[B]】选项，并将光标放在图形下面，图上会出现标注预览，在一个合适的位置放置标注尺寸，结果如图 5-42c 所示。

（5）重复操作步骤（1），选择如图 5-42d 所示的图块，当命令行继续提示【尺寸线位

置】时，在命令行中输入"p"选择【基准点[P]】选项，选择图块左下角点为基准点，再在命令行中输入"o"选择【坐标[O]】选项，并将光标放在图形下面，图上会出现标注预览，在一个合适的位置放置标注尺寸，结果如图 5-42d 所示。

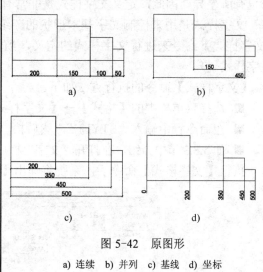

图 5-42　原图形

a) 连续　b) 并列　c) 基线　d) 坐标

5.4.10　编辑尺寸标注

对于已定的标注，如果想要修改相关的选项，还需要用到 AutoCAD 2015 的其他选项，下面这些选项作简略介绍。

（1）【等距标注】。该选项用于调整线性标注或角度标注之间的间距。用户可以将平行尺寸线之间的间距将设为相等，也可以通过使用间距值 0 使一系列线性标注或角度标注的尺寸线齐平。

（2）【标注打断】。该选项用于在标注或延伸线与其他对象交叉处折断或回复标注和延伸线。用户可以将折断标注添加到线性标注、角度标注和坐标标注中。

（3）【检验】。该选项用于添加或删除与选定标注关联的检验信息。检验标注用于指定所应检查制造部件的频率，以确保标注值和部件公差处于指定范围内。

（4）【折弯线性】。该选项用于在线性或对齐标注上添加或删除折弯线。标注中的折弯线表示标注对象中的折断，标注值表示实际距离而不是图中测量的距离。

（5）【编辑标注】。该选项用于编辑标注文字和延伸线；旋转、修改或恢复标注文字；更改尺寸界线的倾斜角。移动文字和尺寸线的等效命令为"DIMTEDIT"。

5.5　文本标注

在 AutoCAD 2015 中，文字标注是图形中很重要的一部分内容。用户进行各种设计时，

通常不仅要绘制出图形和尺寸，还要在图形中标注一些文字，如技术要求、注释说明等，对图形对象加以说明解释。

5.5.1 定义文字样式

AutoCAD 图形中的文字都有与之对应的文本样式，而各种不同的图纸要求对文本的要求也有所差异，因此，定义文字样式是非常有必要的。

文字样式是用来控制文字基本形状的一组设置。在 AutoCAD 2015 中，用户通过执行【文字样式】命令来进行文字样式的定义，当输入文字对象时，系统会自动使用当前设置的文字样式。

【文字样式】命令的执行方法如下。

■ 选择菜单栏中的【格式】→【文字样式】命令。

■ 在命令行中输入"STYLE"，然后按〈Enter〉键。

■ 如 5.3.3 节中介绍，在打开"文字"栏后，单击【文字样式】下拉列表框旁边的 □。

执行【文字格式】命令后，系统将弹出【文字样式】对话框，如图 5-43 所示。

图 5-43 【文字样式】对话框

【文字样式】对话框中各选项的含义如下。

（1）【样式】选项框。该选项用于命名新样式名或对已有样式名进行相关操作。单击"新建"按钮，弹出如图 5-44 所示的【新建文字样式】对话框，在【样式名】文本框中输入文字样式名字。

图 5-44 【新建文字样式】对话框

（2）【字体】选项组。该选项用来确定文本样式使用的文体文件、字体风格和字体大小等。需要注意的是，如果选中【使用大字体】复选框，系统会默认筛选许多字体文件，如宋体、楷体、仿宋等。

（3）【大小】选项组。

①【注释性】复选框。该选项用于指定文字为注释性文字。

②【使文字方向与布局匹配】复选框。该选项用于指定图纸空间视口中的文字方向与布局方向匹配。若不选中【注释性】复选框，则该选项不可选。

③【高度】文本框。该选项用于设置文字高度。若输入"0.0000"，则每次用该样式输入文字时，文字默认高度值为"0.2"。为输入大于 0 的高度，则可为该样式设置固定的文字高度。在相同的高度设置下，TrueType 字体显示的高度要小于 SHX 字体。若选中【注释性】复选框，则将设置要在图纸空间中显示的文字的高度。

（4）【效果】选项组。

①【颠倒】复选框。选中此复选框，表示将文本文字倒置标注。

②【反向】复选框。选中此复选框，表示将文本文字从右到左反向标注。

③【垂直】复选框。选中此复选框，表示将文本垂直标注（系统默认为水平标注）。只有部分字体才有此选项。

④【宽度因子】文本框。该选项用于设置宽度系数，确定文本字符的宽、高比。当比例系数为 1 时，表示将引用字体文件中定义的宽高比。

⑤【倾斜角度】文本。该选项用于确定文字的倾斜角度。角度为 0 时不倾斜，为正数时向右倾斜，为负数时向左倾斜。

设置完成后，单击【置为当前】按钮，确定对文本样式的设置。在建立新的样式或对现有样式的某些特征进行修改后，用户都需要单击【置为当前】按钮确定改动。

5.5.2 文本标注

在使用 AutoCAD 2015 制图的过程中，文字的规范使用能让整张图纸整洁大方，由于文本的长短不一，因此选择正确的文本框就显得很有必要。若需要标注的文本不长，用户可以利用【Text】命令创建单行文本。若需要标注很长、很复杂的文字信息，用户可以利用【MText】命令创建多行文本。

【多行文字】命令的执行方法如下。

■ 选择菜单栏中的【绘图】→【文字】→【多行文字】命令。

■ 在命令行中输入"MText"，然后按〈Enter〉键。

■ 单击【绘图】工具栏中的【多行文字】按钮 A 。

执行【多行文字】命令后，选择需要插入文字的位置，直接在界面中选取两个点作为矩形框的对角点建立文本框，其宽度作为将要标注的多行文本的宽度，第一个点则为第一行文本顶线的起点。当选择第一个点之后，系统会提示如图 5-45 所示的提示，其中各个选项的功能在多行文本编辑器（见图 5-46）中也能确定，故在此不作详述，有兴趣的读者可自行尝试。

```
⌄ MTEXT 指定对角点或 [高度(H) 对正(J) 行距(L) 旋转(R) 样式(S) 宽度(W) 栏(C) ]:
```

图 5-45　多行文字

图 5-46　多行文本编辑器

多行文本编辑器中各选项的含义如下。

（1）【样式】选项框。该选项用于选择系统设定好的文本样式，如编辑一系列文本，可免去一个一个参数设置的麻烦。系统默认使用【Standard】文本样式。

（2）【字体】选项框。该选项用于选择文本的文字字体。系统默认使用【txt,gbcbig】字体。

（3）【高度】下拉列表框。该选项用于确定文本的字符高度。用户可在文本编辑框中直接输入新的文字高度，也可以在下拉列表框中选择已设置好的高度。

（4）**B** 和 *I* 按钮。这两个按钮分别用于设置黑体或斜体效果，但只对 TrueType 字体有效。

（5）U、O 和 A 按钮。分别用于设置或取消下画线、底线和删除线。

（6）和 按钮。撤销和重做按钮用于撤销上一步动作或重做下一步动作。

（7）【堆栈】按钮。即层叠/非层叠文本按钮，用于层叠所选的文本，也就是创建分数形式。当文本中某处出现"/""^"或"#"这 3 种层选符号之一时，可层叠文本，方法是选中需层叠的文字，然后单击此按钮，则符号左边的文字作为分子，右边的文字作为分母。例如，"123/456""123^456"或"123#456"堆栈后，分别得到的结果如图 5-47 所示。选中已经层叠的文本对象单击此按钮，则恢复到非层叠形式。如果记不住各种符号的堆栈结果，在任一堆栈结果处双击，可以得到堆栈特征对话框，如图 5-48 所示。在对话框中，用户可以设定上下文字、样式、位置和大小等。其中【自动堆栈】按钮用来设置自动堆栈特性。

$$\frac{123}{456} \quad \frac{123}{456} \quad {}^{123}\!/_{456}$$

图 5-47　堆栈结果

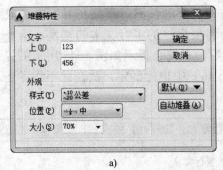

a)

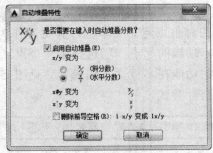

b)

图 5-48　堆栈特征

（8）【颜色】选项框。该选项用于选择字体的颜色，设置方法参照前文。

（9）【栏数】按钮 ▤▾。单击该按钮，弹出一个菜单，该菜单提供 3 个栏选项，即"不分栏""静态栏"和"动态栏"。"动态栏"用于设置"手动高度"或"自动高度"，"静态栏"则用于设置固定栏数。

（10）【多行文字对正】按钮 Ⓐ▾。展开"多行文字对正"菜单，其中有 9 种对齐方式。

（11）【段落】按钮 ▤。单击该按钮，系统会弹出"段落"对话框，其中包括"制表位""左缩进""右缩进""段落对齐""段落间距""段落行距"等设置，如图 5-49 所示。

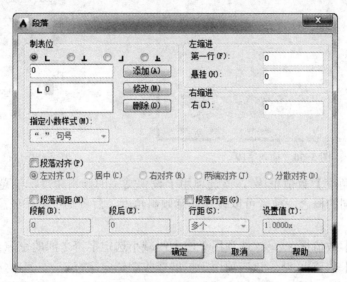

图 5-49 【段落】对话框

（12）【文字分布】按钮 ▤▤▤▤▤。这 5 个按钮用于选择文字的分布方式，分别为"左对齐""居中""右对齐""对正"和"分布"。

（13）【行距】按钮 ▤▾。单击此按钮，可确定多行文字的行间距，这里所说的行间距是指相邻两文本行基线之间的垂直距离。其中，单击后弹出的数值为精确行距，若选择"其他"选项，则弹出如图 5-49 所示的【段落】对话框。值得注意的是，行距分为"精确""至少"和"多个"等方式，"至少"会根据文本中最大的字符自动调整行间距；"精确"会根据输入的确定值设置间距；"多个"则是在设置多个可变行距。

（14）【编号】按钮 ▤▾。该选项用于自动编号，可以选用"大（小）写字母""数字""项目符号"，可以"重新启动"编号或"继续"编号等。

（15）【插入字段】按钮 ▤。该选项用于插入一些常用或预设字段。单击该按钮，系统将弹出"字段"对话框，如图 5-50 所示，用户可以从中选择字段并将其插入到标注文本中。

（16）【符号】按钮 @▾。该选项用于输入各种符号。单击该按钮，系统将打开符号列表，如图 5-51 所示，用户可以从中选择符号并将其输入到文本中。

（17）▤ 和 ▤ 按钮。它们是大小写转换按钮，分别用于把小写转换成大写和把大写转换成小写。

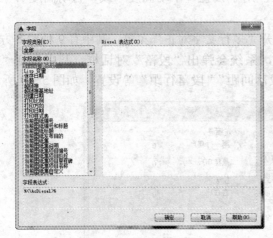

度数(D)	%%d
正/负(P)	%%p
直径(I)	%%c
几乎相等	\U+2248
角度	\U+2220
边界线	\U+E100
中心线	\U+2104
差值	\U+0394
电相角	\U+0278
流线	\U+E101
恒等于	\U+2261
初始长度	\U+E200
界碑线	\U+E102
不相等	\U+2260
欧姆	\U+2126
欧米加	\U+03A9
地界线	\U+214A
下标 2	\U+2082
平方	\U+00B2
立方	\U+00B3
不间断空格(S)	Ctrl+Shift+Space
其他(O)...	

图 5-50　插入字段　　　　　　　　　　　　图 5-51　特殊符号列表

（18）【倾斜角度】数值框 *0/*。该选项用于设置文字的倾斜角度。注意：倾斜角度与斜体效果是两个不同的概念，前者可以设置任意倾斜角度，后者则可以在任意倾斜角度的基础上设置斜体效果。

（19）【追踪】数值框 a-b。该选项用于增大或减小选定字符之间的空隙。

（20）【宽度】数值框 ○。该选项用于扩展或收缩选定字符。

（21）【选项】按钮 ⊙。单击【选项】按钮后，弹出如图 5-52 所示的子菜单，除了上文提到的各种命令外，还有【输入文字】和【背景遮罩】命令比较常用。若选择【输入文字】，会弹出【选择文件】对话框，如图 5-53a 所示，用户在此可以选择任意 ASCII 或 RTF 格式的文档。输入文字保留原始字符格式和样式特征。"背景遮罩"则用来设定背景对标注的文字进行屏蔽，如图 5-53b 所示。

插入字段(L)...	Ctrl+F
符号(S)	▶
输入文字(I)...	
段落对齐	▶
段落...	
项目符号和列表	▶
分栏	▶
查找和替换(R)...	Ctrl+R
改变大小写(H)	▶
全部大写	
✓ 自动更正大写锁定	
字符集	▶
合并段落(O)	
删除格式	▶
背景遮罩(B)...	
编辑器设置	▶
帮助	F1

图 5-52　【选项】按钮的列表图

a) b)

图 5-53 【输入文字】和【背景遮罩】分别对应的对话框

a)【选择文件】对话框 b)【背景遮罩】对话框

5.5.3 特殊字符的输入

在 AutoCAD 2015 中,特殊字符的输入都有特定的句柄。用户只要熟记句柄,便能快捷地输入所需字符。特殊字符包括直径符号、上(下)画线、温度符号、度数等,常见的句柄见表 5-1。

表 5-1 AutoCAD 常见句柄

句　柄	符　号	句　柄	符　号
%%U	下画线　下	\u+E100	边界线　■
%%D	度　°	\u+E101	电相位　■
%%P	正负号　±	\u+E102	界碑线　■
%%C	直径符号　ϕ	\u+2261	恒等于　≡
%%%	百分号　%	\u+003C	小于号　<
\u+2248	约等于号　≈	\u+003E	大于号　>
\u+2220	角度　∠	\u+214A	地界线　℞
\u+2104	中心线　℄	\u+2082	下标　₂
\u+0394	差值　Δ	\u+00B2	平方　²
\u+2260	不等于　≠	\u+2264	小于或等于≤
\u+2126	欧姆　Ω	\u+2265	大于或等于≥

更多的特殊符号请参照特殊字符映射表,如图 5-54 所示。此表调用于图 5-51 特殊符号列表所示的"其他"命令,里面有详尽的特殊字符及其句柄。

图 5-54　特殊字符映射表

示例 5-6　特殊字符标注

思路·点拨

本示例将对几种比较常用的特殊字符标注，比如直径符号、度数、正负号等。如果需要更多的特殊符号，用户可以从特殊字符映射表中，具体参照前文。

起始文件——参见附带光盘 "Start\Ch5\示例 5-6.dwg"；

结果文件——参见附带光盘 "End\Ch5\示例 5-6.dwg"；

动画演示——参见附带光盘 "AVI\Ch5\示例 5-6.avi"。

本示例将利用标注命令标注建筑图，先打开附带光盘目录下的 "Start\Ch5\示例 5-2.dwg"，原图形如图 5-55 所示；接下来开始利用标注命令进行标注。

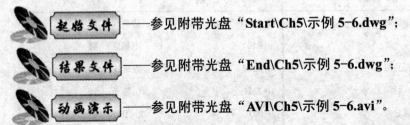

图 5-55　原图形

【操作步骤】

（1）把【标注】图层置为当前层。因为原标注与理想尺寸有点出入，所以需要更改尺寸。

（2）双击 "42m" 尺寸标注线，进行尺寸标注。输入 "40%%P0.02"，将会出现 "40±0.02" 字样。

（3）双击 "58°m" 尺寸标注线，进行尺寸标注。输入 "45%%D"，将会出现 "45°" 字样。

（4）双击"20m"尺寸标注线，进行尺寸标注。输入"%%C20+0.02^-0.02"，将会出现"φ200.02^-0.02"字样。然后进行堆叠，选定"+0.02^-0.02"，如图 5-56 所示。再单击 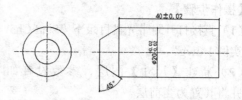 按钮进行堆叠，得到的结果如图 5-57 所示。

图 5-57　特殊符号的标注

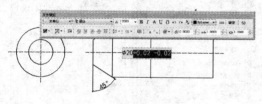

图 5-56　堆叠格式输入

5.6　综合实例

本节将以两个综合实例来向读者介绍如何使用标注命令来标注建筑制图中的一些常见图形。

5.6.1　综合实例1——学生书柜的标注

思路·点拨

在进行标注之前，用户应该了解示例的大致尺寸比例，然后在环境设置中选定合适的比例进行标注，才能让标注出来的尺寸更加规整，还能减少很多设计师与施工方之间不必要的错误。

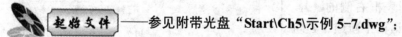
起始文件——参见附带光盘"Start\Ch5\示例 5-7.dwg"；

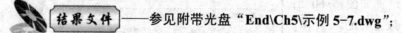
结果文件——参见附带光盘"End\Ch5\示例 5-7.dwg"；

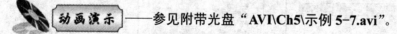
动画演示——参见附带光盘"AVI\Ch5\示例 5-7.avi"。

本示例将利用标注命令标注建筑图，先打开附带光盘目录下的"Start\Ch5\示例 5-7.dwg"，原图形如图 5-58 所示；接下来开始利用标注命令进行标注。

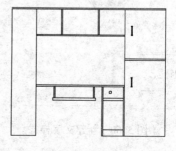

图 5-58　原图形

【操作步骤】

（1）直接打开附带光盘目录下"Start\Ch5\综合实例 1.dwg"。

（2）新建【尺寸】图层，参数设置如下，并将其置为当前层。

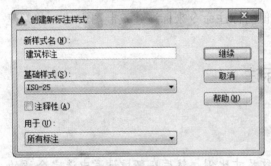

（3）单击工具栏中的【标注样式】按钮，系统将弹出【标注样式管理器】对话框，设置标注样式。新建建筑标注，如前所述，该图以实际尺寸绘制，并以 1∶1 的比例输出。现在对标注样式进行设置：新建一个标注样式，在【新样式名】文本框中输入"建筑标注"，然后单击【继续】按钮，如图 5-59 所示。

图 5-59　新建标注样式

（4）在【建筑标注】中的【文字】栏，单击【文字样式】下拉列表框右侧的，在弹出的【文字样式】对话框中新建【建筑标注】的文字样式，具体设置如图 5-60 所示。然后单击【置为当前】按钮确定。

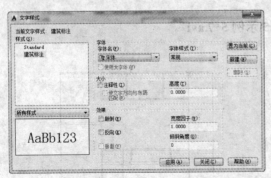

图 5-60　新建文字样式

（5）将【建筑标注】样式中的参数按

图 5-61 所示的样式逐项进行设置。单击【确定】按钮后回到【标注样式管理器】对话框，将【建筑标注】样式设为当前标注样式。

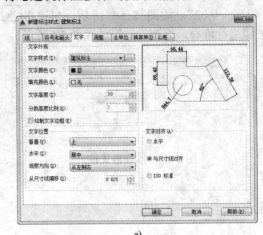

a)

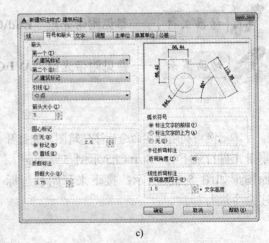

b)

c)

图 5-61　参数设置

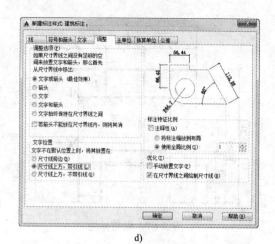

d)

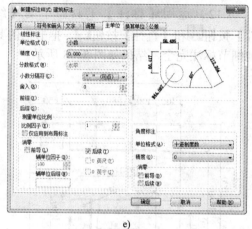

e)

图 5-61 参数设置（续）

a)【文字】选项卡 b)【线】选项卡

c)【符号和箭头】选项卡 d)【调整】选项卡

e)【主单位】选项卡

（6）设置好标注参数后，进行详细标注。先标注大体尺寸：单击【标注】工具栏中的【线性】按钮，标出学生桌的长和高，分别单击点 A、B，BC，如图 5-62 所示。

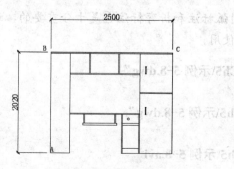

图 5-62 进行长、高标注

（7）再标注 BD。然后单击【标注】工具栏中的【连续】按钮，捕捉各个格子的角点，结果如图 5-63 所示。

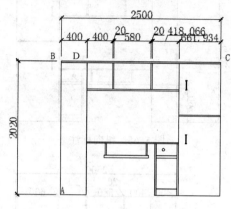

图 5-63 连续标注

（8）移动显示不清的尺寸，单击尺寸"20"，将其移至与尺寸没有重叠的地方，删除封闭环尺寸"418.066"，结果如图 5-64 所示。

（9）修改尺寸"661.943"。双击该尺寸，将其改为"660"，结果如图 5-64 所示。

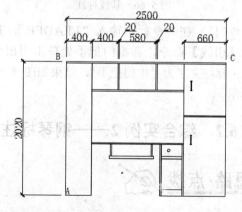

图 5-64 修改尺寸

（10）单击【标注】工具栏中的【线性】按钮，标注纵向的一个尺寸，将其放在靠近左侧的边界，结果如图 5-65 所示。然后单击【标注】工具栏中的【基线】按钮，进行基线标注，结果如图 5-66 所示。

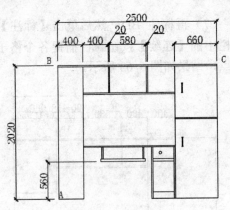

图 5-65　纵向标注

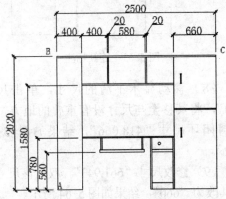

图 5-66　基线标注

（11）在命令行中输入"LEADER"，执行【引线】命令，在柜门把手处单击引出引线，标注文字为"柜门把手"，结果如图 5-67 所示。

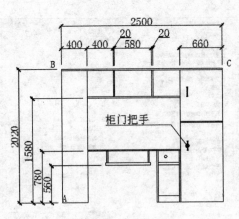

图 5-67　纵向标注

（12）运用【标注】工具栏中的【线性】按钮和【直径】按钮，把书柜的其他细节标注完全，结果如图 5-68 所示。

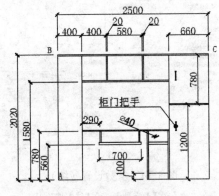

图 5-68　最终标注结果

5.6.2　综合实例 2——钢琴标注

思路·点拨

对钢琴进行标注时，除了线型标注外，圆弧标注和折弯标注也是十分重要的，这个示例中主要帮助用户了解圆弧标注和折弯标注的使用。

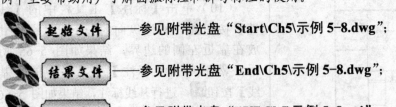

起始文件——参见附带光盘"Start\Ch5\示例 5-8.dwg"；

结果文件——参见附带光盘"End\Ch5\示例 5-8.dwg"；

动画演示——参见附带光盘"AVI\Ch5\示例 5-8.avi"。

本示例将利用标注命令标注建筑图，先打开附带光盘目录下的"Start\Ch5\示例 5-8.dwg"，原图形如图 5-69 所示；接下来开始利用标注命令进行标注。

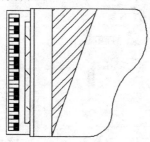

图 5-69　原图形

【操作步骤】

（1）直接打开附带光盘目录下的"Start\Ch5\综合实例 2.dwg"。重复示例 5-7 的步骤（2）、（3）和（4）。

（2）设置好标注参数后，进行详细标注。先标注大体尺寸：单击【标注】工具栏中的【线性】按钮■，标出钢琴的长，如图 5-70 所示。

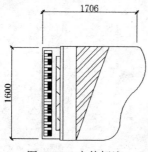

图 5-70　大体标注

（3）单击【标注】工具栏中的【线性】按钮■进行细节标注，结果如图 5-71 所示。

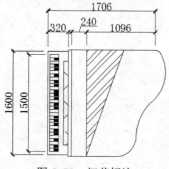

图 5-71　细节标注

（4）单击【标注】工具栏中的【半径】按钮■和【直径】按钮■选择 3 段圆弧，进行径向标注。结果如图 5-72 所示。

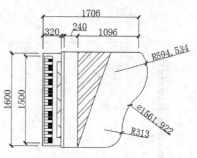

图 5-72　半径标注

（5）考虑到非整数圆弧的加工难度，故进行尺寸修改，用公差进行限制，双击尺寸"R594.534"，输入"R594.5%%P0.1"，结果如图 5-73 所示。

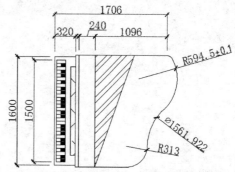

图 5-73　特殊符号标注修改（一）

（6）同理，双击尺寸"ϕ1561.922"，输入"%%C1562+0.1^-0.1"，然后进行堆叠，选定该尺寸中的"+0.1^-0.1"，单击【堆叠】按钮，结果如图 5-74 所示。

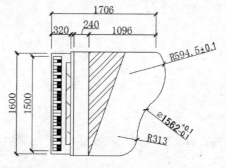

图 5-74　特殊符号标注修改（二）

（7）插入块"基准 A"，并将其放置在钢琴键固定架上方，结果如图 5-75 所示。

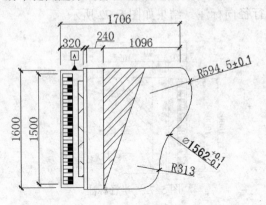

图 5-75　插入块"基准 A"

（8）在样式管理器中，修改引线箭头为"实心闭合"，修改完成后，按【置为当前】按钮进行确定。在命令行中输入"LEADER"，执行【引线】命令，进行公差标注，结果如图 5-76 所示。

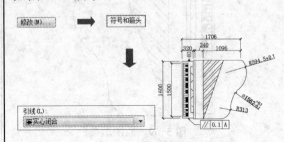

图 5-76　公差标注

第 6 章　AutoCAD 出图

AutoCAD 2015 提供了图纸布局、页面设置、打印输出等常用操作，为用户输出图样提供了极大的便利。

此外，用户还可利用 AutoCAD 2015 的发布功能将图形发布为 DWF、DWFx 或 PDF 文件。

 本讲内容

➥ 模型空间和图纸空间
➥ 创建布局
➥ 打印输出
➥ 发布文件

6.1　模型空间和图纸空间

在 AutoCAD 2015 中，有两个不同的制图空间：模型空间和图纸空间。

模型空间一般用于创建图形，而图纸空间则用于创建最终的打印布局。下面将分别对两者的特征进行简要的介绍。

6.1.1　模型空间

模型空间就是用户进行绘图设计的空间，如图 6-1 所示。本书此前的所有操作以及实例基本上都是在模型空间进行的。

模型空间是一个设计造型的工作环境，用户在其中可以使用 AutoCAD 的全部绘图、编辑等命令进行二维图形以及三维图形的绘制。AutoCAD 在运行时默认在模型空间中对图形进行绘制、编辑以及修改。

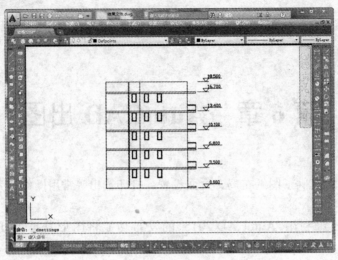

图 6-1　模型空间

应用·技巧

　　在实际制图过程中，一般在模型空间进行图形的绘制及修改，而图纸空间一般是在打印图样时使用。

6.1.2　图纸空间

　　图纸空间类似于制图的图纸，是一个有边界的二维空间。在 AutoCAD 2015 中，图纸空间是以布局的形式来使用的，一个布局代表一张单独的图纸，一个图形文件中可以含有多个布局。单击绘图区域左下方的【布局】选项卡，即可切换到图纸空间，如图 6-2 所示。

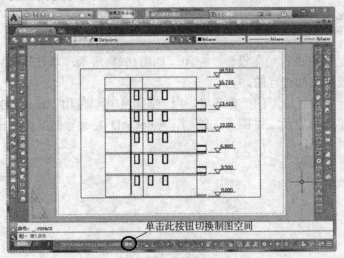

图 6-2　图纸空间

6.2　创建布局

在新建文件时，系统会自动建立一个【模型】选项卡和两个【布局】选项卡。【模型】选项卡是不能删除和修改的，而【布局】选项卡则没有个数的限制，用户可以根据自己的需要来增加或修改【布局】选项卡。

AutoCAD 2015 提供了 3 种方法创建布局：新建布局、来自样板的布局和创建布局向导。下面将对这 3 种方法进行简要的介绍。

6.2.1　新建布局

选择菜单栏中的【插入】→【布局】→【新建布局】命令，然后输入新的布局名字即可完成布局的创建。

用户也可以在绘图区左下方单击鼠标右键，从弹出的快捷菜单中选择【新建布局】命令，如图 6-3 所示。以此方式创建的布局系统将以"布局 1""布局 2""布局 3"等方式自动命名。

6.2.2　来自模板的布局

选择菜单栏中的【插入】→【布局→【来自样板的布局】命令，系统即会弹出【从文件选择样板】对话框，如图 6-4 所示，从中选择需要的模板文件后，单击【打开】按钮即可完成布局的创建。

图 6-3　新建布局　　　　　　　　　　图 6-4　【从文件选择样板】对话框

用户也可以在绘图区左下方单击鼠标右键，从弹出的快捷菜单中选择【从样板】命令，如图 6-5 所示，此时也将弹出【从文件选择样板】对话框，然后选择模板即可。

图 6-5　来自模板的布局的创建

6.2.3　创建布局向导

若要利用向导创建布局，用户应选择菜单栏中的【插入】→【布局】→【创建布局向导】命令；或者在命令行中输入"LAYOUTWIZARD"后按〈Enter〉键，系统将弹出【创建布局】对话框，然后按照其中的提示一步一步地进行设置，即可完成布局的创建，如图 6-6 所示。

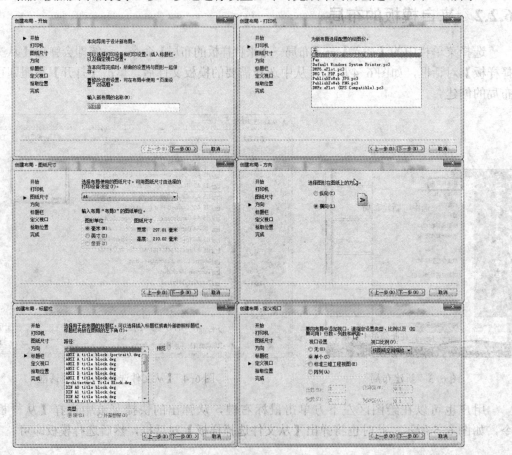

图 6-6　利用向导新建布局

6.3 打印输出

AutoCAD 2015 提供了完善的图样打印输出功能。本节将向读者介绍如何对图纸进行打印输出。

6.3.1 页面设置管理器

选择菜单栏中的【文件】→【页面设置管理器】命令；或者在命令中输入"PAGESETUP"后按〈Enter〉键，系统即可弹出【页面设置管理器】对话框，如图 6-7 所示。

（1）【置为当前】按钮。该选项用于将所选页面设置设定为当前布局的当前页面设置。

（2）【新建】按钮。该选项用于新建一个页面设置。单击该按钮，系统即可弹出【新建页面设置】对话框，如图 6-8 所示。用户可在【新页面设置名】文本框中指定新建页面设置的名称，在【基础样式】列表框中选择新建页面设置要使用的基础页面设置。

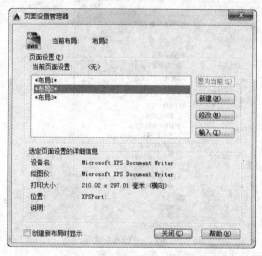

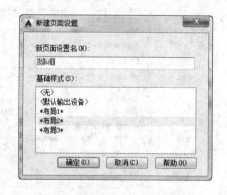

图 6-7 【页面设置管理器】对话框 　　　　图 6-8 【新建页面设置】对话框

（3）【修改】按钮。单击该按钮，系统即可弹出【页面设置-布局 2】对话框，如图 6-9 所示，此对话框与打印参数的对话框相似，具体请参考 6.3.2 节内容。

6.3.2 打印输出

选择菜单栏中的【文件】→【打开】命令；或者在命令中输入"PLOT"然后按〈Enter〉键，系统即可弹出【打印】对话框，如图 6-10 所示。设置完毕后，单击【确定】按钮即可完成打印。下面将介绍【打印】对话框中的一些常用选项。

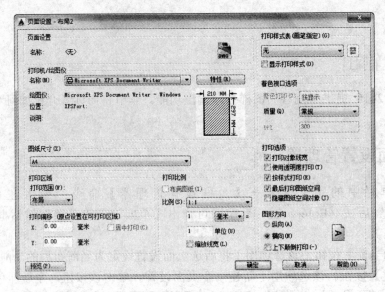

图 6-9 【页面设置-布局 2】对话框

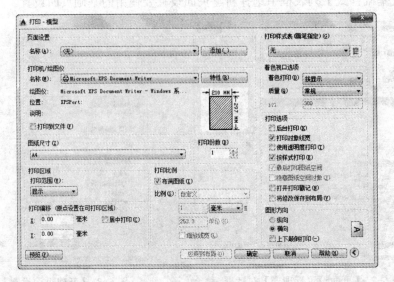

图 6-10 【打印】对话框

（1）【页面设置】选项组。该选项组用于列出图形中已经创建的页面设置。用户可将图形文件中存在的页面设置直接作为当前页面设置，也可单击右侧的【添加】按钮，基于当前设置创建一个新的页面设置。。

（2）【打印机/绘图仪】选项组

①【名称】下拉列表框。该选项用于选择图样输出的打印机。

②【特性】按钮。单击此按钮，可以修改当前打印机的属性。

③【打印到文件】复选框。该选项设置是否将图形输出到文件中。

（3）【图纸尺寸】下拉列表框。该下拉列表框中显示的是所选打印设备可用的标准图纸尺寸，用户可在此选择适当的图纸尺寸。

（4）【打印份数】数值框。该数值框用于设定要打印的份数。打印到文件时，此选项不可用。

（5）【打印区域】选项组。用户可在该选项组的【打印范围】下拉列表框中设置打印到图纸的图形范围。

（6）【打印偏移】选项组。用户可在【X】、【Y】文本框中指定打印区域相对于可打印区域左下角或图纸边界的偏移。若选中【居中打印】复选框，则可自动计算 X 偏移和 Y 偏移值，在图纸上居中打印。

（7）【打印比例】选项组。该选项组用于控制图形单位与打印单位之间的相对尺寸。

①【布满图纸】复选框。选中该复选框，缩放打印图形以布满所选图纸尺寸。

②【比例】下拉列表框。该选项用于定义打印的精确比例。

（8）【图形方向】选项组。

①【纵向】单选按钮。单击该按钮，放置并打印图形，使图纸的短边位于图形页面的顶部。

②【横向】单选按钮。单击该按钮，放置并打印图形，使图纸的长边位于图形页面的顶部。

③【上下颠倒打印】复选框。若选中该复选框，图形会被上下颠倒地放置，并打印输出。

6.4 发布文件

选择菜单栏中的【文件】→【发布】命令；或者在命令行中输入"PUBLISH"后按〈Enter〉键，系统即可弹出【发布】对话框，如图 6-11 所示，在该对话框中设置好之后，单击【发布】按钮即可完成文件的发布。

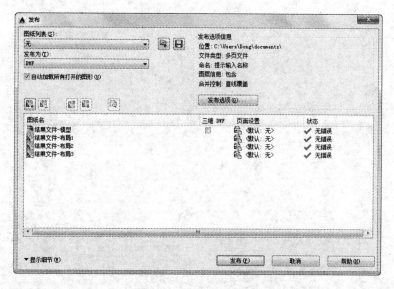

图 6-11 【发布】对话框

下面将对【发布】对话框中的一些常用选项进行简要的介绍。

（1）【图纸列表】下拉列表框。该选项用于显示当前图形集或批处理打印文件。

（2）【发布为】下拉列表框。该选项用于定义发布图纸列表的方式：既可以发布为多页
DWF、DWFx 或 PDF 文件，也可以发布到页面设置中指定的绘图仪。

应用·技巧

在绘制好图样后，需要打印出图，用户最好先将 DWG 格式的图样发布为 PDF
文件，并进行打印图纸的检查，然后再打印 PDF 文件。

第 7 章　绘制单体建筑平面图

建筑平面图是建筑施工图的基本图样之一，它是假想在门窗洞口之间的位置用一水平面将建筑物剖切成两半，下半部分所作的水平投影图。建筑平面图可以反映出建筑物的平面大小形状、门窗的类型位置、墙体的位置尺寸大小、空间平面布局以及内外交通联系等内容。

 本讲内容

➥ 建筑平面图的绘制概述
➥ 室内基本设施的平面图绘制
➥ 居室平面图

7.1　建筑平面图的绘制概述

本节将对建筑平面图的一些基本知识进行介绍，使读者对建筑平面图有一个大概的了解和认识。

7.1.1　建筑平面图的分类

（1）底层平面图。又称一层平面图或首层平面图，表示第一层房间的平面布置、建筑入口、门厅以及楼梯的布置等情况。绘制此图时，用户应将剖切平面选放在房屋的一层地面与从一楼通向二楼的休息平台之间，且要尽量通过该层上的所有门窗洞。

（2）标准层平面图。该平面图用于表示中间各层的布置。由于房屋内部平面布置的差异，对于多层建筑而言，应该有一层就画一个平面图。但在实际的建筑设计过程中，多层建筑往往存在许多相同或相近平面布置形式的楼层，因此在实际绘图时，可将这些相同或相近的楼层用一张平面图来表示。

（3）顶层平面图。该平面图用于表示建筑物最高层的平面布置图。有的建筑物的顶层平面图与标准层平面图相同，在这种情况下，顶层平面图可以省略。

（4）屋顶平面图。该平面图用于表明屋面排水情况和突出屋面构造的位置。屋顶平面图是由屋顶的上方向下作屋顶外形的水平投影而得到的，因此可以用来表示屋顶的情况，如屋面排水方向、坡度、雨水管的位置及屋顶的构造等。

7.1.2　建筑平面图的内容

（1）建筑物总长和总宽等尺寸以及其平面形状。
（2）建筑物内部房间的名称和尺寸、门窗的宽度、墙壁厚度等。
（3）走廊、楼梯和出入口的位置及尺寸。
（4）各层地面的标高。一层地面的标高为 0。
（5）门窗位置、数量及编号。
（6）室外台阶、阳台、散水的尺寸与位置。
（7）要有指北针符号，以确定建筑物的朝向。
（8）首层地面上应画出剖面图的剖切位置线，以便与剖面图对照查阅。

7.2　室内基本设施的平面图绘制

其实在前面章节中的实例中，我们已经绘制过一些设施的平面图，如沙发、餐桌，下面将介绍其他室内基本设施的平面图的绘制，以帮助用户熟练、快速地进行平面图的绘制。

另外，用户可以将一些绘制好的图形保存为外部图块，以便在绘制完整的建筑平面图上直接插入，进而减小工作量、提高工作效率。

7.2.1　洗碗槽的平面图

思路·点拨 ✍

先绘制洗碗槽的外形轮廓，然后绘制洗碗槽的细部。另外，在洗碗槽绘制完成后，请读者自行将图形保存成外部图块。

 结果文件——参见附带光盘"End\Ch7\洗碗槽.dwg"；

 动画演示——参见附带光盘"AVI\Ch7\洗碗槽.avi"。

【操作步骤】

（1）先绘制洗碗槽的外形边框。在命令行中输入"RECTANGLE"执行【矩形】命令，绘制一个长为 1000mm、宽为 500mm 的矩形，如图 7-1 所示。

（2）绘制洗碗槽中的槽位。继续在命令行中输入"RECTANGLE"执行【矩形】命令，按如图 7-2 所示的尺寸再绘制一个矩形。

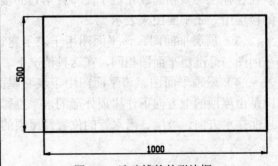

图 7-1　洗碗槽的外形边框

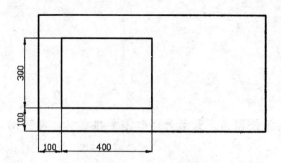

图 7-2　洗碗槽中的槽位

（3）在命令行输入"OFFSET"执行
【偏移】命令，将步骤（2）中绘制的矩形向内
偏移 20mm。偏移后的图形如图 7-3 所示。

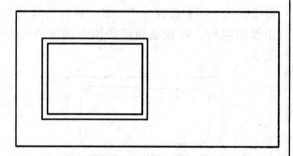

图 7-3　偏移后的矩形

（4）为步骤（2）绘制的矩形倒角。在
命令行中输入"CHAMFER"执行【倒角】
命令，输入"D"，将【第一个倒角距离】和
【第二个倒角距离】均设置为"20"，然后对
步骤（2）绘制的矩形的 4 个角添加倒角。
为步骤（3）添加圆角，在命令行中输入
"FILLET"执行【圆角】命令，输入"R"
将【圆角半径】设置为"20"，然后为矩形
的 4 个角添加圆角，如图 7-4 所示。

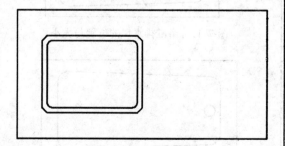

图 7-4　添加倒角和圆角

（5）绘制排水口。在命令行中输入
"CIRCLE"执行【圆】命令，在步骤（3）
绘制的矩形的正中心绘制两个圆，其直径分
别为 40mm 和 60mm，如图 7-5 所示。

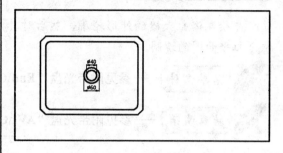

图 7-5　绘制两个圆

（6）在命令行中输入"LINE"执行【直
线】命令，按图 7-6 所示的尺寸绘制一条直
线。

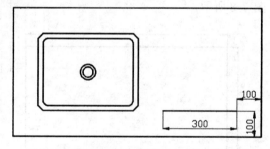

图 7-6　直线的尺寸

（7）在命令行中输入"ARRAYRECT"
执行【矩形阵列】命令，将步骤（6）绘制
的直线作为阵列对象，设置为阵列行数为
11，阵列列数为 1，阵列行间距为 30。完
成阵列后洗碗槽的平面图即绘制完毕，如
图 7-7 所示。

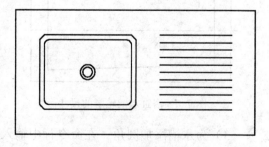

图 7-7　洗碗槽的平面图

7.2.2 浴缸的平面图

思路·点拨

先绘制浴缸大概的外形轮廓，然后对其内沿倒圆角，最后为浴缸添加排水口，即可完成浴缸平面图的绘制。

结果文件——参见附带光盘"End\Ch7\浴缸.dwg"；

动画演示——参见附带光盘"AVI\Ch7\浴缸.avi"。

【操作步骤】

（1）绘制浴缸的外形。在命令行中输入"RECTANGLE"执行【矩形】命令，绘制一个长为 1800mm、宽为 900mm 的矩形，如图 7-8 所示。

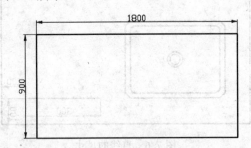

图 7-8　浴缸的外形

（2）绘制浴缸的水槽。在命令行中输入"LINE"执行【直线】命令，按图 7-9 所示的尺寸绘制 4 条直线。

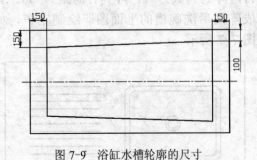

图 7-9　浴缸水槽轮廓的尺寸

（3）为水槽添加圆角。在命令行中输入"FILLET"执行【圆角】命令，输入"r"，

将【圆角半径】设置为"100"，然后为 4 个角添加圆角。添加圆角后的图形如图 7-10 所示。

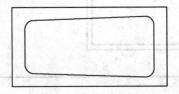

图 7-10　添加圆角后的浴缸图形

（4）绘制浴缸的排水口，按图 7-11 所示的位置，绘制一个直径为 100mm 的圆。至此，浴缸的平面图就绘制完成了，最终图形如图 7-12 所示。

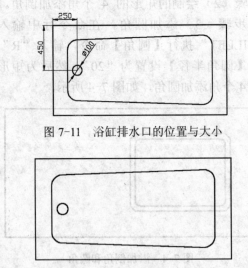

图 7-11　浴缸排水口的位置与大小

图 7-12　浴缸的最终图形

7.2.3 马桶的平面图

思路·点拨

先绘制马桶的主体部分，然后绘制它的蓄水箱，即可完成马桶平面图的绘制。

 结果文件 ——参见附带光盘"End\Ch7\马桶.dwg"；

 动画演示 ——参见附带光盘"AVI\Ch7\马桶.avi"。

【操作步骤】

（1）绘制马桶的主体部分。在命令行中输入"ELLIPSE"执行【椭圆】命令，绘制一个长轴为 420mm、短轴为 300mm 的椭圆，如图 7-13 所示。

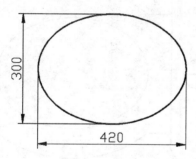

图 7-13　马桶主体部分椭圆的尺寸

（2）在命令行中输入"OFFSET"执行【偏移】命令，将椭圆向外偏移 80mm，偏移后的图形如图 7-14 所示。

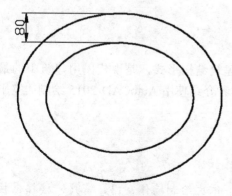

图 7-14　偏移椭圆

（3）绘制马桶的蓄水箱。在命令行中输入"RECTANGLE"执行【矩形】命令，按图 7-15 所示的尺寸绘制矩形。

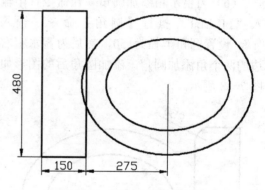

图 7-15　绘制马桶的蓄水箱

（4）将马桶主体与蓄水箱连接起来。在命令行输入"LINE"执行【直线】命令，按图 7-16 所示的尺寸绘制两条直线。

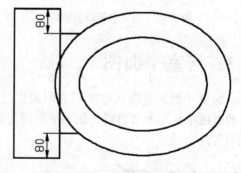

图 7-16　连接马桶主体与蓄水箱

（5）在命令行中输入"TRIM"执行【修剪】命令，选取步骤（4）绘制的两条直线为剪切边，修剪步骤（2）的偏移椭圆，修剪后的图形如图 7-17 所示。

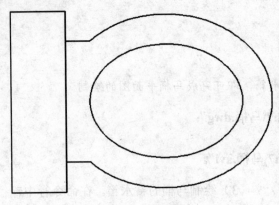

图 7-17　修剪图形

（6）为蓄水箱添加圆角。在命令行中输入 "FILLET" 执行【圆角】命令，输入 "r"，设置圆角半径为 50，然后为蓄水箱右边的两个角添加圆角。添加圆角后的图形如图 7-18 所示。

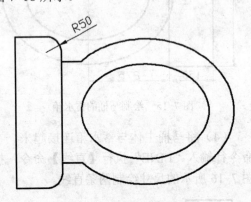

图 7-18　为蓄水箱添加圆角

（7）绘制冲水的按钮。按图 7-19 所示的尺寸绘制一个圆和一条直线，至此，马桶的平面图就绘制完成了。最终效果如图 7-20 所示。

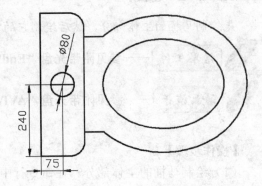

图 7-19　绘制冲水的按钮

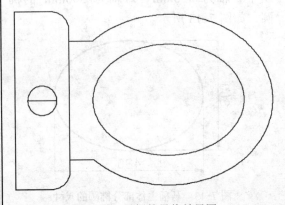

图 7-20　马桶的最终效果图

限于本书的篇幅，还有一些常用的室内设施在此就不再介绍了。

7.3　居室平面图

居室平面图是现代建筑中应用最广泛的一种建筑结构形式，是现代民用建筑中的最基本的组成单元。本节将以一居室平面图为例，向读者介绍使用 AutoCAD 2015 绘制居室平面图的方法。

思路·点拨

首先，设置绘图环境、绘制定位轴线；其次，依次绘制墙体、门、窗户、楼梯、柱子并添加其他室内设施；最后，为图纸添加标注。另外，由于图纸内的很多室内设施都已经被绘制成了外部图块，因此绘制时直接插入即可。

 ——参见附带光盘"End\Ch7\居室平面图\居室平面图.dwg"；

 ——参见附带光盘"AVI\Ch7\居室平面图.avi"。

本节绘制的居室平面图的最终效果如图 7-21 所示。下面将向读者介绍该居室平面图的完整绘制方法。

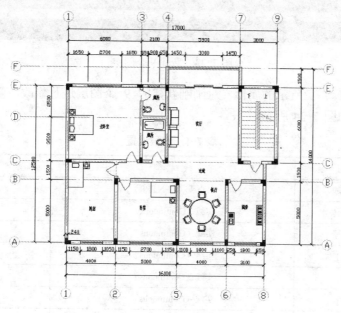

图 7-21 居室平面图

7.3.1 设置绘图环境

为便于绘图工作的进行，在开始绘制图形前，用户应先进行绘图环境的设置。在绘制该居室平面图的过程中，绘图环境的设置包括设置图层和标注样式。

（1）设置图层。在命令行中输入"LAYER"，系统将弹出【图层特性管理器】对话框，如图 7-22 所示。单击【新建图层】按钮 ，新建 9 个图层，如图 7-23 所示。

图 7-22 【图层特性管理器】对话框

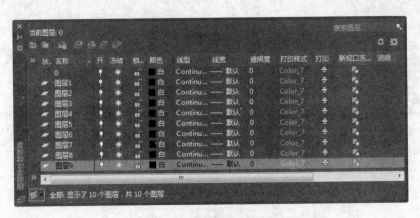

图 7-23　新建 9 个图层

接下来按照表 7-1 所示的属性，对刚刚新建的 9 个图层进行修改，修改完毕后的【图层特性管理器】如图 7-24 所示。

表 7-1　图层设置

序　号	图 层 名	线　型	颜　色
1	轴线	中心线（CENTER）	93 色
2	墙体	实线（Continuous）	蓝色
3	柱子	实线（Continuous）	白色
4	门	实线（Continuous）	红色
5	窗	实线（Continuous）	洋红色
6	楼梯	实线（Continuous）	8 色
7	设施	实线（Continuous）	白色
8	轴线编号	实线（Continuous）	绿色
9	标注	实线（Continuous）	白色

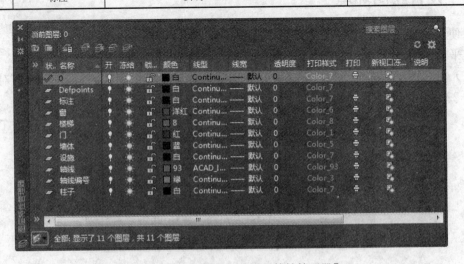

图 7-24　修改完毕后的【图层特性管理器】

（2）设置标注样式。在命令行中输入"DIMSTYLE"，系统将弹出【标注样式管理器】对话框，如图 7-25 所示。选中样式【ISO-25】，然后单击【修改】按钮，弹出【修改标注样式：ISO-25】对话框。

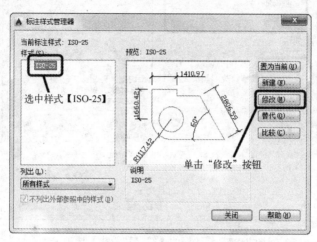

图 7-25　【标注样式管理器】对话框

切换至【修改标注样式：ISO-25】对话框中的【线】选项卡，然后修改【基线间距】为【3.75】，修改【超出尺寸线】为【2.5】，修改【起点偏移量】为【2.5】，修改好的【线】选项卡如图 7-26 所示。

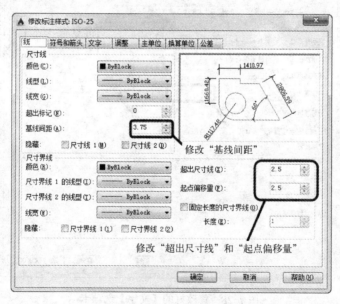

图 7-26　修改好的【线】选项卡

切换至【符号和箭头】选项卡。修改【箭头】选项组中的【第一个】、【第二个】为【建筑标记】，修改【箭头大小】为【2】，修改好的【符号和箭头】选项卡如图 7-27 所示。

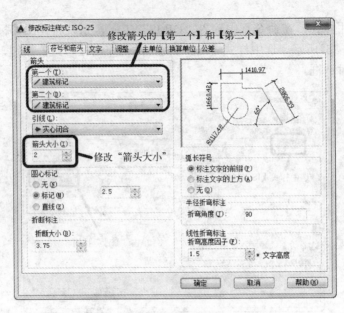

图 7-27　修改好的【符号和箭头】选项卡

切换至【文字】选项卡。修改【文字高度】为【2.5】，修改好的【文字】选项卡如图 7-28 所示。

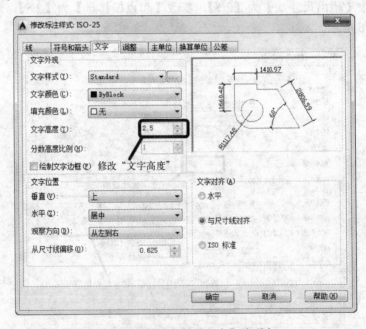

图 7-28　修改好的【文字】选项卡

切换至【调整】选项卡。修改【使用全局比例】为【100】，修改好的【调整】选项卡如图 7-29 所示。

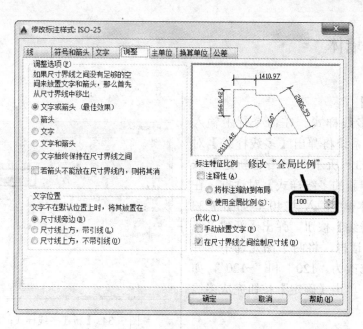

图 7-29　修改好的【调整】选项卡

7.3.2　绘制定位轴线

【操作步骤】

（1）将【轴线】图层置为当前图层。

（2）使用【直线】命令绘制 6 条水平的直线，这 6 条直线的间距从上到下分别为 1500mm、2500mm、3500mm、1500mm 和 5000mm，如图 7-30 所示。

直线，这 9 条直线的间距从左到右分别为 4000mm、2000mm、2100mm、900mm、4000mm、1000mm、2100mm 和 900mm，如图 7-31 所示。

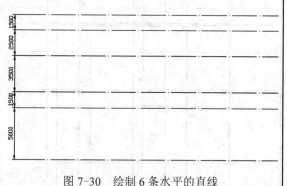

图 7-30　绘制 6 条水平的直线

（3）使用【直线】命令绘制 9 条竖直的

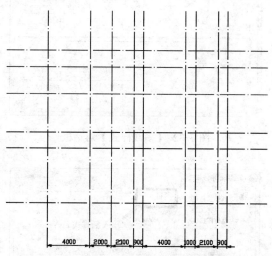

图 7-31　绘制 9 条竖直的直线

7.3.3 绘制墙体

【操作步骤】

（1）创建多线样式。在命令行中输入"MLSTYLE"，系统将弹出【多线样式】对话框，如图 7-32 所示。单击【新建】按钮，弹出【创建新的多线样式】对话框，在【新样式名】文本框中输入"240"，如图 7-33 所示。单击【继续】按钮，弹出【新建多线样式：240】对话框，将两个图元选中，并将其偏移距离修改为"120"和"-120"，如图 7-34 所示。单击【确定】按钮完成多线样式的创建。

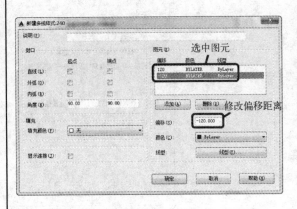

图 7-34 【新建多线样式：240】对话框

（2）使用【多线】命令绘制墙体。将【墙体】图层设置为当前图层，在命令行中输入"MLINE"执行【多线】命令，设置多线的【对正】为【无】，【比例】为【1】，【样式】为【240】，然后按图 7-35 所示的样式绘制水平的多线，接着按图 7-36 所示的样式绘制竖直的多线。

图 7-32 【多线样式】对话框

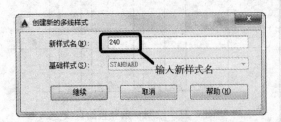

图 7-33 【创建新的多线样式】对话框

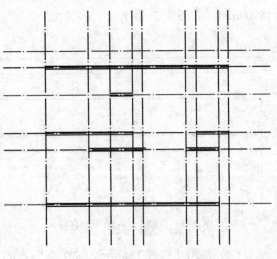

图 7-35 绘制水平的多线

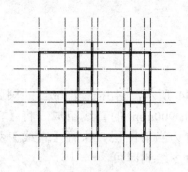

图 7-36　绘制竖直的多线

（3）冻结【轴线】图层，然后在命令行中输入"MLEDIT"，弹出【多线编辑工具】对话框，如图 7-37 所示。选中【角点结合】，对图 7-38 所示的位置进行角点结合。

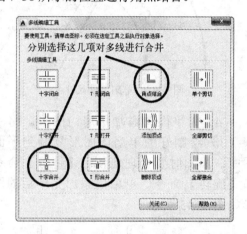

图 7-37　【多线编辑工具】对话框

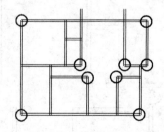

图 7-38　进行【角点结合】的位置

（4）完成角点结合后，继续在【多线编辑工具】对话框选中【T 形合并】，对图 7-39 所示的位置进行 T 形合并。

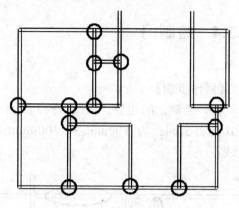

图 7-39　进行【T 形合并】的位置

（5）继续在【多线编辑工具】对话框选中【十字合并】，对图 7-40 所示的位置进行十字合并。多线编辑完成后的图形如图 7-41 所示，至此，墙体图形已经绘制完毕。

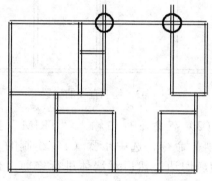

图 7-40　进行【十字合并】的位置

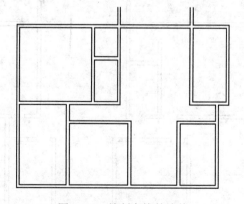

图 7-41　绘制完毕的墙体

7.3.4 绘制门

【操作步骤】

（1）绘制门的边界。按图 7-42 所示的样式绘制出间距为 900mm 和 3000mm 的直线。

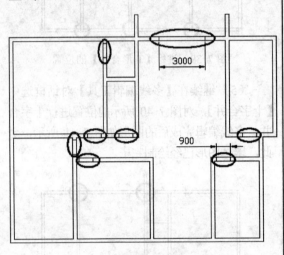

图 7-42　绘制直线的位置

（2）在命令行中输入"TRIM"执行【修剪】命令，选中步骤（1）绘制的直线作为剪切边，然后对墙体进行修剪，修剪完毕后的墙体如图 7-43 所示。

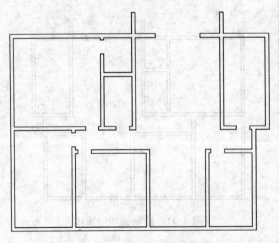

图 7-43　修剪完毕后的墙体

（3）绘制一个单扇门。单扇门图形如

图 7-44 所示，它由一段 60° 的圆弧和一条长为 900mm 的直线组成。将【门】图层设置为当前图层，执行【直线】和【圆弧】命令绘制即可。

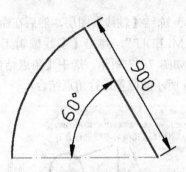

图 7-44　单扇门的尺寸

（4）为平面图添加单扇门图形。将步骤（3）绘制好的单扇门图形复制到平面图中，添加时要合理地使用【镜像】命令和【旋转】命令。单扇门添加完毕后的图形如图 7-45 所示。

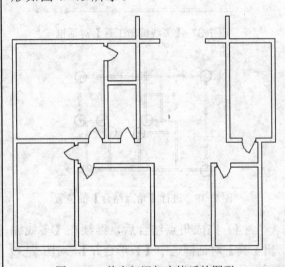

图 7-45　单扇门添加完毕后的图形

（5）为平面图添加一个推拉门。推拉门图形的尺寸如图 7-46 所示，执行【直线】命令绘制即可，接着将推拉门添加到如图 7-47 所示的位置。至此，门的绘制就完成了。

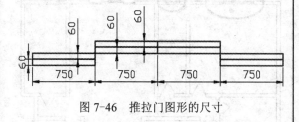

图 7-46　推拉门图形的尺寸

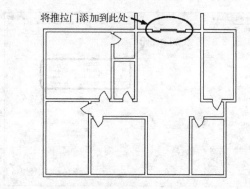

图 7-47　推拉门添加的位置

7.3.5　绘制窗户

【操作步骤】

（1）绘制窗户的边界。将【墙体】图层设置为当前图层，按图 7-48 所示的位置尺寸绘制直线。

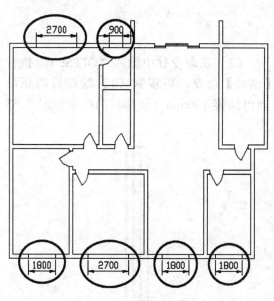

图 7-48　窗户边界的尺寸

（2）在命令行中输入"TRIM"执行【修剪】命令，选中步骤（1）绘制的直线作为剪切边，然后对墙体进行修剪，修剪完毕后的图形如图 7-49 所示。

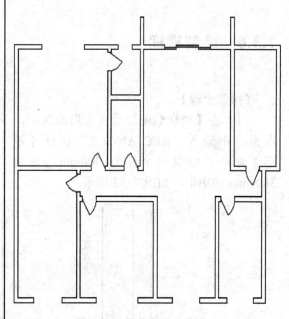

图 7-49　修剪完毕后的图形

（3）新建一个名为"240-4"的多线样式，该多线样式中包含 4 个图元，其偏移距离分别为 120mm、40mm、-40mm 和-120mm，设置完毕的【修改多线样式：240-4】对话框如图 7-50 所示。

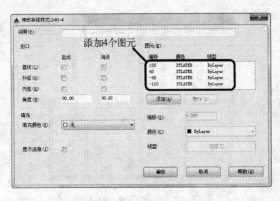

图 7-50　设置完毕的【修改多线样式：240-4】对话框

（4）使用【多线】命令绘制窗户。将【窗】图层设置为当前图层，在命令行中输入"MLINE"执行【多线】命令，设置多线的【对正】为【无】，【比例】为【1】，【样式】为【240-4】，然后按图 7-51 所示的样式绘制多线。至此，窗户的绘制就完成了。

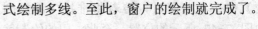

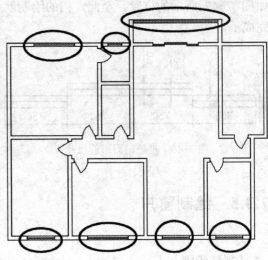

图 7-51　利用多线绘制窗户

7.3.6　绘制楼梯

【操作步骤】

（1）将【楼梯】图层设置为当前图层，在命令中输入"RECTANGLE"执行【矩形】命令，绘制一个长为 300mm、高为 3800mm 的矩形，如图 7-52 所示。

（2）在命令行中输入"OFFSET"执行【偏移】命令，将步骤（1）绘制好的矩形向内偏移 100mm，偏移后的图形如图 7-53 所示。

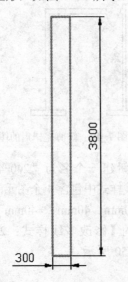

图 7-52　矩形的尺寸

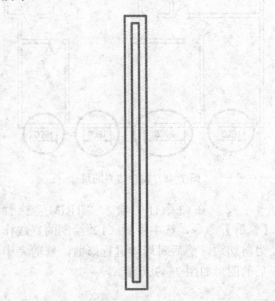

图 7-53　偏移后的图形

（3）在命令行中输入"LINE"执行【直线】命令，按图 7-54 所示的样式绘制两条直线。

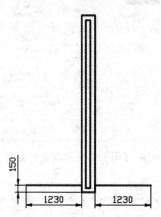

图 7-54　两直线的长度和位置

（4）在命令行中输入"ARRAYRECT"执行【矩形阵列】命令，将步骤（3）绘制好的两条直线作为阵列的对象，设置阵列的行数为 11，行间距为 350，列数为 1。阵列后的图形如图 7-55 所示。

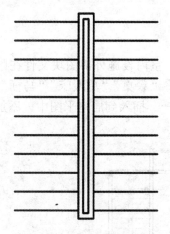

图 7-55　阵列后的图形

7.3.7　绘制柱子

【操作步骤】
（1）将【柱子】图层设置为当前图层，使用【直线】命令绘制柱子的边界，

（5）使用【直线】命令和【修剪】命令，为楼梯绘制一条倾斜的折断线，如图 7-56 所示。

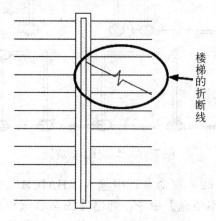

图 7-56　绘制楼梯的折断线

（6）使用【移动】命令，将绘制好的楼梯移动到居室平面图中，如图 7-57 所示。至此，居室平面图的楼梯就绘制完成了。

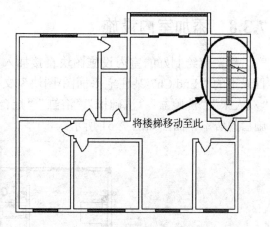

图 7-57　将楼梯图形移动到居室平面图中

如图 7-58 所示，需要绘制柱子边界的地方已经用粗实线的椭圆标出。

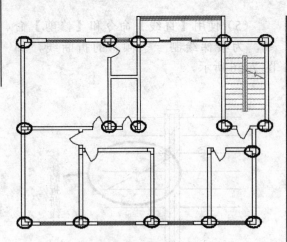

图 7-58　绘制柱子的边界

图 7-59　【图案填充和渐变色】对话框

　　（2）在命令行中输入"HATCH"执行【图案填充】命令，弹出【图案填充和渐变色】对话框，如图 7-59 所示，设置填充图案为【SOLID】，将步骤（1）中柱子边界中的区域作为填充的对象。至此，柱子绘制完毕，此时的居室平面图如图 7-60 所示。

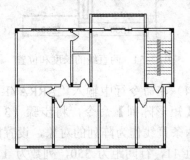

图 7-60　柱子绘制完毕后的居室平面图

7.3.8　添加室内设施

　　将之前绘制好的室内设施图块直接插入到平面图。室内设施外部图块文件在附带光盘目录下的"End\Ch7\某住宅平面图\图块"文件夹里，将"餐桌""单人床""马桶""沙发""双人床""洗脸盆""洗碗槽""浴缸""灶台"等图块一一插入到居室平图中。添加室内设施后的居室平面图如图 7-61 所示。

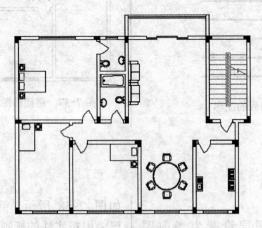

图 7-61　添加室内设施后的居室平面图

7.3.9 标注

【操作步骤】

（1）将【轴线】图层解冻，然后利用【线性标注】、【快速标注】等命令，对居室平面图的尺寸进行标注，如图 7-62 所示。

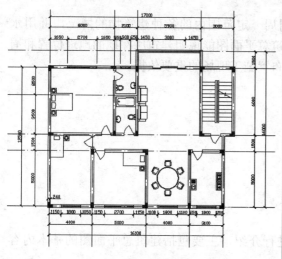

图 7-62　对居室平面图进行标注

（2）添加轴线编号。【轴线编号】图块在附带光盘目录下的 "End\Ch7\某住宅平面图\图块" 文件夹中，将其作为外部图块插入到平面图中，并修改其中的属性，如图 7-63 所示。

（3）添加文字说明。使用【mtext】命令，在平面图插入文字 "主卧室""卧室""过道""厕所""餐厅""客厅""厨房" 等，如图 7-64 所示。至此，居室平面图就绘制完成了。

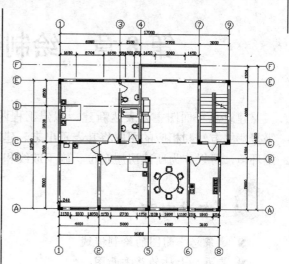

图 7-63　插入轴线编号后的居室平面图

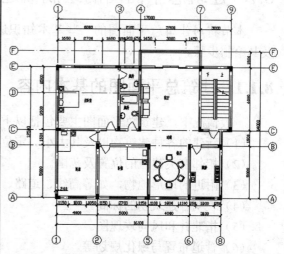

图 7-64　添加文字说明后的居室平面图

第 8 章　绘制建筑总平面图

建筑总平面图主要表达新建、拟建工程四周一定范围内的各种建筑物的情况，并用水平投影的方法和相应的图例将其表示出来。建筑总平面图能说明建筑所在地的地理位置和周围环境，可以作为新建房屋定位、施工放线和布置施工现场的重要依据。

 本讲内容

➥ 建筑总平面图的绘制概述
➥ 某办公大楼的总平面图

8.1　建筑总平面图的绘制概述

本节将对建筑总平面图的一些基本知识进行介绍，主要包括建筑总平面图的基本内容及其绘制步骤。

8.1.1　建筑总平面图的基本内容

一般情况下，建筑总平面图主要包括以下基本内容。
（1）新建的各种建筑物以及其大小、定位等。
（2）相邻有关建筑的位置及范围。
（3）附近的地形地物，如等高线、道路、水沟、河流、池塘、土坡等。
（4）表明各建筑物的标高。
（5）指北针和风向玫瑰图。
（6）管道布置与绿化规划等。
需要说明的是，以上内容并非在所有总平面图上都是必需的，用户可根据具体情况加以选择。

8.1.2　建筑总平面图的图线与比例

1. 图线
建筑总平面图中以图线的不同宽度与类型来表示不同的对象，如下所述。
（1）粗实线。该图线用于表示新建的建筑物的可见轮廓线。
（2）细实线。该图线用于表示原有的建筑物、构筑物、道路和围墙等可见轮廓线。
（3）中虚线。该图线用于表示计划扩建的建筑物、构筑物、预留地、道路、围墙、运输设施与管线的轮廓线。

　　（4）单点长画细线。该图线用于表示中心线、对称线、定位轴线等内容。

　　（5）折断线。该图线用于表示与周边的分界。

2. 比例

　　建筑总平面图所要表示的地区范围较大，除新建房物外，还要包括原有房屋和道路、绿化等总体布局。因此，《建筑制图标准》（GB/T 50104—2010）规定，建筑总平面图的绘图比例应选用 1：500、1：1000 和 1：2000。

8.1.3　建筑总平面图中的指北针和风向玫瑰图

1. 指北针

　　指北针主要用于确定新建房屋的朝向。其图形如图 8-1 所示，圆内实心箭头的指向为正北方。

图 8-1　指北针

2. 风向玫瑰图

　　风向玫瑰图是根据某一地区多年平均统计的各个风向和风速的百分数值，按一定比例绘制的图形，一般多用 8 个或 16 个罗盘方位表示。其图形如图 8-2 所示，图中实线为全年风向玫瑰图，虚线为夏季风向玫瑰图。

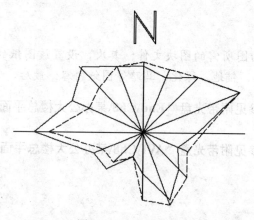

图 8-2　风向玫瑰图

8.2　某办公大楼的总平面图

　　本节以某办公大楼的总平面图为例，向读者介绍建筑总平面图的绘制方法。图 8-3 就是本节将要绘制的建筑总平面图。

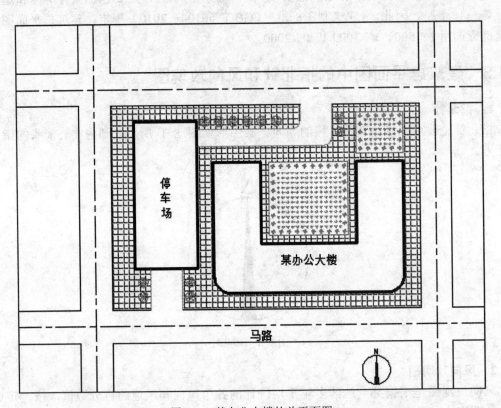

图 8-3　某办公大楼的总平面图

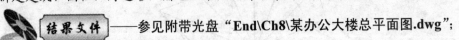

　　首先，绘制该总平面图所需的图块文件；其次，设置该图纸的图层；再次，依次绘制新建建筑、围栏、内道路、铺地、绿化、马路等图纸内容；最后，为图纸添加标注。

> **结果文件**——参见附带光盘"End\Ch8\某办公大楼总平面图**.dwg**"；

> **动画演示**——参见附带光盘"AVI\Ch8\某办公大楼总平面图**.avi**"。

8.2.1　绘制图块

　　为了提高制图效率，在绘制该办公大楼总平面图前，用户应先将一些需要用到的图块绘制好，以便制图时可以直接插入使用。

1. "植物"图块

【操作步骤】

（1）绘制两个同心圆，其直径分别为 500mm 和 600mm，如图 8-4 所示。

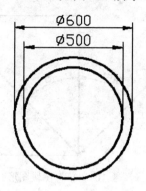

图 8-4　绘制两个同心圆

（2）使用【直线】命令，按如图 8-5 所示的样式绘制枝叶。

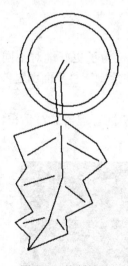

图 8-5　绘制枝叶

（3）在命令行中输入"ARRAYPOLAR"执行【环形阵列】命令，选中阵列对象为步骤（2）中绘制的枝叶图形，指定环形阵列的中心点为圆心，环形阵列的项目数为 4，环形阵列后的图形如图 8-6 所示。

（4）在命令行中输入"WBLOCK"执行【写块】命令，将整个图形保存为名为"植物"的外部图块。

图 8-6　环形阵列后的图形

2. "大树"图块

【操作步骤】

（1）使用【圆】命令绘制一个直径为 6000mm 的圆形，如图 8-7 所示。

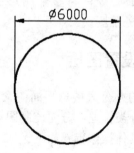

图 8-7　绘制圆

（2）使用【直线】命令绘制树的轮廓，如图 8-8 所示。

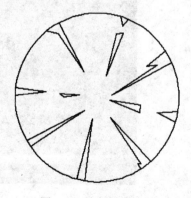

图 8-8　绘制树的轮廓

（3）在命令行中输入"TRIM"执行【修剪】命令，修剪后的图形如图 8-9 所示。

图 8-9 修剪后的图形

（4）在命令行中输入"WBLOCK"执行【写块】命令，将整个图形保存为名为"大树"的外部图块。

8.2.2 设置图层

本例的办公大楼总平面图含有很多复杂的线条和图形，为了更好地对不同类型的几何对象进行分类管理，方便控制图形的显示和编辑，用户应在绘制该总平面图之前设置好相应的图层。具体操作步骤如下。

（1）在命令行中输入"LAYER"，系统将弹出【图层特性管理器】对话框，如图 8-11 所示。

3. "草"图块
【操作步骤】

（1）使用【直线】命令，按图 8-10 所示的图形尺寸绘制 3 条直线。

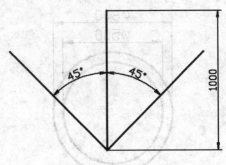

图 8-10 "草"图块图形

（2）在命令行中输入"WBLOCK"执行【写块】命令，将整个图形保存为名为"草"的外部图块。

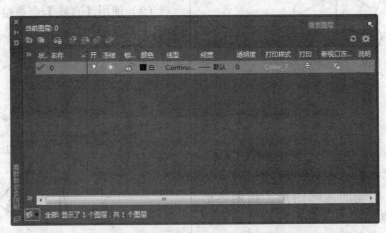

图 8-11 【图层特性管理器】对话框

（2）单击【新建图层】按钮，新建 9 个图层，如图 8-12 所示。

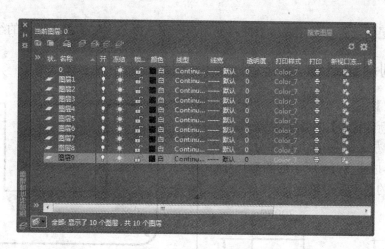

图 8-12　新建 9 个图层

（3）按表 8-1 所示的属性，对刚刚新建的 9 个图层进行修改，修改完毕后的【图层特性管理器】如图 8-13 所示。

表 8-1　图层属性设置

序号	图 层 名	线 型	线 宽	颜 色
1	新建建筑	实线（Continuous）	0.3	白色
2	围栏	实线（Continuous）	默认	红色
3	内道路	实线（Continuous）	默认	青色
4	绿化	实线（Continuous）	默认	绿色
5	铺地	实线（Continuous）	默认	8色
6	图框	实线（Continuous）	默认	白色
7	马路	实线（Continuous）	默认	蓝色
8	马路中线	中心线（CENTER2）	默认	洋红色
9	标注	实线（Continuous）	默认	白色

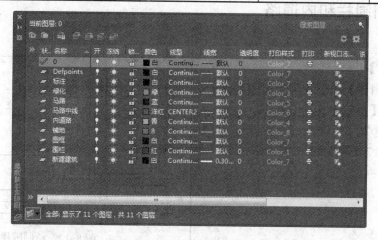

图 8-13　新建完毕后的【图层特性管理器】

此时，图层的设置已经完成。下面将向用户介绍该办公大楼的总平面图的绘制。

8.2.3　绘制新建筑物

【操作步骤】

（1）将【新建筑物】图层置为当前图层。

（2）绘制办公大楼的主体部分。使用【直线】命令，按图 8-14 所示的图形尺寸，绘制办公大楼的基本外形轮廓。

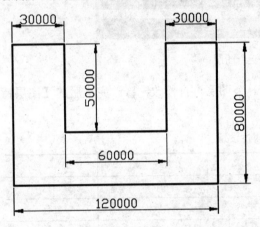

图 8-14　办公大楼的基本外形轮廓

（3）在命令行中输入"FILLET"执行【倒圆角】命令，设置半径为 10000mm，然后为步骤（2）所绘制图形的下方的两个角倒圆角。完成倒圆角后的图形如图 8-15 所示。

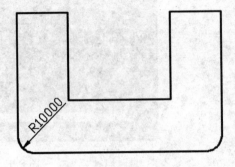

图 8-15　为图形倒圆角

（4）绘制停车场。使用【矩形】命令，绘制一个宽 40 000mm、高 90 000mm 的矩形，其位置尺寸如图 8-16 所示。

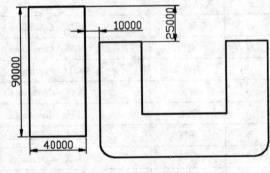

图 8-16　绘制停车场

8.2.4　绘制围栏和内道路

【操作步骤】

（1）将【围栏】图层置为当前图层。

（2）使用【矩形】命令，绘制一个长为 195 000mm、宽为 125 000mm 的矩形，其位置尺寸如图 8-17 所示。

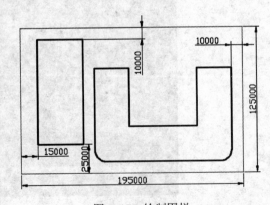

图 8-17　绘制围栏

（3）将【内道路】图层置为当前图层。

（4）使用【直线】命令，按图 8-18 所示的尺寸绘制直线。

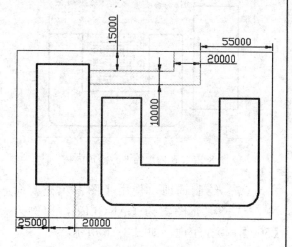

图 8-18　内道路

（5）执行【圆角】命令，为内道路的转角倒圆角，圆角的半径为 5000mm，如图 8-19 所示。

（6）执行【修剪】命令修剪围栏，如图 8-20 所示。

8.2.5　绘制铺地和绿化

【操作步骤】

（1）将【绿化】图层置为当前图层。

（2）绘制草地边界。使用【矩形】命令，绘制一个长为 50 000mm、宽为 45 000mm 的矩形，其置尺寸如图 8-21 所示。

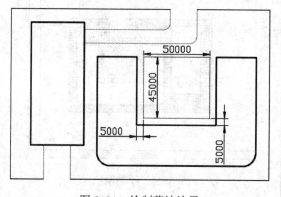

图 8-21　绘制草地边界

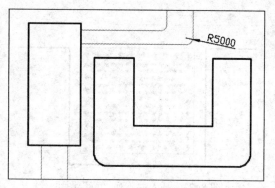

图 8-19　为内道路倒圆角

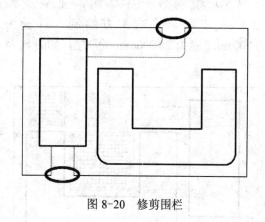

图 8-20　修剪围栏

（3）插入之前绘制好的"植物"图块，并利用【复制】命令复制"植物"图块，其间距为 5000mm，如图 8-22 所示。

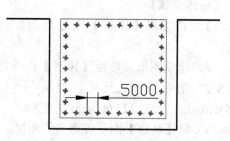

图 8-22　插入并复制"植物"图块

（4）插入之前绘制好的"草"图块，使用【矩形阵列】命令将"草"图块阵列成如图 8-23 所示的样式。

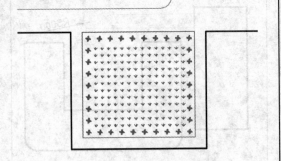

图 8-23　插入并阵列"草"图块

（5）绘制另一片草地，重复步骤（2）～（4），在右上方绘制一片长为30 000mm、宽为 25 000mm 的草地，如图 8-24 所示。

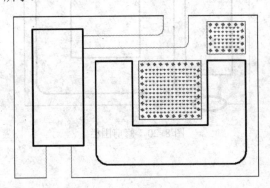

图 8-24　绘制另一片草地

8.2.6　绘制图框和马路

【操作步骤】

（1）首先将【图框】图层置为当前图层。

（2）绘制图框。使用【矩形】命令，按图 8-27 所示的样式尺寸，绘制一个长为295 000mm、宽为 225 000mm 的矩形。

（3）将【马路】图层置为当前图层。

（4）绘制马路。使用【直线】命令，按图 8-28 所示的尺寸绘制直线，其中，马路的宽为 20 000mm。

（6）插入之前绘制好的【大树】图块，在内道路两旁添加大树，如图 8-25 所示。

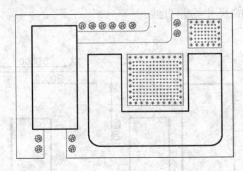

图 8-25　在内道路两旁添加大树

（7）绘制铺地。使用【图案填充】命令，选择填充图案为【ANGLE】，比例为【500】，填充空地，如图 8-26 所示。

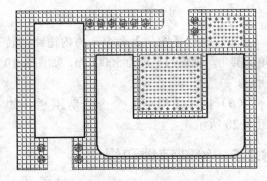

图 8-26　绘制铺地

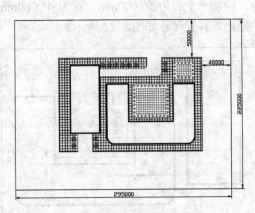

图 8-27　绘制图框

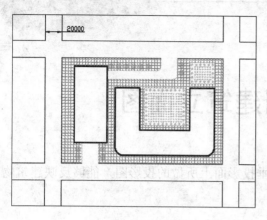

图 8-28　绘制马路

（5）将【马路中线】图层置为当前图层。

8.2.7　添加标注

【操作步骤】

（1）将【标注】图层置为当前图层。

（2）插入标注文字。使用【多行文字】命令，分别在相应的地方插入"停车场""某办公大楼"和"马路"的标注文字，如图 8-30 所示。

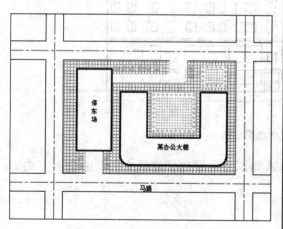

图 8-30　插入标注文字

（6）绘制马路中线。使用【直线】命令，在马路中绘制中线，如图 8-29 所示。

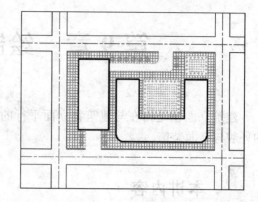

图 8-29　绘制马路中线

（3）在图的右下角插入【指北针】图块。（【指北针】图块的绘制方法请参考本书第 4.4.1 节的综合实例 1）。

至此，某办公大楼的总平面图就绘制完成了，如图 8-31 所示。

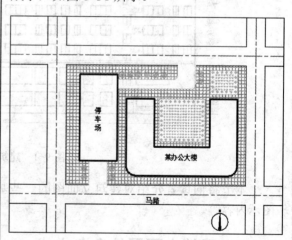

图 8-31　某办公大楼的总平面图

第 9 章　绘制建筑立面图

建筑立面图是指在与建筑物立面平行的铅垂投影面上所做的投影图，能够反映建筑物的外貌与立面装饰。

 本讲内容

- ↘ 建筑立面图的绘制概述
- ↘ 某住宅楼的正立面图

9.1　建筑立面图的绘制概述

建筑立面图是表达建筑物的基本图样之一。图 9-1 即为一建筑立面图的示例。

图 9-1　建筑立面图示例

本节将向读者介绍对建筑立面图的一些基本知识，主要包括建筑立面图的命名方式、图示内容等。

9.1.1　建筑立面图的命名方式

建筑立面图的命名应清晰、直接地表示出其立面的位置，所以，建筑立面图的命名方式均以明确位置为目标。其主要的命名方式有以下几种。

（1）以立面的朝向命名。此命名方式即立面朝向哪个方向就命名为某方向立面图。以此方式命名的建筑立面图一般要求规整、简单，且朝向相对正南、正北偏转不大，例如东立面图、南立面图、西立面图等。

（2）以建筑的外观特征命名。此命名方式一般是以相对建筑物的入口等位置特征进行命名。这种命名方式一般适用于建筑平面方正、入口位置明确的情况，例如正对建筑物入口方向的立面图可命名为正立面图，背对入口方向的可命名为背立面图。

（3）以轴线编号命名。此命名方式是以立面图的首尾轴线编号进行命名。这种命名方式方便检查核对，一般用于较为复杂的情况，例如 F-A 立面图、①-⑥立面图等。

9.1.2　建筑立面图的图示内容

建筑立面图的图示内容主要有以下几个方面。

（1）室外地面线及房屋的勒脚、入口台阶、阳台、外露楼梯、墙柱、檐口、屋顶、雨水管、外墙预留孔洞、墙面修饰构件等。一些小的细部可以简化画出。

（2）标注外墙各主要部位的标高。如台阶顶面、楼梯间屋顶、室外地面、阳台等的标高。

（3）建筑物两端或分段的定位轴线及其编号。

（4）标出各部件的构造和装饰节点详图的索引符号。

（5）用文字及图例说明外墙面的装修材料和其做法。

9.2　某住宅楼的正立面图

本节将绘制某住宅楼的正立面图，并向读者介绍建筑立面图的绘制方法及相关注意事项。图 9-2 就是我们本节将要绘制的建筑立面图。

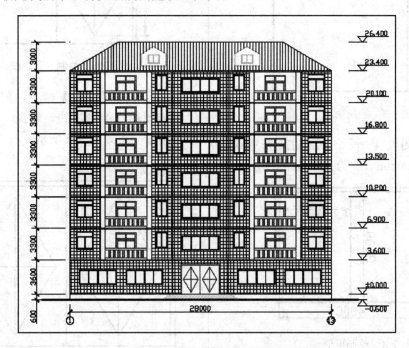

图 9-2　某住宅楼的正立面图

思路·点拨

首先，绘制该立面图所需的图块文件；其次，设置绘图环境；再次，绘制地平线与台阶，再绘制住宅楼的首层、标准层与层顶；最后，为图纸添加标注。在绘制住宅楼的标准层时，用户只需绘制出一层，然后再复制出其他标准层即可。

结果文件——参见附带光盘"End\Ch9\某住宅楼的正立面图.dwg"；

动画演示——参见附带光盘"AVI\Ch9\某住宅楼的正立面图.avi"。

9.2.1 绘制所需图块

在开始绘制立面图之前，用户可先把一些需要用到的图块绘制好，以便制图时可以直接将其插入到图中，简化绘图工作。

1."正门"图块

【操作步骤】

（1）绘制一长为 4200mm、宽为 3100mm 的矩形，如图 9-3 所示。

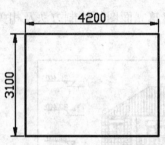

图 9-3　绘制矩形（一）

（2）按图 9-4 所示的尺寸在矩形中绘制两个长为 2000mm、宽为 3000mm 的矩形。

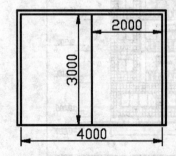

图 9-4　绘制矩形（二）

（3）使用【直线】命令，按图 9-5 所示

的尺寸，在左侧矩形中绘制 6 条直线。

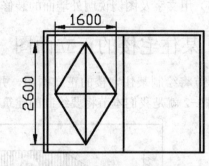

图 9-5　绘制 6 条直线

（4）使用【镜像】命令，将步骤（3）绘制的图形镜像到右边，至此，"正门"图形绘制完毕，如图 9-6 所示。

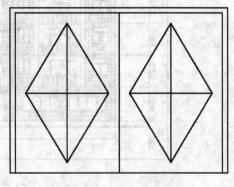

图 9-6　"正门"图形

（5）在命令行中输入"WBLOCK"执行【写块】命令，将整个图形保存为名为"正门"的外部图块。

2."阳台护栏"图块

【操作步骤】

（1）使用【直线】命令，按图 9-7 所示的尺寸绘制阳台护栏的大概轮廓。

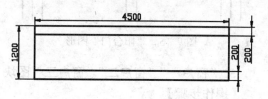

图 9-7 阳台护栏的大概轮廓

（2）使用【直线】命令，绘制阳台护栏柱，如图 9-8 所示。

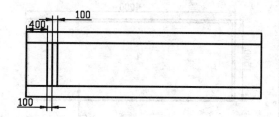

图 9-8 绘制阳台护栏柱

（3）使用【矩形阵列】命令，选中步骤（2）绘制的"阳台护栏柱"图形为阵列对象，将阵列行数设置为 1，阵列列数设置为 8，设置阵列列间距为 500。阵列完成后的图形如图 9-9 所示，至此，"阳台护栏"图形绘制完毕。

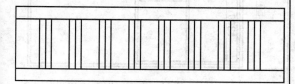

图 9-9 "阳台护栏"图形

（4）在命令行中输入"WBLOCK"执行【写块】命令，将整个图形保存为名为"阳台护栏"的外部图块。

3."老虎窗"图块

【操作步骤】

（1）使用【直线】命令，按图 9-10 所示的图形尺寸绘制老虎窗的外形轮廓。

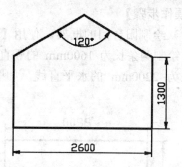

图 9-10 老虎窗的外形轮廓

（2）绘制窗口边框。使用【矩形】命令，按图 9-11 所示的尺寸绘制一个长为 1200mm、宽为 900mm 的矩形。

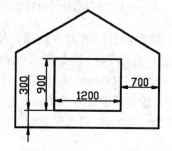

图 9-11 绘制窗口边框

（3）使用【偏移】命令，将步骤（2）绘制的矩形向内偏移 50mm，并在新的矩形中间绘制一条竖直线，如图 9-12 所示。至此，"老虎窗"图形绘制完毕。

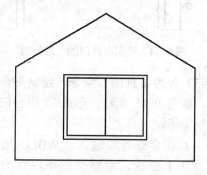

图 9-12 "老虎窗"图形

（4）在命令行中输入"WBLOCK"执行【写块】命令，将整个图形保存为名为"老虎窗"的外部图块。

4."阳台门"图块

【操作步骤】

（1）绘制阳台门的框架。使用【直线】命令，绘制两条长为 1600mm 的竖直直线和一条长为 2200mm 的水平直线，如图 9-13 所示。

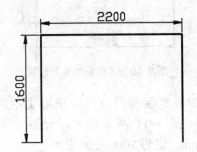

图 9-13 绘制阳台门的框架

（2）绘制阳台门的大致轮廓。使用【矩形】命令，在阳台门的上侧绘制两个长为950mm、宽为 500mm 的矩形；使用【直线】命令，绘制两条长为 900mm 的竖直直线和一条长为 2000mm 的水平直线，如图 9-14 所示。

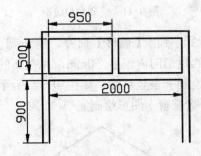

图 9-14 绘制阳台门的大致轮廓

（3）使用【直线】命令，绘制阳台门的细部，如图 9-15 所示。至此，"阳台门"图形绘制完毕。

（4）在命令行中输入"WBLOCK"执行【写块】命令，将整个图形保存为名为"阳台门"的外部图块。

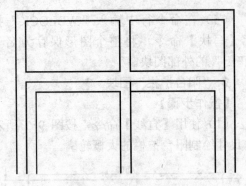

图 9-15 "阳台门"图形

5."窗户一""窗户二""窗户三"图块

【操作步骤】

（1）绘制"窗户一"的边框。使用【矩形】命令，绘制一个长为 4000mm、宽为1500mm 的矩形，然后将其向内偏移 50mm，如图 9-16 所示。

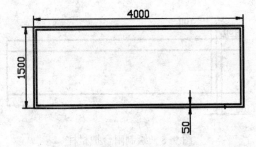

图 9-16 "窗户一"的边框

（2）绘制"窗户一"左边部分。使用【直线】和【矩形】命令，按图 9-17 所示的尺寸绘制图形。

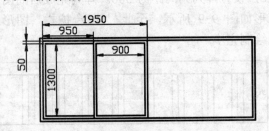

图 9-17 绘制"窗户一"左边部分

（3）使用【镜像】命令，选择以步骤（2）绘制的图形作为镜像对象，以"窗户一"的竖直中线为镜像线。镜像完毕后的图形如图 9-18 所示。至此，"窗户一"图形绘制完毕。

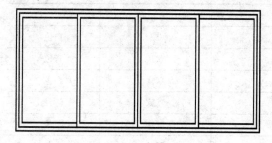

图 9-18 "窗户一"图形

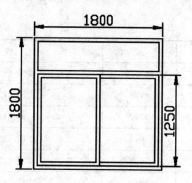

图 9-20 "窗户三"图形

（4）在命令行中输入"WBLOCK"执行【写块】命令，将整个图形保存成名为"窗户一"的外部图块。

（5）按图 9-19 和图 9-20 所示的图形，绘制"窗户二"和"窗户三"图形。并使用【写块】命令分别将其保存成名为"窗户二""窗户三"的外部图块。

另外，本节绘制的立面图标注时还需要用到两个属性图块"轴线编号"和"标高符号"，分别如图 9-21 和图 9-22 所示。这两个属性图块在本书第 4 章的图块的操作中已经绘制过，此处不再赘述。

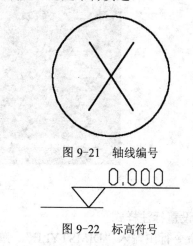

图 9-21 轴线编号

图 9-22 标高符号

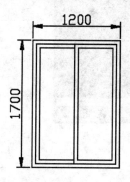

图 9-19 "窗户二"图形

9.2.2 设置绘图环境

在开始绘制住宅楼的正立面图前，用户应先设置绘图环境。设置绘图环境主要是指图层和标注样式的设置。

1. 设置图层

本例的某住宅楼的正立面图含有很多复杂的线条和图形，为了更好地对不同类型的几何对象进行分类管理，方便控制图形的显示和编辑，用户应在绘制该正立面图之前设置好相应的图层。

在命令行中输入"LAYER"，系统将弹出【图层特性管理器】对话框。接下来按表 9-1 所示的图层及其属性创建图层，如图 9-23 所示。

表 9-1　图层设置

序号	图层名	线　型	线　宽	颜　色
1	地平线	实线（Continuous）	0.3	白色
2	台阶	实线（Continuous）	默认	青色
3	墙线	实线（Continuous）	默认	白色
4	正门	实线（Continuous）	默认	洋红
5	窗户	实线（Continuous）	默认	蓝色
6	墙面	实线（Continuous）	默认	白色
7	阳台	实线（Continuous）	默认	红色
8	屋顶	实线（Continuous）	默认	白色
9	老虎窗	实线（Continuous）	默认	绿色
10	标注	实线（Continuous）	默认	白色

图 9-23　创建图层

2．设置标注样式

在命令行中输入"DIMSTYLE"，弹出【标注样式管理器】对话框，如图 9-24 所示。选中样式【ISO-25】，然后单击【修改】按钮，弹出【修改标注样式：ISO-25】对话框。

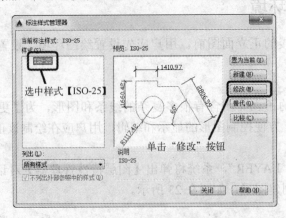

图 9-24　【标注样式管理器】对话框

切换至【修改标注样式：ISO-25】对话框中的【符号和箭头】选项卡。修改【箭头】选项组中的【第一个】、【第二个】为【建筑标记】，修改好的【符号和箭头】选项卡如图 9-25 所示。

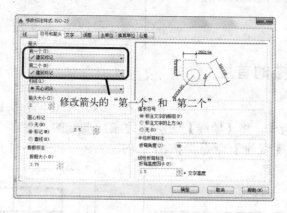

图 9-25　修改好的【符号和箭头】选项卡

切换至【调整】选项卡。修改使用全局比例为 200，修改好的【调整】选项卡如图 9-26 所示。

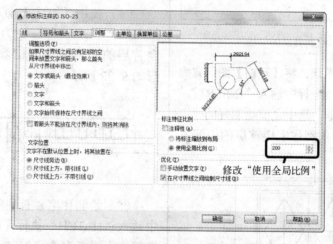

图 9-26　修改好的【调整】选项卡

至此，绘图环境的设置就完成了。下面将向用户介绍某住宅楼的正立面图的绘制方法。

9.2.3　绘制地平线与台阶

【操作步骤】

（1）绘制地平线。先将【地平线】图层置为当前图层。使用【直线】命令，绘制一条长为 34 000mm 的水平直线，如图 9-27 所示。

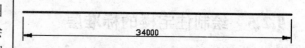

图 9-27　绘制地平线

（2）绘制台阶。将【台阶】图层置为当前图层。使用【直线】命令，按图 9-28 所示的尺寸在地平线的正中间绘制台阶。

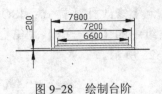

图 9-28　绘制台阶

9.2.4　绘制住宅楼的首层

【操作步骤】

（1）绘制首层的墙线。将【墙线】图层置为当前图层。使用【直线】命令，按图 9-29 所示的尺寸绘制直线。

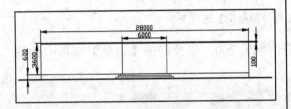

图 9-29　绘制首层的墙线

（2）插入正门图块。将【正门】图层置为当前图层，然后在命令行中输入"INSERT"，弹出【插入】对话框，选中之前绘制好的"正门"图块，将其插入到住宅楼首层的中间，如图 9-30 所示。

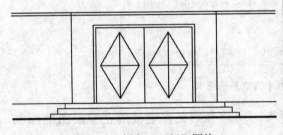

图 9-30　插入"正门"图块

（3）绘制住宅楼首层的窗户。将【窗户】图层置为当前图层，然后在命令行中输入"INSERT"，弹出【插入】对话框，选中之前绘制好的"窗户一"图块，在住宅首层的左侧，按如图 9-31 所示的尺寸插入。

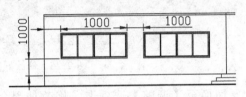

图 9-31　插入"窗户一"图块

（4）使用【镜像】命令，以步骤（3）插入的"窗户一"图块为镜像对象，以住宅首层的竖直中线为镜像线。镜像后的图形如 9-32 所示。

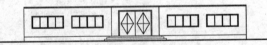

图 9-32　镜像"窗户一"图块

（5）绘制住宅楼首层的墙面。在命令行中输入"HATCH"执行【图案填充】命令，选择填充图案为【ANGLE】，比例为【50】，然后为住宅楼的首层填充墙面，如图 9-33 所示。

图 9-33　绘制住宅楼首层的墙面

9.2.5　绘制住宅楼的标准层

【操作步骤】

（1）绘制住宅楼标准层的墙线。先将【墙线】图层置为当前图层。使用【直线】命令，按图 9-34 所示的尺寸绘制直线。

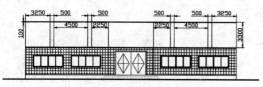

图 9-34　绘制住宅楼标准层的墙线

（2）插入楼梯间窗户。将【窗户】图层置为当前图层，在标准层中间，按图 9-35 所示的尺寸，插入之前绘制好的"窗户一"图块。

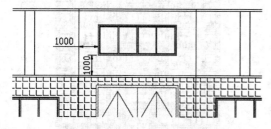

图 9-35　插入楼梯间窗户

（3）插入"窗户二"和"窗户三"图块。在标准层的左侧，按图 9-36 所示的尺寸，插入之前绘制好的"窗户二"和"窗户三"图块。

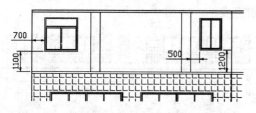

图 9-36　插入"窗户二"和"窗户三"图块

（4）插入"阳台护栏"和"阳台门"图块。将【阳台】图层置为当前图层，在标准层的左侧，按图 9-37 所示的尺寸，插入之前绘制好的"阳台护栏"和"阳台门"图块。

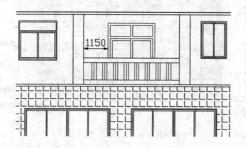

图 9-37　插入"阳台护栏"和"阳台门"图块

（5）镜像房间窗户和阳台。使用【镜像】命令，以步骤（3）插入的"窗户二""窗户三"图块和步骤（4）插入的"阳台护栏""阳台门"图块为镜像对象，以住宅标准层的竖直中线为镜像线。镜像后的图形如 9-38 所示。

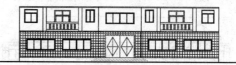

图 9-38　镜像房间窗户和阳台

（6）绘制住宅标准层的墙面。在命令行中输入"HATCH"执行【图案填充】命令，选择填充图案为【ANGLE】，修改图案的比例为【50】，然后为住宅的标准层填充墙面，如图 9-39 所示。

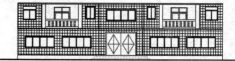

图 9-39　绘制住宅楼标准层的墙面

（7）复制住宅的标准层。在命令行中输入"ARRAYRECT"执行【矩形阵列】命令，以步骤（1）～（6）所有绘制的图形与插入的图块为阵列对象，设置阵列行数为 6，设置阵列列数为 1，设置阵列行间距为 3300。阵列后的图形如图 9-40 所示。

图 9-40　复制住宅楼的标准层

至此，住宅楼标准层的正立面图就绘制完成了。下面开始绘制该住宅楼的屋顶。

9.2.6 绘制屋顶

【操作步骤】

（1）绘制屋顶的外形轮廓。先将【屋顶】图层置为当前图层，然后使用【直线】命令，按图9-41所示的尺寸绘制直线。

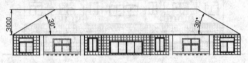

图9-41　绘制屋顶的外形轮廓

（2）插入"老虎窗"图块。将【老虎窗】图层置为当前图层，按图 9-42 所示的尺寸，插入之前绘制好的"老虎窗"图块。

图9-42　插入"老虎窗"图块

9.2.7 添加标注

【操作步骤】

（1）将【标注】图层置为当前图层，然后为立面图添加线性标注，如图9-44所示。

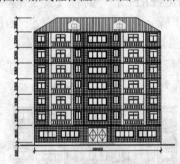

图9-44　添加线性标注

（2）添加轴线编号。将之前绘制好的"轴线编号"图块插入到立面图中，分别将其属性修改为[1]和[13]，如图9-45所示。

（3）添加标高。将之前绘制好的"标高"图块插入到立面图中，并修改其属性为当前高度。至此，某住宅楼的正立面图就绘

（3）将【屋顶】图层置为当前图层。在命令行中输入"HATCH"执行【图案填充】命令，选择填充图案为【LINE】，修改角度为【90】，比例为【100】，然后为住宅的屋顶填充，屋顶绘制完成后的图形如图9-43所示。

图9-43　屋顶绘制完成后的图形

制完成了，如图9-46所示。

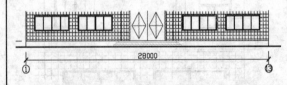

图9-45　添加轴线编号

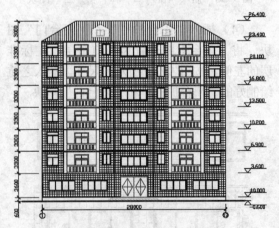

图9-46　某住宅的正立面图

第 10 章　绘制建筑剖面图

建筑剖面图是指用一个假想的剖切面将房屋垂直剖开所得的投影图，用以表示房屋内部的结构及构造方式，如屋面（楼、地面）形式、分层情况、材料、做法、高度尺寸及各部位的联系等。建筑剖面图与平面图、立面图相互配合表达建筑物的重要图样，是不可缺少的重要图样之一。

 本讲内容

❯ 建筑剖面图的绘制概述
❯ 某住宅的剖面图

10.1　建筑剖面图的绘制概述

建筑剖面图反映了房屋内部垂直方向的高度、分层情况，楼地面和屋顶结构形式及构建配件在垂直方向的相互关系。建筑剖面图的图示内容主要包括以下几个方面
■ 墙、柱及其定位轴线，被剖切的室内顶层地面、地沟、各层的楼面、阳台等内容。
■ 剖面图的比例与平面图、立面图一致，也可以用较大的比例更清楚地表示。
■ 用以说明剖面图的剖切位置和剖视方向的图名和轴线符号。
■ 表示主要承重构件的位置及相关关系，如各楼层的梁、板、柱及墙体的连接关系。
■ 详细的索引符号和必要的文字标注、局部尺寸。
绘制建筑剖面图的主要步骤如下。
■ 设置绘图参数，选择符合要求的样板图样。
■ 参照平面图、立面图，绘制定位轴线、剖切位置线和投射方向线。
■ 绘制图样和建筑构件。
■ 绘制楼梯、门窗、踏步阳台等辅助构件及植物、人物等配景。
■ 绘制标注尺寸、标高、编号、型号、索引符号和文字说明。

10.2　某住宅的剖面图

住宅为建筑制图中最为常见的工程建筑。对于如何用图纸描绘住宅图形，除了上文提及的平面图，剖面图也是建筑制图组成图中重要的一员。本节将以实例操作讲解的形式初步向读者介绍住宅剖面图的绘制方法、绘制步骤等基础知识。

思路·点拨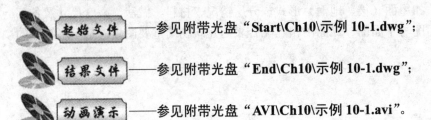

先绘制该剖面图所需的图块文件，如果在绘制立面图时已经绘制了相关图块，则可沿用部分，以便保持绘制的统一性，为用户节约时间。

10.2.1 绘制框架

起始文件——参见附带光盘"Start\Ch10\示例 10-1.dwg"；

结果文件——参见附带光盘"End\Ch10\示例 10-1.dwg"；

动画演示——参见附带光盘"AVI\Ch10\示例 10-1.avi"。

本示例将利用前面学到的知识绘制住宅的框架，可参考附带光盘目录下的"Start\Ch10\示例 10-1.dwg"，如图 10-1 所示。

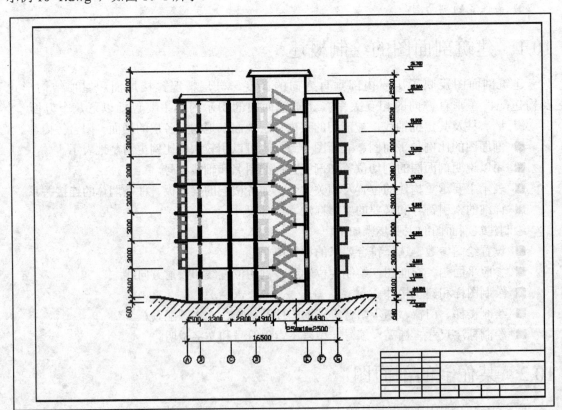

图 10-1　示例图形

下面开始绘制表格。

【操作步骤】

（1）直接打开附带光盘目录下的"Start\Ch10\综合实例 2.dwg"。或者绘制一个 59 600mm×42 000mm 的矩形框。

（2）新建【框架】图层，设定颜色为【250】；新建【定位线】图层，设定颜色为【红】；新建【标注】图层，设定颜色为【蓝】；其他设置采用默认设置。新建图层的初步设置如图 10-2 所示。

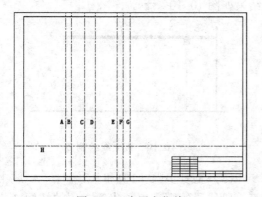

图 10-2　新建图层

（3）将【定位线】图层置为当前图层。

（4）单击【绘图】工具栏中的【构造线】按钮，绘制一条竖直构造线，然后连续输入"@1500，0""@3300，0""@2800，0""@5560，0""@1540，0"和"@1800，0"绘制出各构造线，分别定义为 A、B、C、D、E、F、G。重复执行【构造线】命令，绘制一条水平构造线，定义为 H，结果如图 10-3 所示。

图 10-3　底层定位线

若使用构造线之后不能显示出中心线的线型，则应调节线型比例，具体方法为：选择构造线，单击鼠标右键在弹出的快捷菜单中选择【特征】命令，找到线型比例，调到 40，就能出现上图效果。

（5）将【框架】图层置为当前图层，把直线的粗度修改为【0.3】（方便观察）；单击【绘图】工具栏中的【直线】按钮，勾勒住宅的大体框架。先从 A、H 交点开始沿着 A 线画 3 条线段，长度分别为 3600mm、3000mm 和 15000mm，再按照如图 10-4 所示的样式画出大体框架。其中凸出处的高度为 2500mm。

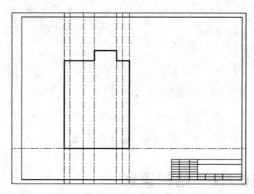

图 10-4　大致框架

（6）选择菜单栏中的【格式】→【多线样式】命令，弹出【多线样式】对话框，单击其中的【新建】按钮，弹出【创建新的多线样式】对话框，在【新样式名】文本框中输入多线样式名"墙体多线"。

（7）单击【继续】按钮，弹出【新建多线样式：墙体多线】对话框，设置封口方式为直线，如图 10-5 所示。单击【确定】按钮，返回【多线样式】对话框选定【墙体多线】样式，单击【置为当前】按钮，把【墙体多线】样式设为当前多线样式，如图 10-6 所示。

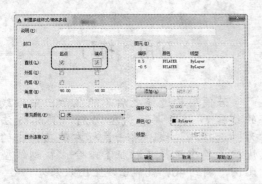

图 10-5　墙体多线 1

图 10-6　墙体多线 2

10.2.2　绘制梁线

【操作步骤】

（1）将【梁线】图层置为当前图层；单击【绘图】工具栏中的【多段线】按钮，捕捉 A 线上第一段线段的端点，在命令行输入"w"调节宽度为"120"，绘制一条水平直线与 D 线为交点为端点，再输入"w"调节宽度为"300"，往下画出高 360mm 的线。结果如图 10-9 所示。

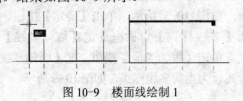

图 10-9　楼面线绘制 1

（8）把光标移动至命令行下方的快捷状态栏（见图 10-7）中的【对象捕捉开关】按钮上，单击鼠标右键弹出菜单栏，选择【对象捕捉设置】命令，弹出【草图设置】对话框，在【对象捕捉模式】选项组中选中"端点""中点"和"交点"复选框，如图 10-8 所示。

单击鼠标右键

图 10-7　快捷状态栏

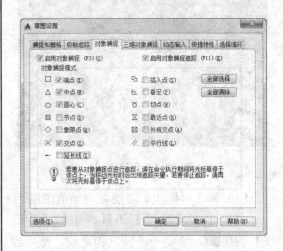

图 10-8　【草图设置】对话框

（2）该水平线与 BC 线的交点分别往下画出两端高 360mm、宽 300mm 的多段线。结果如图 10-10 所示。

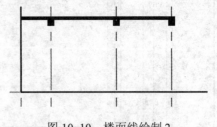

图 10-10　楼面线绘制 2

（3）重复步骤（1）和（2），在 A 线上第二段线段的端点起画出第二层的楼面（或者选择步骤（1）和（2）的结果图，复制并粘贴到该处）。结果如图 10-11 所示。

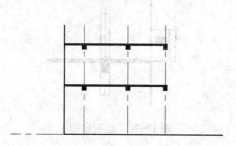

图 10-11　楼面线绘制 3

（4）在命令行输入"ML"绘制多线，执行【多线】命令，输入"j"选择对齐方式为【无】，输入"s"选择比例为【300】，在 B 线与 H 线的交点上画出高 1500mm 的多线，结果如图 10-12 所示。

（5）重复步骤（1），画出如图 10-13 所示的梁线图。

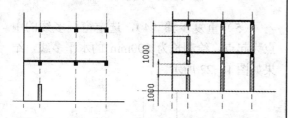

图 10-12　梁线绘制 1　　图 10-13　梁线绘制 2

（6）参照 10.2.1 节的步骤（6），新建如

图 10-14 所示的窗框样式，将颜色定义为【青】，并置为当前。

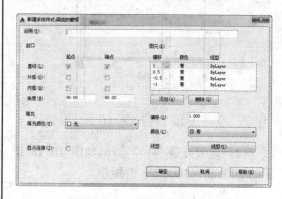

图 10-14　新建多线样式

（7）将【窗玻璃】图层置为当前图层，线宽调节为【默认】，在命令行输入"ML"绘制多线，如图 10-15 所示。

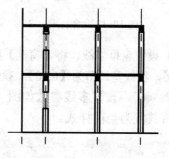

图 10-15　窗户剖面效果

10.2.3　修剪阳台与窗口处的墙线

【操作步骤】

（1）将【阳台】图层置为当前图层，将线宽调节为【0.30】；单击【绘图】工具栏中的【矩形】按钮■，按图 10-16 所示的样式选定第一个点，输入命令"d"设置矩形尺寸（长为 600mm，宽为 1000mm），结果如图 10-17 所示。

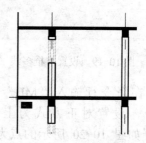

图 10-16　绘制阳台 1

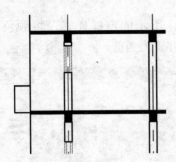

图 10-17　绘制阳台 2

（2）重复步骤（1），画出如图 10-18 所示的 200mm×1000mm 的矩形。

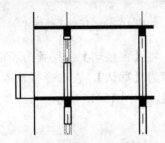

图 10-18　绘制阳台 3

（3）设置窗框多线。将【窗框】图层置为当前图层，将线宽调节为【0.30】，参照 10.2.2 节的步骤（6），设置多线参数如图 10-19 所示，并将其置为当前样式。

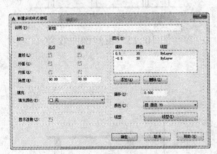

图 10-19　设置窗框多线

（4）在命令行输入"ML"执行【多线】命令，设置对正方式为上，比例为 150。选择如图 10-20 所示的点为起点，绘制窗框多线，结果如图 10-21 所示。

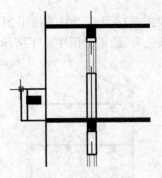

图 10-20　绘制窗框 1

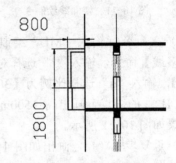

图 10-21　绘制窗框 2

（5）重复步骤（4），选定窗框多线的中点为起点，绘制长为 800mm 的水平多线，结果如图 10-22 所示。

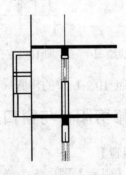

图 10-22　绘制窗框 3

（6）单击【绘图】工具栏中的【矩形】按钮。选定第二层端点为第一个点。输入命令"D"设置矩形尺寸（长为 1200mm，宽为 200mm），并把显示颜色改为【黑】，结果如图 10-23 所示。

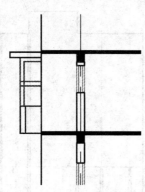

图 10-23   绘制窗沿 1

（7）单击【修改】工具栏中的【圆角】
按钮 。设置倒圆角半径为 200，修剪参数
为"修剪"，结果如图 10-24 所示。

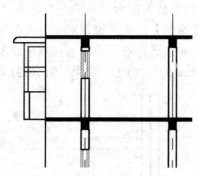

图 10-24   绘制窗沿 2

（8）单击【修改】工具栏中的【分解】
按钮 。把上步所画图形分解，在命令行中
输入"ARRAYRECT"，执行【矩形阵列】
命令，选中倒圆角圆弧，修改阵列行数为
1，阵列列数为 4，阵列列间距为 300。阵列
后，把颜色改为"黑色"，结果如图 10-25
所示。

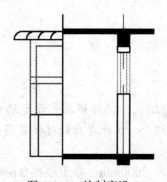

图 10-25   绘制窗沿 3

（9）添加构造线。把视图移动到住宅右
边，将【定位线】图层置为当前图层，设置
线宽为默认线宽，添加如图 10-26 所示的构
造线。

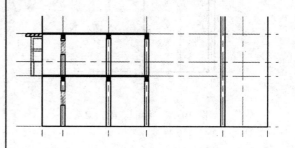

图 10-26   添加构造线

（10）将【阳台】图层置为当前图层，
调节线宽为【0.30】；单击【绘图】工具栏中
的【矩形】按钮 ，选定如图 10-27 所示的
点为起点，输入命令"d"设置矩形尺寸
（长为 1200mm，宽为 200mm），结果如图
10-28 所示。

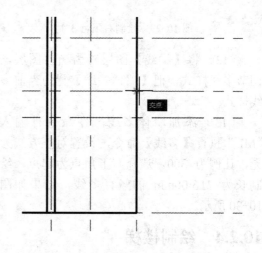

图 10-27   绘制右阳台 1

（11）单击【绘图】工具栏中的【矩
形】按钮 ，选定如图 10-27 所示的点为起
点，输入命令"d"设置矩形尺寸（长为
1000mm，宽为 1500mm），结果如图 10-29
所示。

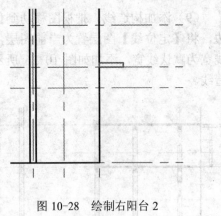

图 10-28　绘制右阳台 2

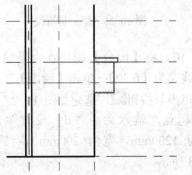

图 10-29　绘制右阳台 3

（12）将【梁线】图层置为当前图层，调节多线样式，把【墙体多线】置为当前多线样式。

（13）添加墙体多线。在命令行输入"ML"执行【多线】命令，设置对正方式为无，比例为 300。选择右下角点为起点，绘制长为 216 00mm 的竖直多线，结果如图10-30 所示。

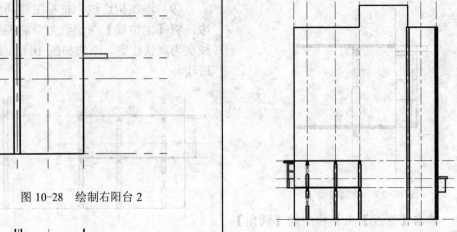

图 10-30　添加墙体多线

（14）修剪阳台。在命令行输入"TR"执行【修剪】命令，设置对正方式为无，比例为 300。选择右下角点为起点，绘制长为21 600mm 的竖直多线，结果如图 10-31 所示。

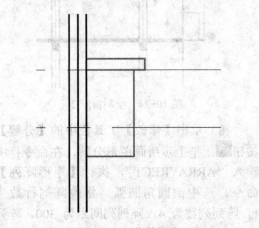

图 10-31　修剪阳台

10.2.4　绘制楼梯

思路·点拨 ✍

楼梯主要由楼梯梯段、楼梯平台和楼梯护栏三部分组成。楼梯梯段是设有踏步供人上下行走的通道段落，楼梯平台是连接两梯段之间的水平部分。设计者应针对楼层高度设计台阶数以及台阶高度和宽度。

本住宅楼中所留楼道宽度为 5260mm，第一层高度为 3600mm，每个楼梯台阶的高度为150mm，宽度为 250mm，设计 24 踏步；而标准层层高为 3000mm，设计 20 踏步，楼梯平台在中间，所以楼梯平台为 10 步，故在第一层需要多出 4 步为基本台阶。

【操作步骤】

（1）添加楼梯构造线将【定位线】图层置为当前图层，设置线宽为默认线宽，单击【绘图】工具栏中的【构造线】按钮，添加如图 10-32 所示的两条构造线。

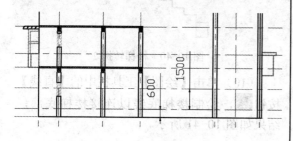

图 10-32 添加楼梯构造线

（2）将【楼梯】图层置为当前图层，调节线宽为【0.30】；单击【绘图】工具栏中的【直线】按钮，选定如图 10-33 所示点为起点，依次输入"@1760,0""@250,0""@0,-150""@250,0""@0,-150""@250,0""@0,-150""@250,0""@0,-150"绘制出上楼台阶。结果如图 10-33 所示。

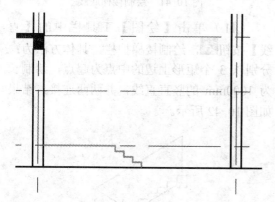

图 10-33 上楼台阶

（3）绘制楼梯基线。把视图移动到较远的空白处，将【0】图层置为当前图层，设置线宽为默认线宽；单击【绘图】工具栏中的【直线】按钮，在空白处绘制一条水平方向长度为 6000mm 的直线，如图 10-34 所示。

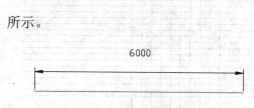

图 10-34 楼梯基线

（4）在命令行中输入"ARRAYRECT"执行【矩形阵列】命令，选中上一步所画基线，修改阵列行数为 20，阵列列数为 1，阵列行间距为 150。阵列结果如图 10-35 所示。

图 10-35 阵列结果

（5）单击【绘图】工具栏中的【直线】按钮，在空白处绘制一条竖直方向长度为 6000mm 的直线，如图 10-36 所示。

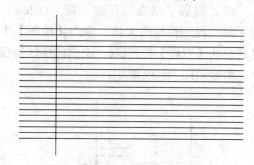

图 10-36 竖直方向直线

（6）在命令行中输入"ARRAYRECT"执行【矩形阵列】命令，选中上一步所画基线，修改阵列行数为 1，阵列列数为 10，阵列列间距为 250。阵列结果如图 10-37 所示。

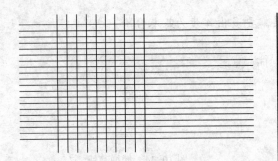

图 10-37 阵列结果

（7）将【楼梯】图层置为当前图层，调节线宽为【0.30】；单击【绘图】工具栏中的【直线】按钮，勾勒出楼梯的大体布置图，结果如图 10-38 所示。

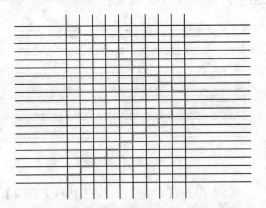

图 10-38 勾勒楼梯的大体布置图

（8）框选多出来的直线，按〈Delete〉键删除，得到楼梯的大体；单击【绘图】工具栏中的【直线】按钮，绘制楼梯转折部分，结果如图 10-39 所示。

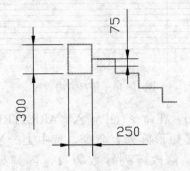

图 10-39 楼梯转折

（9）框选上一步的矩形，复制两个放在

如图 10-40 所示的位置。

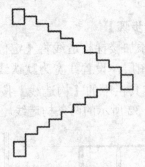

图 10-40 楼梯转折 2

（10）单击【绘图】工具栏中的【直线】按钮，绘制楼梯底线以连接楼梯底部，结果如图 10-41 所示。

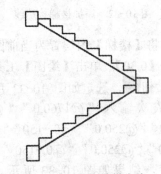

图 10-41 绘制楼梯底线

（11）单击【绘图】工具栏中的【直线】按钮，绘制楼梯护栏，具体方法为：分别以 3 个矩形上边的中点为起点，绘制长为 1000mm 的竖直直线，并两两连接，结果如图 10-42 所示。

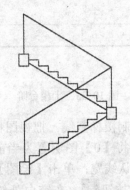

图 10-42 绘制楼梯护栏

（12）修剪楼梯底线。在命令行中输入
"TR"执行【修剪】命令，切掉护栏与楼梯
重叠的部分，结果如图 10-43 所示。

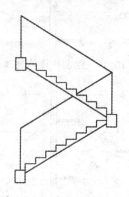

图 10-43　修剪楼梯底线

（13）对部分图案进行填充。单击【绘
图】工具栏中的【图案填充】按钮■，弹出
【图案填充】对话框，拾取下方的楼梯截
面，单击【确定】按钮，得到楼梯绘制完成
的效果图，如图 10-44 所示。

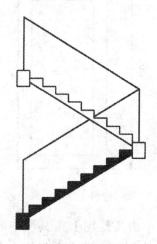

图 10-44　填充部分区域

（14）选定绘制完成的楼梯，单击【绘
图】工具栏中的【创建块】按钮■，拾取点
为左下角点，命名为"楼梯"；单击【绘
图】工具栏中的【插入块】按钮■，弹出
【插入】对话框，如图 10-45 所示，单击
【确定】按钮，在图中插入"楼梯"图块，
结果如图 10-46 所示。

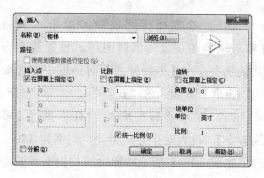

图 10-45　【插入】对话框

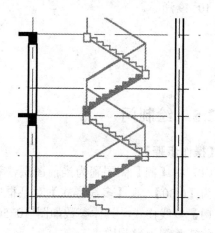

图 10-46　插入"楼梯"图块

（15）绘制楼道。将【梁线】图层置为
当前图层，单击【绘图】工具栏中的【多段
线】按钮■，绘制楼道楼面，设置多段线线
宽为 150，绘制水平直线，结果如图 10-47
所示。

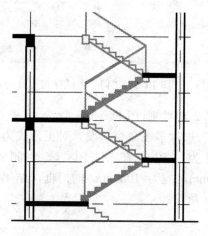

图 10-47　绘制楼道

（16）绘制楼梯间玻璃。单击工具将【窗玻璃】图层置为当前图层，设置线宽为默认线宽。在【多线样式】对话框中把【梁线的窗框】置为当前样式。

（17）在命令行中输入"ML"执行【多线命令】，设置对正方式为无，比例为150；选中如图 10-48 所示楼梯梁线与构造线的交点位置，绘制长为 1000mm 的窗玻璃，结果如图 10-49 所示。

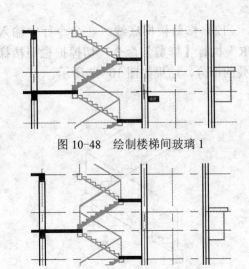

图 10-48　绘制楼梯间玻璃 1

图 10-49　绘制楼梯间玻璃 2

10.2.5　绘制门

【操作步骤】

（1）将【门】图层置为当前图层，调节线宽为【0.30】。在【多线样式】对话框中新建【门】多线样式，具体参数如图 10-50 所示。将其并置为当前样式。

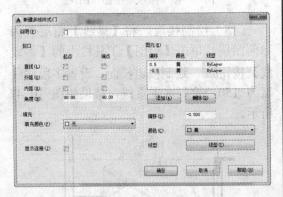

图 10-50　"门"多线样式

（2）绘制门框。在命令行中输入"ML"执行多线命令，设置对正方式为上，比例为 150，在空白区域绘制高为 2000mm，宽为 1000mm 的门框，结果如图 10-51 所示。

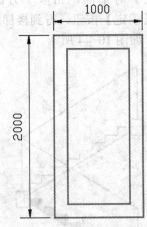

图 10-51　绘制门框

（3）单击【绘图】工具栏中的【圆】按钮，绘制两个圆心在门的内框中点，半径分别为 30mm 和 50mm 的圆，结果如图 10-52 所示。

（4）把外圆的线宽调节为默认线宽，在命令行中输入"m"执行【移动】指令，把两个圆向左平移 120mm，结果如图 10-53 所示。

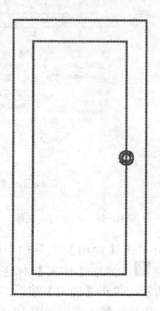

图 10-52　绘制门把手 1

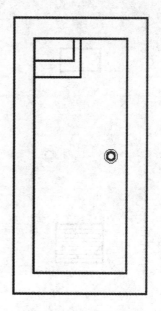

图 10-54　绘制门面 1

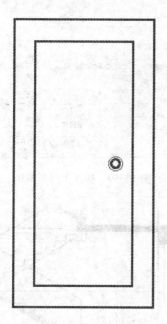

图 10-53　绘制门把手 2

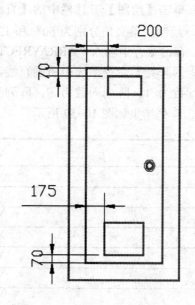

图 10-55　绘制门面 2

（5）单击【绘图】工具栏中的【矩形】按钮，绘制长为 300mm、宽为 160mm 的矩形和长为 350mm、宽为 280mm 的两个矩形，如图 10-54 所示。再在命令行中输入"m"执行【移动】命令，将其移动到如图 10-55 所示的位置。

（6）单击【绘图】工具栏中的【直线】按钮，绘制门面通风口，在门面下框画一条线，调节线宽为默认线宽，在命令行中输入"ARRAYRECT"，执行【矩形阵列】命令，选中所画线，修改阵列行数为 1，阵列列数为 9，阵列列间距为 30。阵列结果如图 10-56 所示。

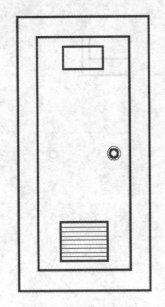

图 10-56　绘制门通风口 1

（7）单击【绘图】工具栏中的【直线】按钮 ，绘制两条夹角分别为 60°和 120°的直线，在命令行中输入"ARRAYRECT"，执行【矩形阵列】命令，选中所画直线，修改阵列行数为 1，阵列列数为 9，阵列列间距为 30。阵列结果如图 10-57 所示。

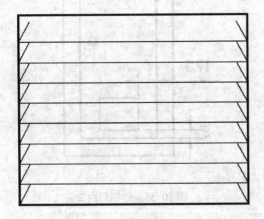

图 10-57　绘制门通风口 2

（8）单击【绘图】工具栏中的【创建块】按钮 ，选中所画门，拾取点为左下角点，将其命名为"门"，结果如图 10-58 所示。

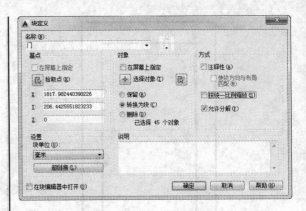

图 10-58　创建门定义块

（9）单击【绘图】工具栏中的【插入块】按钮 ，弹出【插入】对话框，如图 10-59 所示，单击【确定】按钮，在图中插入"门"图块，插入位置如图 10-60 所示。

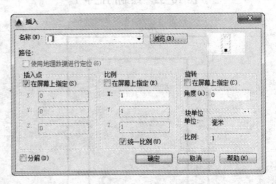

图 10-59　插入"门"图块

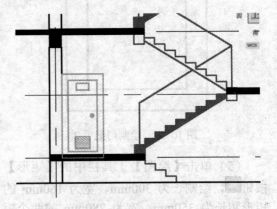

图 10-60　插入"门"图块的位置

（10）在命令行中输入"m"，执行【移动】命令，把"门"往右移动 200mm，往上移动 75mm，结果如图 10-61 所示。

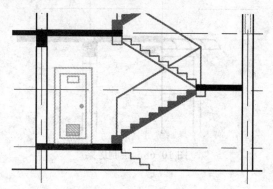

图 10-61　移动"门"到指定位置

（11）重复步骤（8）、（9），在标准层放置"门"，结果如图 10-62 所示。

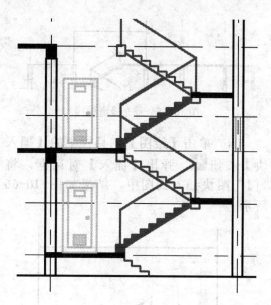

图 10-62　在标准层放置"门"

10.2.6　后期处理

【操作步骤】

（1）选中图纸中多余的图案，按〈Delete〉快捷键删除干净，结果如图 10-63 所示。

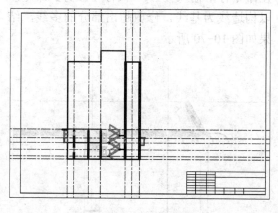

图 10-63　后期处理准图

（2）在命令行中输入"ARRAYRECT"，执行【矩形阵列】命令，选定标准层的各个目标，修改阵列行数为 1，阵列列数为 6，阵列行间距为 3000mm。阵列后的图形如图 10-64 所示。

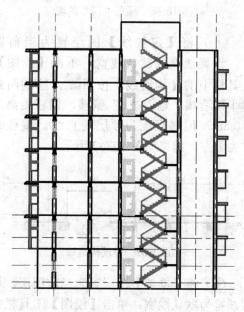

图 10-64　阵列结果图

（3）将【梁线】图层置为当前图层，单击【绘图】工具栏中的【多段线】按钮，设定线宽为 150mm，补充楼顶小屋的楼道板，结果如图 10-65 所示。

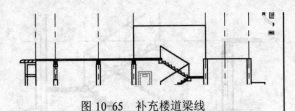

图 10-65　补充楼道梁线

（4）单击【绘图】工具栏中的【插入块】按钮，弹出【插入】对话框，将"门"图块插入到图中，结果如图 10-66 所示。

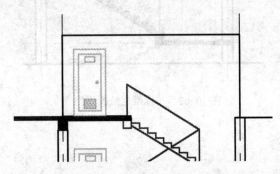

图 10-66　插入"门"图块

（5）将【定位线】图层置为当前图层，设置线宽为默认线宽；单击【绘图】工具栏中的【构造线】按钮，绘制两条水平构造线。输入"o"偏移，偏移距离为600mm，偏移直线为顶层的直线，偏移方位为上方，结果如图 10-67 所示。

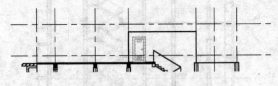

图 10-67　楼顶构造线

（6）将【框架】图层置为当前图层，设置线宽为默认线宽；单击【绘图】工具栏中的【多段线】按钮，设定线宽为120mm，捕捉如图 10-68 所示端点，输入"@-700,0"确定一条直线。再输入"<60"，得到如图 10-69 所示的结果。

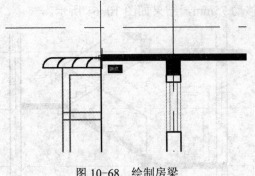

图 10-68　绘制房梁

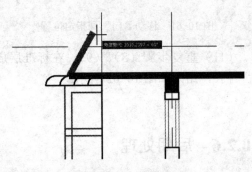

图 10-69　绘制房梁 2

（7）超出构造线后单击鼠标左键确定；在命令行中输入"TR"执行【修剪】命令，以构造线为基线，修剪超出部分的多线，结果如图 10-70 所示。

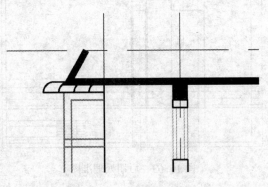

图 10-70　修剪多出部分

（8）单击【绘图】工具栏中的【直线】按钮，绘制一条水平直线，连接多段线端点直到楼顶小屋的一边，结果如图 10-71 所示。

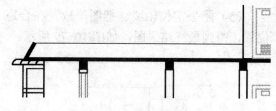

图 10-71　楼顶框架 1

（9）参照步骤（6）、（7）、（8），画出如图 10-72 所示的结果图。

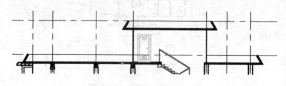

图 10-72　楼顶框架 2

（10）处理住宅底部。单击【绘图】工具栏中的【直线】按钮，捕捉住宅左下角点，分别输入"@-3000,600""@-1000, 0"

"@0,-2000""@24650,0""@0, 2000""@-1000, 0""@-3000,-600"，结果如图 10-73 所示。

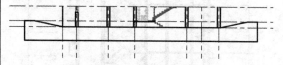

图 10-73　底部细节绘制 1

（11）填充地基。在命令行中输入"HATCH"，执行【图案填充】命令，选择填充图案为【ANSI33】，修改图案的比例为【5000】，然后为住宅地基填充，并删除底下多余线，结果如图 10-74 所示。

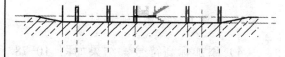

图 10-74　底部细节绘制 2

10.2.7　尺寸标注

（1）将【标注】图层置为当前图层。为剖面图添加线性标注，如图 10-75 所示。

（2）编辑楼梯的标注。结果如图 10-76 所示。

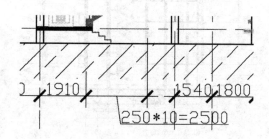

图 10-76　楼梯标注编辑

（3）添加轴线编号（本节绘制的剖面图标注时还需要用到"轴线编号"和"标高符号"两个属性图块，用户可参见第 4 章的相关内容。），结果如图 10-77 所示。

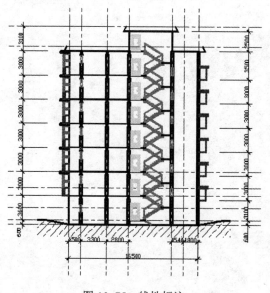

图 10-75　线性标注

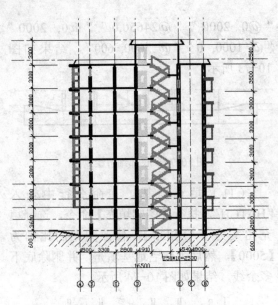

图 10-77　添加轴线符号

（4）添加标高符号。结果如图 10-78
所示。

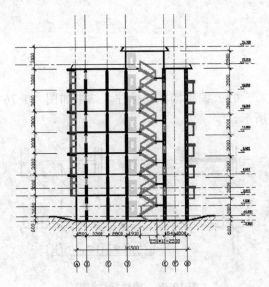

图 10-78　添加标高符号

（5）隐去定位轴线，把图形放置在合适
位置，得到最终结果图，如图 10-79 所示。

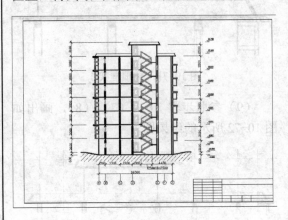

图 10-79　最终结果图

第 11 章　绘制建筑详图

在建筑施工图中，对于房屋的一些细部构造（如形状、层次、尺寸、材料和做法等），由于建筑平面、立面、剖视图的比例限制，无法将一些复杂的细部或局部做法表示清楚，因此，在施工图设计过程中，常常按实际需要在建筑平面图、立面图、剖面图中另外绘制详细的图形来指导施工，这样的建筑图形被称为详图。

 本讲内容

❧ 建筑详图的主要内容
❧ 绘制标准层墙身详图
❧ 绘制楼梯踏步详图

11.1　建筑详图的主要内容

建筑详图反映了房屋内部的结构和施工方法，所以建筑详图应包括以下主要内容。
■ 建筑的局部剖面图。
■ 用以说明剖面图的剖切位置和剖视方向的图名和轴线符号。
■ 详细的尺寸标注和文字说明。

11.2　绘制标准层墙身详图

在接触建筑详图时，基本的详图就是标准层墙身的建筑详图。本节将初步介绍建筑详图的绘制方法、绘制步骤等基础知识在实际中的应用。

11.2.1　绘制外墙身节点详图

本示例将简单绘制外墙身节点详图，图 11-1 就是本小节将要绘制的建筑详图。

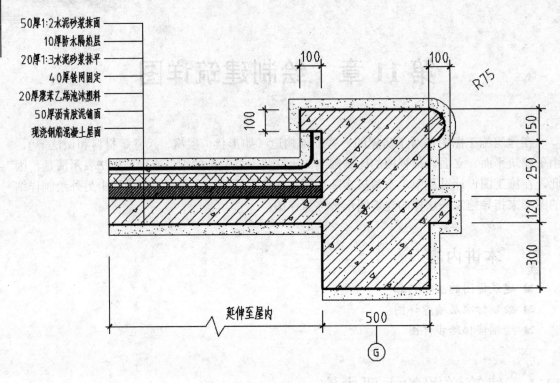

50厚1:2水泥砂浆抹面
10厚防水隔热层
20厚1:3水泥砂浆抹平
40厚钢网固定
20厚聚苯乙烯泡沫塑料
50厚沥青胶泥铺面
现浇钢筋混凝土屋面

延伸至屋内

图 11-1　外墙身节点详图

思路·点拨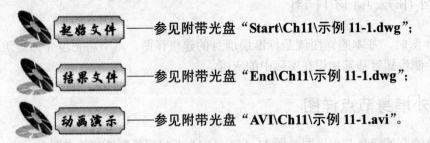

　　建筑详图一般又被称为"细节的解释"，故还有一种叫法为放大图。而墙身详图可以从室内外地坪、防潮层处画到女儿墙压顶。为了节省图样，在门窗洞口处可以断开，也可以重点绘制几个重要的节点，以指导施工。

起始文件——参见附带光盘"Start\Ch11\示例 11-1.dwg"；

结果文件——参见附带光盘"End\Ch11\示例 11-1.dwg"；

动画演示——参见附带光盘"AVI\Ch11\示例 11-1.avi"。

【操作步骤】

（1）使用【直线】命令绘制檐口轮廓，具体尺寸如图 11-2 右所示。

（2）使用【直线】命令、【圆弧】命令与【修剪】命令，绘制如图 11-3 上所示的轮廓，具体尺寸如图 11-3 下所示。

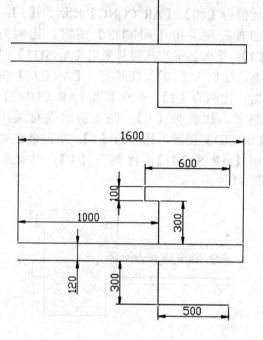

图 11-2　檐口轮廓 1

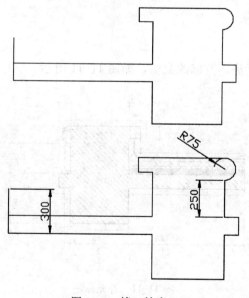

图 11-3　檐口轮廓 2

（3）使用【偏移】命令，将外轮廓的线条进行偏移，绘制出如图 11-4 所示的图案，偏移量为 50mm，完成檐口抹灰的绘制。

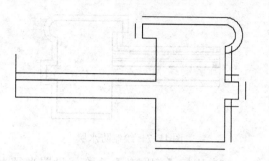

图 11-4　绘制檐口抹灰 1

（4）使用【直线】命令和【修剪】命令，修剪外轮廓的线条，并把内圈线宽调节为【0.30】，结果如图 11-5 所示。

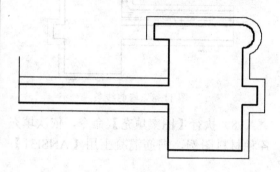

图 11-5　绘制檐口抹灰 2

（5）继续使用【偏移】命令，将楼板层上直线向上偏移 20mm、40mm、20mm、10mm 和 40mm，并连接抹灰层，结果如图 11-6 所示。

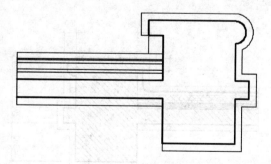

图 11-6　偏移直线

（6）执行用【多段线】命令，设置多段线宽度为【1】，转角处作圆弧处理，并使用【偏移】命令把多段线偏移 30mm，绘制防水层，结果如图 11-7 所示。

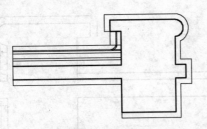

图 11-7　绘制防水层

（7）执行【倒圆角】命令，设置半径为10mm，把外层直线倒成圆角，并删除多余直线，结果如图 11-8 所示。

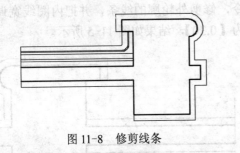

图 11-8　修剪线条

（8）执行【图案填充】命令，依次填充各种材料图例，钢筋混凝土用【ANSI31】

11.2.2　添加外墙身节点详图标注

【操作步骤】

（1）将【标注】图层置为当前图层，然后为外墙身节点添加线性标注，如图 11-10 所示。

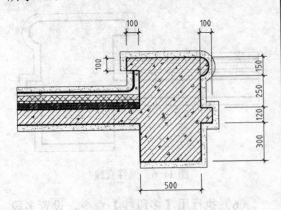

图 11-10　线性标注

（2）添补剩余标注细节。为外墙身节点添加径向标注，为无法标注的横梁添加折弯

和【AR-CONC】图案叠加，其中【ANSI31】比例为【10】，【AR-CONC】比例为【1】；沥青胶泥采用【ANSI32】图案，比例为【1】；聚苯乙烯泡沫塑料采用【ANSI37】图案，比例为【10】；铁网采用【ANSI38】图案，比例为【1】；灰沙采用【AR-CONC】图案，比例为【1】；图案防水卷材采用【SOLID】图案，比例为【1】；水泥砂浆采用【AR-SAND】，比例为【1】；结果如图 11-9 所示。

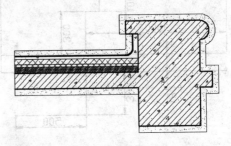

图 11-9　图案填充

标注，并修改数值，如图 11-11 所示。

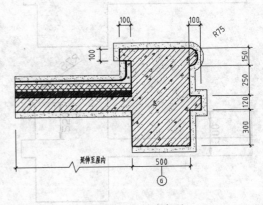

图 11-11　补充标注

（3）为填充图案的文字说明绘制引线。执行【直线】命令，其中每条水平直线的间隔为 80mm，画出如图 11-12 所示的直线。

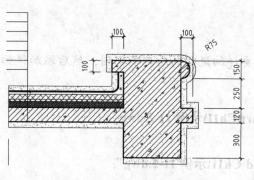

图 11-12　图案标注文字说明引线

（4）为填充图案添加文字说明。执行【多行文字】命令，输入说明文字，字体比

例为 50，结果如图 11-13 所示。

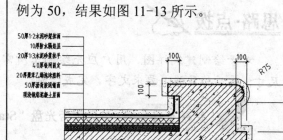

图 11-13　图案标注文字说明

11.2.3　绘制内墙身节点详图

本示例将绘制内墙身节点，图 11-14 就是本小节将要绘制的建筑详图。

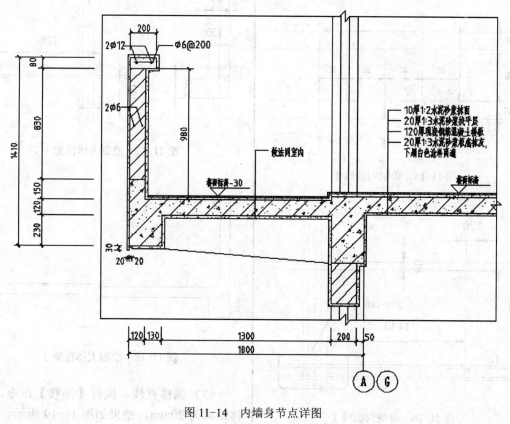

图 11-14　内墙身节点详图

思路·点拨 ✍

对于绘制建筑详图，用户应先绘制出所需要详细说明的局部剖视图；然后添加详细的尺寸；最后标注施工要求文字，完成绘制。

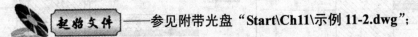
起始文件 —— 参见附带光盘"Start\Ch11\示例 11-2.dwg"；

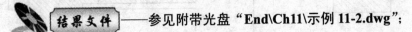
结果文件 —— 参见附带光盘"End\Ch11\示例 11-2.dwg"；

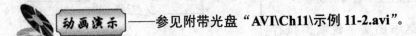
动画演示 —— 参见附带光盘"AVI\Ch11\示例 11-2.avi"。

【操作步骤】

（1）绘制构造线。使用【构造线】命令绘制构造线，部分细节如图 11-15 所示，最后结果如图 11-16 所示。

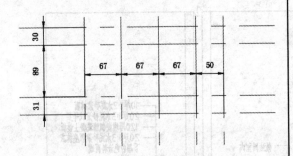

图 11-15　绘制构造线 1

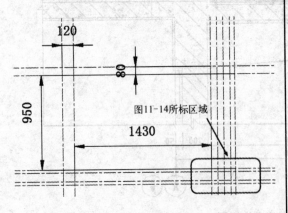

图 11-16　绘制构造线 2

（2）绘制大体框架。使用【直线】命令，按图 11-17 所示的尺寸绘制大体框架，隐去定位线后的结果如图 11-18 所示。

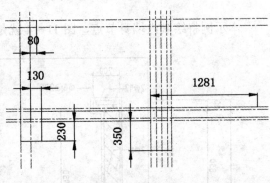

图 11-17　绘制大体框架 1

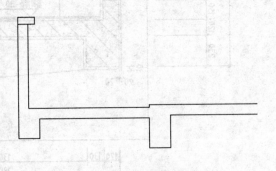

图 11-18　绘制大体框架 2

（3）偏移直线。执行【偏移】命令，偏移距离为 20mm，结果如图 11-19 所示。

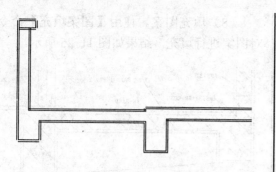

图 11-19　偏移直线

（4）修整直线。执行【倒角】命令，倒角距离设定为 0，结果如图 11-20 所示。

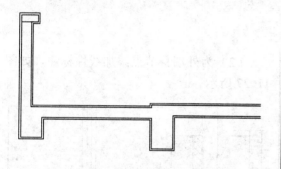

图 11-20　修整直线

（5）补充楼体部分。使用【直线】命令进行绘制。隐去轴线后所补充的楼体如图 11-21 所示，结果如图 11-22 所示。

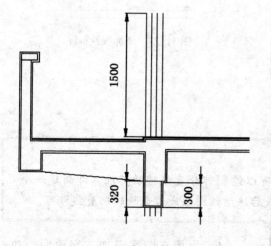

图 11-21　隐去轴线所补充的楼体

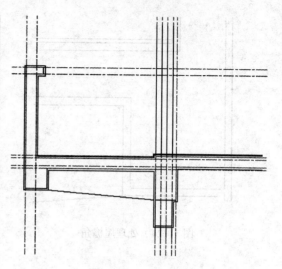

图 11-22　补充楼体

（6）绘制细节部分。使用【直线】、【圆】和【图案填充】命令补充细节，结果如图 11-23 所示。

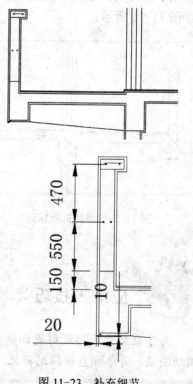

图 11-23　补充细节

（7）处理屋檐角。使用【修剪】和【删除】命令进行处理，结果如图 11-24 所示。

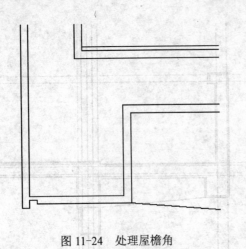

图 11-24　处理屋檐角

11.2.4　添加内墙身节点详图标注

【操作步骤】

（1）将【标注】图层置为当前图层。使用【直线】命令为内墙身节点图添加折断标记，如图 11-26 所示。

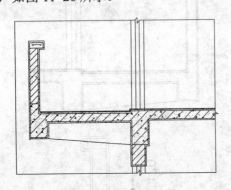

图 11-26　添加折断标记

（8）填充图案。使用【图案填充】命令对图案进行填充，结果如图 11-25 所示。

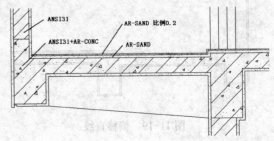

图 11-25　填充图案

（2）为外墙身节点添加线性标注，如图 11-27 所示。

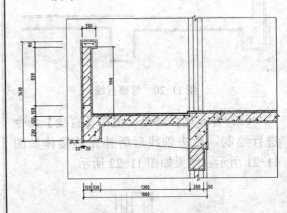

图 11-27　添加线性标注

应用·技巧

　　为了让尺寸线摆放得更加整齐，用户可以绘制部分直线辅助标注，即新建一个辅助图层，并添加直线辅助标记。绘制完成后冻结该图层或者删除辅助直线即可。

（3）为填充图案的文字说明绘制引线。执行【直线】命令，其中每条水平直线的间隔为 80mm，画出如图 11-28 所示的直线。

（4）为填充图案添加文字说明。执行【多行文字】和【多重引线】命令，字体设置比例为 50，结果如图 11-29 所示。

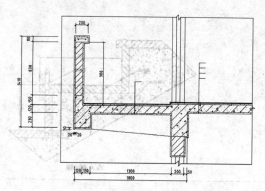

图 11-28　图案标注文字说明引线

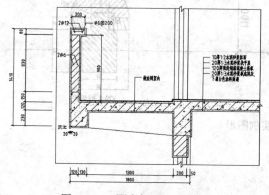

图 11-29　图案标注文字说明

（5）插入标高和轴线编号。执行【插入块】命令，在合适点插入标高与轴线编号，结果如图 11-30 所示。

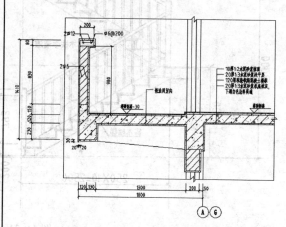

图 11-30　插入标高与轴线编号

11.3　绘制楼梯踏步详图

楼梯踏步详图为建筑制详图中较简单的工程图。用户利用该图可以清晰地描绘楼梯的细节，可使施工人员按照设计者的意图进行施工，楼梯踏步详图可很好地承载起工程图的角色。本节将进一步介绍建筑详图的绘制方法、绘制步骤等基础知识在实际中的应用，以下将是实例操作讲解，实例图形如图 11-31 所示。

思路·点拨

就建筑详图来说，为了能更好地表达建筑内容，通常是多种图混合使用。而对于说明内容（包括各种材料说明和细节布置），则要求直观简洁地表达出来。使用局部放大的方法可以更加直观地表达出图形的设计。

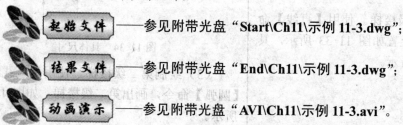

起始文件——参见附带光盘"Start\Ch11\示例 11-3.dwg"；

结果文件——参见附带光盘"End\Ch11\示例 11-3.dwg"；

动画演示——参见附带光盘"AVI\Ch11\示例 11-3.avi"。

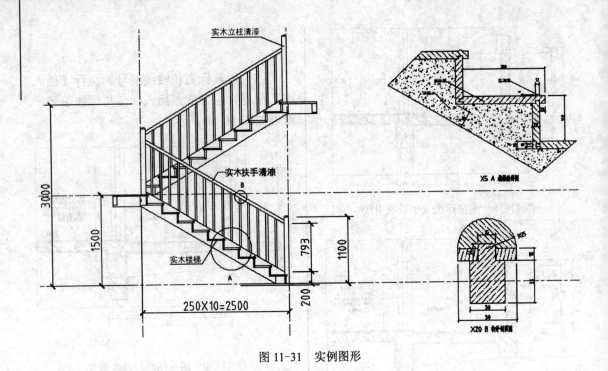

图 11-31　实例图形

11.3.1　绘制楼梯立面图

【操作步骤】

（1）绘制定位轴线。使用【构造线】命令进行绘制，结果如图 11-32 所示。

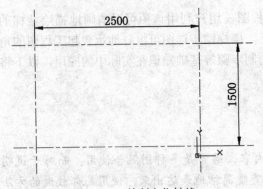

图 11-32　绘制定位轴线

（2）绘制第一级楼梯。使用【直线】命令进行绘制，大体位置如图 11-33 所示，具体尺寸如图 11-34 所示。

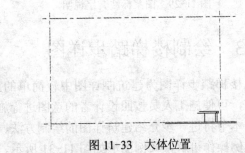

图 11-33　大体位置

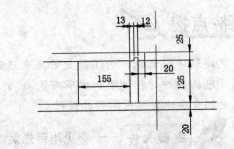

图 11-34　具体尺寸

（3）绘制第二级楼梯。使用【直线】与【圆弧】命令，画出第二级楼梯，如图 11-35 所示。

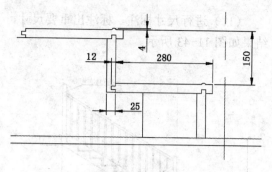

图 11-35　第二级楼梯

（4）绘制其他级楼梯。使用【创建块】和【插入块】命令，绘制十级楼梯，结果如图 11-36 所示。

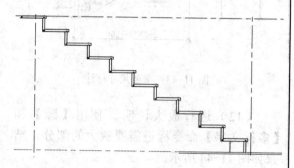

图 11-36　第一层楼梯

（5）绘制楼梯外框。使用【直线】命令绘制两条 30°的斜线，其中上斜线接在长 50mm 的竖直线上，结果如图 11-37 所示。

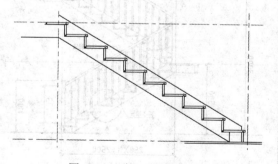

图 11-37　第一层楼梯外框

（6）绘制楼梯转角。使用【直线】和【修剪】命令绘制楼梯转角处各直线，结果如图 11-38 所示。

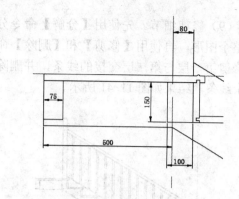

图 11-38　第一层楼梯转角

（7）绘制护栏。使用【直线】和【修剪】命令绘制楼梯护栏，结果如图 11-39 所示，其中的立柱顶端为高 20mm、半径为 50mm 的圆弧。

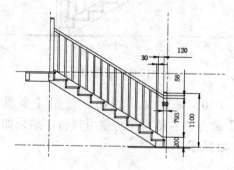

图 11-39　楼梯护栏

（8）绘制第二层楼梯。使用【镜像】和【移动】命令，将第一层镜像后，移动到如图 11-40 所示的位置。

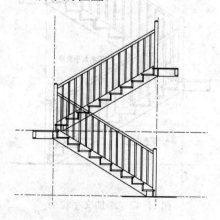

图 11-40　第二层楼梯

（9）修剪细节。先使用【分解】命令分解整个图形，再使用【修剪】和【删除】命令修剪第一层与第二层交接的线条，并删除多余线条，结果如图 11-41 所示。

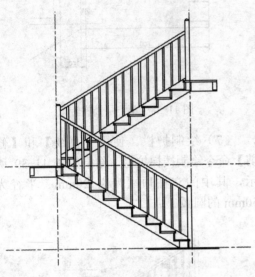

图 11-41　修剪细节

（10）添加文字说明。使用【多重引线】命令为各结构注明使用材料，结果如图 11-42 所示。

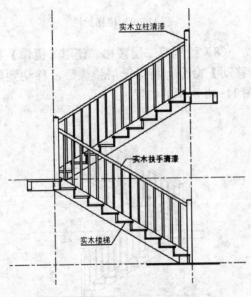

图 11-42　添加文字说明

（11）进行尺寸标注。标注出重要尺寸，结果如图 11-43 所示。

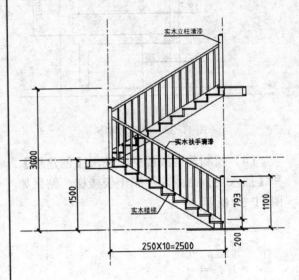

图 11-43　重要尺寸标注

（12）进行放大说明。使用【圆】和【多行文字】命令标记需要放大的部分，结果如图 11-44 所示。

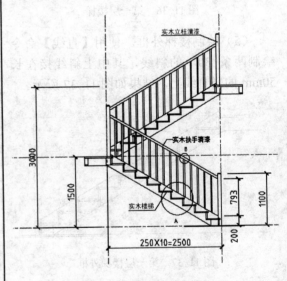

图 11-44　标记放大部位

11.3.2　局部放大图 A

【操作步骤】

（1）绘制 A 处放大图。绘制方法参照前文，将尺寸乘以比例 5，结果如图 11-45 所示。

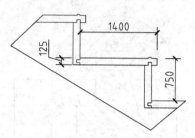

图 11-45　A 处放大图

（2）进行尺寸标注。标注出楼梯级的详细尺寸，结果如图 11-46 所示。

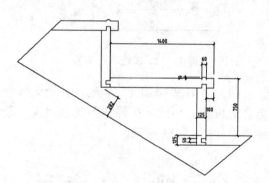

图 11-46　A 处详细尺寸标注

（3）修改尺寸标注。在标注出楼梯级的详细尺寸后，修改数值为真实数值，每个数值除去 5 得到结果，如图 11-47 所示。

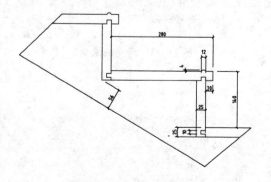

图 11-47　A 处真实尺寸标注

（4）为 A 处添加文字说明。在标注出楼梯级的真实尺寸后，添加文字说明至图中各部位，结果如图 11-48 所示。

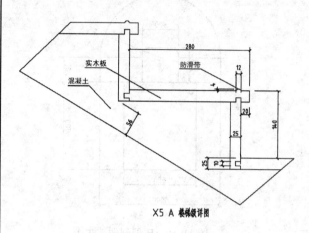

图 11-48　A 处文字说明

（5）填充图案。为结构填充图案，混凝土用【AR-CONC】图案，木板用【ANSI36】图案，结果如图 11-49 所示。

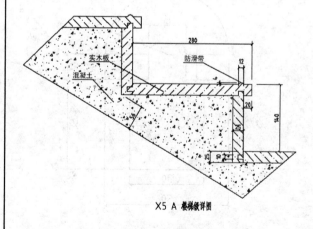

图 11-49　A 处填充图案

11.3.3 局部剖面放大图 B

【操作步骤】

（1）绘制 B 处剖面放大图。将尺寸乘以比例 20，结果如图 11-50 所示。

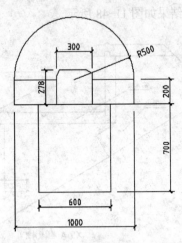

图 11-50　B 处剖面放大图

（2）修改尺寸标注。把数值修改为真实数值，每个数值除去 20 得到结果，如图 11-51 所示。

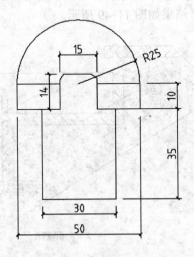

图 11-51　B 处真实尺寸标注

（3）填充图案。为结构填充图案，木板用【ANSI36】图案，其中每个不同结构使用不同旋转角度，结果如图 11-52 所示。

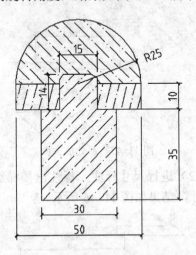

图 11-52　B 处填充图案

（4）为 B 处添加文字说明，并把图移动至合适位置。至此，楼梯详图绘制完成，最终结果如图 11-53 所示。

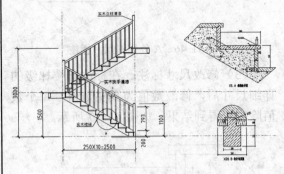

图 11-53　最终结果

经典实例学设计——AutoCAD 2015 建筑设计与制图

第 12 章　绘制建筑装饰工程图

　　在建筑施工图中，除了墙体的尺寸设计外，内部装饰也是重要环节，精准的建筑装饰工程图是现代家居的重要建筑图之一。建筑装饰工程图能更好的帮助工程师与户主沟通，充分利用好房屋空间，使其更符合建筑美学，在有限的空间设计绘制合理温馨的家。

 本讲内容

➥ 建筑装饰工程图的绘制概述
➥ 电视墙装饰工程图

12.1　建筑装饰工程图的绘制概述

　　建筑装饰工程图是按照装饰设计方案确定的构造做法、施工工艺、空间尺度、材料选用等，遵照建筑及装饰设计规范所规定要求编制的用于指导装饰施工生产的技术文件。建筑装饰工程图的绘制步骤如下。

■ 设计好空间布局时所需的家具。
■ 分别绘制各种家具的图块。
■ 测量真实的分布尺寸，并按照该尺寸合理分布家具。
■ 对大体分布尺寸进行标注，确定安置家具位置。
■ 建立多种设计方案对比选择。

12.2　电视墙装饰工程图

　　电视墙装饰工程图是较为简单的内部装饰工程图，是用户学习装饰工程图的理想入门实例。本节通过电视墙装饰工程图实例，帮助读者进一步了解建筑施工图的各个注意点和绘制技巧。如图 12-1 所示。

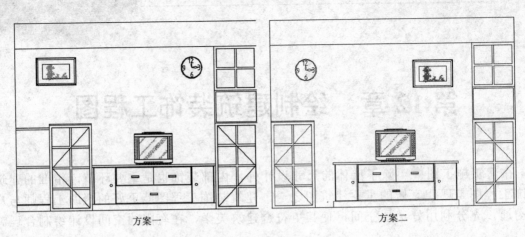

方案一   方案二

图 12-1   电视墙装饰工程图

思路·点拨

本节将绘制电视墙的装饰工程图。用户应先绘制装饰工程图中所需要的图块，然后绘制装饰工程图的整体分布图，并标注好分布尺寸，最后完成装饰工程图的绘制。

起始文件 —— 参见附带光盘 "Start\Ch12\电视墙装饰图.dwg"；

结果文件 —— 参见附带光盘 "End\Ch12\电视墙装饰图.dwg"；

动画演示 —— 参见附带光盘 "AVI\Ch12\电视装饰面图.avi"。

12.2.1   绘制电视墙所需图块

1．"相框"图块
【操作步骤】

（1）使用【矩形】命令，绘制一长为650mm、宽为 440mm 的矩形，如图 12-2 所示。

（2）使用【矩形】命令，按图 12-3 所示的尺寸，在矩形里绘制 3 个矩形。

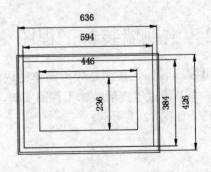

图 12-3   绘制 3 个矩形

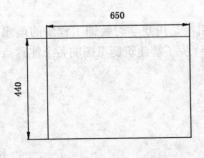

图 12-2   绘制矩形

（3）使用【直线】命令，按图 12-4 所示的位置，在第二、三矩形中绘制 4 条直线，用以连接 4 个角。

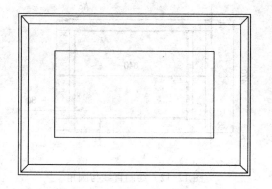

图 12-4　绘制直线

（4）使用【插入块】命令，按图 12-5 所示的位置，在最小的矩形中插入拟定图案。

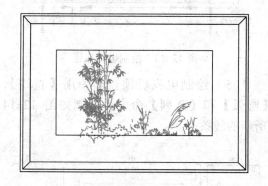

图 12-5　插入图块

（5）在命令行中输入"WBLOCK"执行【写块】命令，将整个图形保存成名为"相框"的外部图块。

2. "时钟"图块
【操作步骤】
（1）使用【圆】命令，绘制半径为 162mm 的圆，如图 12-6 所示。

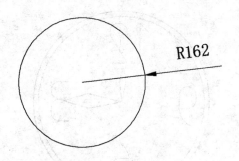

图 12-6　绘制圆

（2）使用【偏移】命令，把圆向外偏移 10mm，如图 12-7 所示。

图 12-7　偏移圆

（3）使用【多行文字】命令，分别编辑出 12、9、6、3 四个数字，并将其放在对应位置，如图 12-8 所示。

图 12-8　绘制圆上数字

（4）使用【直线】命令，绘制时钟上的指针，起点捕捉原点，如图 12-9 所示。

图 12-9　绘制指针

（5）在命令行中输入"WBLOCK"执行【写块】命令，将整个图形保存成名为"时钟"的外部图块。

3. "电视机"图块

【操作步骤】

（1）使用【矩形】命令，绘制长为490mm、宽为 370mm 的矩形，并将其向内偏移 10mm，结果如图 12-10 所示。

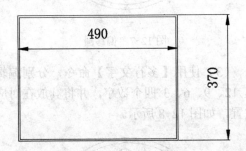

图 12-10　绘制矩形

（2）使用【直线】命令，绘制如图 12-11 所示的 4 条直线。

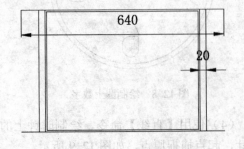

图 12-11　绘制直线

（3）使用【直线】和【倒圆角】命令，绘制如图 12-12 所示的线条，其中倒圆角半径为 8mm，斜线的坡度为 10∶1。

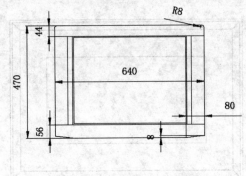

图 12-12　绘制直线与圆角

（4）绘制电视按钮。使用【直线】、【圆】和【阵列】命令，绘制如图 12-13 所示的线条，并把圆水平阵列 9 个，间距为30mm。

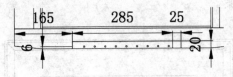

图 12-13　绘制电视按钮

（5）绘制电视机顶盖。使用【直线】、【圆弧】和【阵列】命令，绘制如图 12-14 所示的线条。

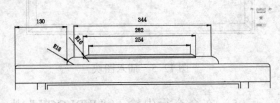

图 12-14　绘制电视机顶盖

（6）绘制电视机底座。使用【直线】命令，绘制电视机底座，尺寸如图 12-15 所示。

图 12-15　绘制电视机底座

（7）绘制电视机画面线条。使用【直线】、【偏移】和【延伸】命令，绘制电视机画面线条，先画出斜 45°的直线；然后使用【偏移】和【延伸】命令，绘制如图 12-16 所示的 8 条线条。

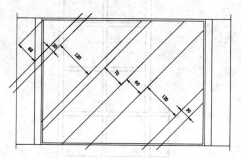

图 12-16　绘制电视机画面线条

（8）使用【修剪】命令，修剪电视机画面线条。得到如图 12-17 所示的电视机大体图。

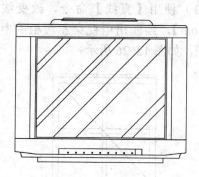

图 12-17　电视机大体图

（9）填充图案。使用【图案填充】命令，为电视机填充花纹，结果如图 12-18 所示。

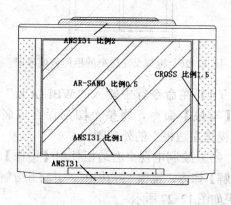

图 12-18　填充图案

（10）使用【删除】命令，删去电视机画面线条，结果如图 12-19 所示。

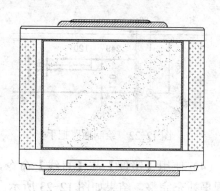

图 12-19　电视机

（11）在命令行中输入"WBLOCK"执行【写块】命令，将整个图形保存成名为"电视机"的外部图块。

4．"电视桌"图块

【操作步骤】

（1）使用【矩形】命令，绘制出电视桌外形，即绘制如图 12-20 所示的 3 个矩形。

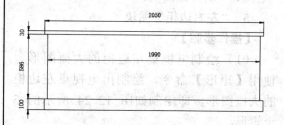

图 12-20　电视桌外形

（2）使用【矩形】与【直线】命令，绘制抽屉的布置图，结果如图 12-21 所示。

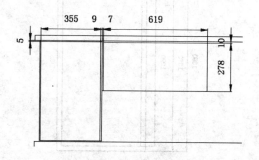

图 12-21　抽屉的布置

（3）使用【矩形】与【圆】命令，绘制抽屉的把手，结果如图 12-22 所示。

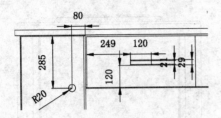

图 12-22　绘制抽屉把手

（4）使用【镜像】与【直线】命令，把电视桌补充完整，结果如图 12-23 所示。

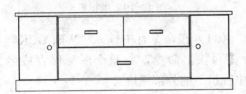

图 12-23　电视桌

（5）在命令行中输入"WBLOCK"执行【写块】命令，将整个图形保存成名为"电视桌"的外部图块。

5. "左右边柜"图块

【操作步骤】

（1）绘制电视桌左边柜的大概图形。使用【矩形】命令，绘制出电视桌左边柜的大概图形，即绘制如图 12-24 所示的 3 个矩形。

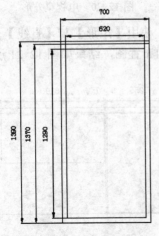

图 12-24　电视桌左边柜

（2）使用【矩形】与【矩形阵列】命令，绘制出电视桌左边柜的柜门玻璃框架，结果如图 12-25 所示。

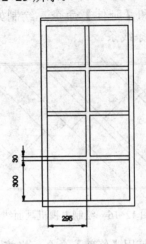

图 12-25　电视桌左边柜的柜门玻璃框架

（3）使用【直线】命令，改变线型为【phantom】，绘制出电视桌左边柜的柜门玻璃标识，如图 12-26 所示。

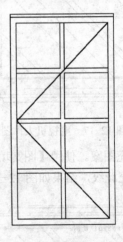

图 12-26　电视桌左边柜的柜门玻璃标识

（4）在命令行中输入"WBLOCK"执行【写块】命令，将整个图形保存成名为"电视桌左边柜"的外部图块。

（5）绘制电视桌右边柜使用【镜像】与【分解】命令，镜像"左边柜"，并将其分解，结果如图 12-27 所示。

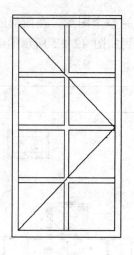

图 12-27   电视桌右边柜

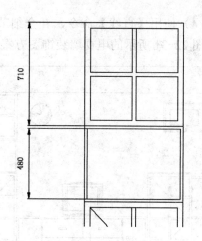

图 12-28   电视桌右边柜顶端部分

（6）使用【矩形】与【剪切】命令，绘制如图 12-28 所示的电视桌右边柜顶端部分。

（7）在命令行中输入"WBLOCK"执行【写块】命令，将整个图形保存成名为"电视桌右边柜"的外部图块。

12.2.2   绘制电视墙立面图

思路·点拨

将编辑好的图块逐步插入到合适的位置，再添补细节，就能得到电视墙立面图。利用图块编辑装饰图的另外一个好处是：能移动图块，改变装饰布置，得出多个装修方案。

【操作步骤】

（1）使用【构造线】命令，绘制十字相交的两条直线。

（2）绘制电视墙框架。使用【矩形】命令，按图 12-29 所示的尺寸绘制两个矩形。

（3）布置电视墙使用【插入块】命令，把第 12.2.1 节中创建的图块插入到电视墙框架内，结果如图 12-30 所示。

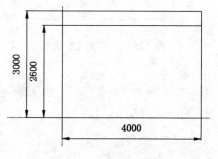

图 12-29   电视墙框架

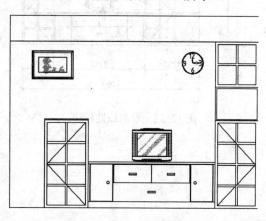

图 12-30   布置电视墙

（4）使用【直线】命令，补全细节，得到如图 12-31 所示的电视墙装饰图方案一。

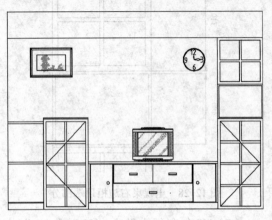

图 12-31　电视墙装饰图方案一

12.2.3　标注尺寸

【操作步骤】

（1）将【标注】图层置为当前图层，然后为立面图添加线性标注，结果如图 12-33 所示。

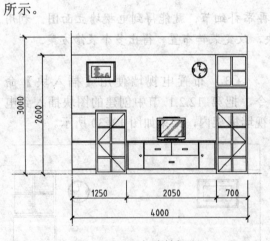

图 12-33　添加线性标注

（5）复制整个图形，在图形的右边粘贴并移动，得到如图 12-32 所示的电视墙装饰图方案二。

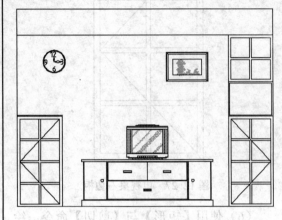

图 12-32　电视墙装饰图方案二

（2）添加文字说明，如图 12-34 所示。至此，电视墙装饰图绘制完成。

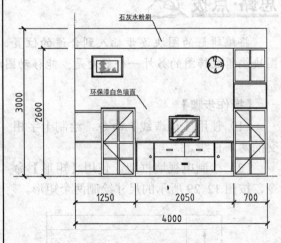

图 12-34　添加文字说明

第13章 三 维 建 模

三维建模能够帮助用户将现实中的实体在计算机的三维空间中完全建立起来。与二维投影图的形式相比，三维实体无疑能够更清晰地表达实体。本章将为读者介绍，AutoCAD 2015 所提供的三维建模系统。

 本讲内容

- ➜ 基本三维几何体
- ➜ 三维实体编辑
- ➜ 布尔运算

13.1 基本三维几何体

AutoCAD 2015 提供了直接绘制基本三维几何的命令，使用户可以更快、更方便地进行三维建模。

用户可以利用 AutoCAD 2015 提供的命令直接绘制基本的三维几何体，如长方体、楔体、圆锥体、球体、圆柱体和圆环体等（见图 13-1～图 13-6）。

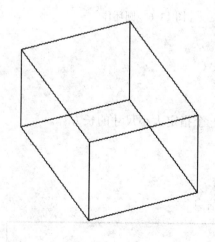

图 13-1　长方体

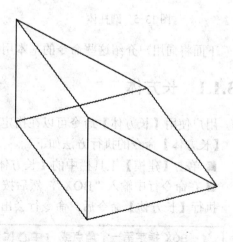

图 13-2　楔体

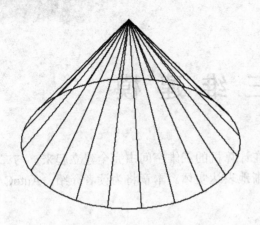

图 13-3　圆锥体

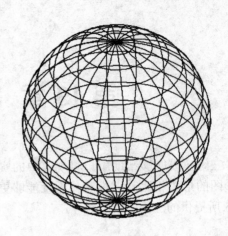

图 13-4　球体

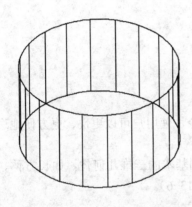

图 13-5　圆柱体

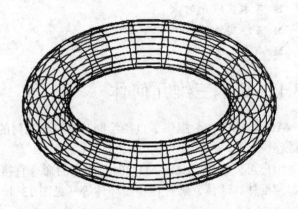

图 13-6　圆环体

下面将向用户介绍这些命令的基本用法。

13.1.1　长方体

用户使用【长方体】命令可以在指定的区域绘制一个指定大小尺寸的长方体。

【长方体】命令的执行方法如下。

■ 单击【建模】工具栏中的【长方体】按钮▨。

■ 在命令行中输入"BOX"，然后按〈Enter〉键。

执行【长方体】命令后，命令行会出现如下提示信息。

> ▨ ▾ BOX 指定第一个角点或 [中心(C)]:

此时，用户可以在绘图区域选择一个点作为长方体的一个顶点，命令行会出现如下提示信息

> ▨ ▾ BOX 指定其他角点或 [立方体(C) 长度(L)]:

同时，绘制区域中出现长方体底面矩形的预览图，如图 13-7 所示。

继续在绘图区域上选取一点作为底面矩形的另一个顶点，命令行会出现如下提示信息。

> BOX 指定高度或 [两点(2P)] <1000.0000>:

同时，在绘图区域会出现将要绘制好的长方体的预览图，如图 13-8 所示，然后指定长方体高度即可完成长方体的绘制。

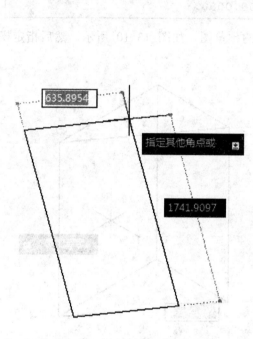

图 13-7 长方体底面矩形预览

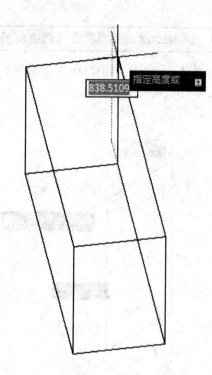

图 13-8 长方体预览

下面将简要说明【长方体】命令中几个选项的用法。

（1）【中心（C）】选项。通过指定长方体的中心点来绘制长方体。

（2）【立方体（C）】选项。该选项用于指定绘制的长方体为立方体。

（3）【长度】选项。该选项用于通过指定长方体的棱长来绘制长方体。

（4）【两点】选项。选取两点，其间距即为长方体的高度。

13.1.2 楔体

用户使用【楔体】命令可绘制一个指定大小尺寸的楔体。

【楔体】命令的执行方法如下。

■ 单击【建模】工具栏中的【楔体】按钮▣。

■ 在命令行中输入"WEDGE"，然后按〈Enter〉键。

执行【楔体】命令后，命令行会出现如下提示信息。

⚠ ▾ WEDGE 指定第一个角点或 [中心(C)]：

此时，用户可选择一个点作为楔体底面的一个顶点，命令行会出现如下提示信息。

⚠ ▾ WEDGE 指定其他角点或 [立方体(C) 长度(L)]：

同时，绘制区域中出现楔体底面矩形的预览图，如图 13-9 所示。

继续在绘图区域上选取一点作为底面矩形的另一个顶点，命令行中会出现如下提示信息。

⚠ ▾ WEDGE 指定高度或 [两点(2P)] <1000.0000>：

同时，绘图区域中出现将要绘制好的楔体的预览图，如图 13-10 所示，然后指定楔体高度即可完成楔体的绘制。

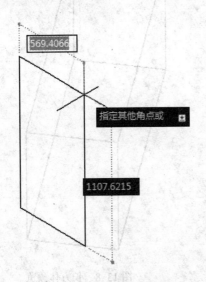

图 13-9 楔体底面矩形预览

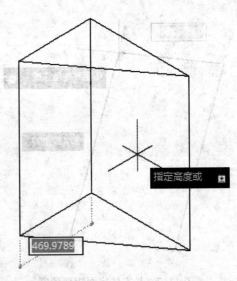

图 13-10 楔体预览

【楔体】命令中出现的【中心（C）】、【立方体（C）】、【长度（L）】、【两点（2P）】等选项，与【长方体】命令中同名选项的用法基本相同，此处不再赘述。

13.1.3 圆锥体

【圆锥体】命令的作用是绘制圆锥体或圆台体。

【圆锥体】命令的执行方法如下。

■ 单击【建模】工具栏中的【圆锥体】按钮△。

■ 在命令行中输入"CONE"，然后按〈Enter〉键。

执行【圆锥体】命令后，命令行会出现如下提示信息。

⚠ ▾ CONE 指定底面的中心点或 [三点(3P) 两点(2P) 切点、切点、半径(T) 椭圆(E)]：

此时，用户可选择一个点作为圆锥体底面圆的圆心，命令行中会出现如下提示信息。

CONE 指定底面半径或 [直径(D)]:

同时，绘制区域中出现圆锥底面圆的预览图，如图 13-11 所示。

图 13-11 圆锥底面圆的预览

继续在绘图区域上选取一点作为底面圆上的一点，命令行中会出现如下提示信息。

CONE 指定高度或 [两点(2P) 轴端点(A) 顶面半径(T)] <1000.0000>:

同时，绘图区域中会出现将要绘制好的圆锥体的预览图，如图 13-12 所示，然后指定圆锥体高度即可完成绘制。

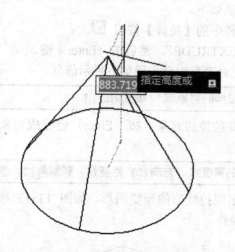

图 13-12 圆锥体的预览

下面将简要说明【圆锥体】命令中的几个选项的用法。

（1）【三点（3P）】、【二点（2P）】和【切点、切点、半径（T）】选项。这 3 个选项是绘制底面圆的方式，与【圆】命令中同名选项的用法基本相同。

（2）【椭圆】选项。该选项用于选择绘制圆锥的底面为椭圆。

（3）【直径】选项。用户通过指定直径来确定圆锥底面圆的大小尺寸。

（4）【轴端点】选项。该选项用于指定圆锥中心轴的另一端点，即圆锥的顶点。

（5）【顶面半径】选项。该选项用于设置圆台顶面半径。设置【顶面半径】大小后（不为 0），将绘制出一圆台体，而不是圆锥体，且其顶面半径为所设置数值。

应用 · 技巧

　　以上介绍的三维绘制命令可绘制的图形比较单一，不够灵活，因此，在实际绘图中，这些命令其实用得不多，更多使用的是下面将要介绍的【拉伸】、【旋转】等命令。

13.2　三维实体编辑

　　本节将对 AutoCAD 2015 的图形变换命令进行详细的介绍。图形变换命令包括【镜像】、【偏移】、【阵列】、【移动】、【旋转】、【缩放】等。本节将结合一些示例，对上述的命令进行详细的讲解。

13.2.1　拉伸

　　【拉伸】命令的作用是通过拉伸二维或三维图形来创建三维实体或曲面。

　　【拉伸】命令的执行方法如下。

　　■ 单击【建模】工具栏中的【拉伸】按钮 🔳。

　　■ 在命令行中输入"EXTRUDE"，然后按〈Enter〉键。

　　执行【拉伸】命令后，命令行中会出现如下提示信息。

　　🔳 ▾ EXTRUDE 选择要拉伸的对象或　[模式(MO)]：

　　在绘图区域中选择需要拉伸的对象，按〈Enter〉键完成对象选择。命令行中会出现如下提示信息。

　　🔳 ▾ EXTRUDE 指定拉伸的高度或　[方向(D) 路径(P) 倾斜角(T) 表达式(E)]　<1.0000>：

　　同时，绘图区域中会出现拉伸后的预览图形，如图 13-13 所示。这时用户只需输入拉伸的高度，即可完成拉伸操作。

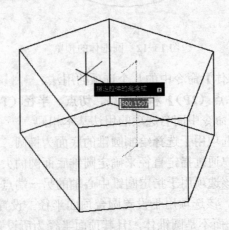

图 13-13　拉伸图形的预览

下面将简要说明【拉伸】命令中的几个选项的用法。

（1）【模式】选项。选择该选项后，命令行中会出现如下提示信息。

> ⬚▾ **EXTRUDE** 闭合轮廓创建模式 [实体(SO) 曲面(SU)] <实体>:

这里有【实体】和【曲面】模式两种模式可供选择。两种模式的主要区别在于拉伸闭合图形时，拉伸出来的对象不一样。当拉伸闭合图形时，【实体】模式会拉伸出三维实体对象，而【曲面】模式则会拉伸出曲面对象。举一个简单的例子，图 13-14 为被拉伸的矩形，使用【实体】模式拉伸出来的图形为一个长方体，如图 13-15 所示；而使用【曲面】模式拉伸出来的则是薄壁面，如图 13-16 所示。

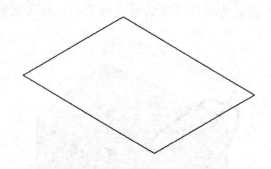

图 13-14　被拉伸的矩形

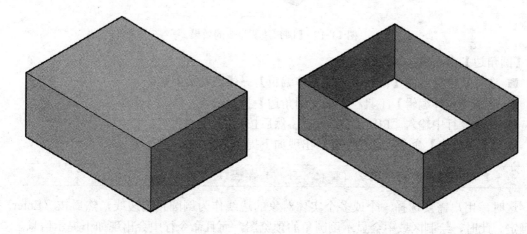

图 13-15　【实体】模式的拉伸图形　　　　图 13-16　【曲面】模式的拉伸图形

（2）【方向】选项。该选项用于设置拉伸方向。选中该选项后，用户应指定两个点确定拉伸的长度与方向。

（3）【路径】选项。该选项用于设置拉伸路径。选中该选项后，用户应选择直线等对象作为拉伸的路径。

（4）【倾斜角】选项。该选项用于指定拉伸的倾斜角。

应用·技巧

　　使用【拉伸】命令，用户可以绘制出圆柱、楔体、长方体等柱体。其使用十分
灵活，所以在实际绘图中使用较多。

13.2.2　圆角边

　　【圆角边】命令的作用是为实体对象边建立圆角。执行【圆角边】命令的效果如图
13-17 所示。

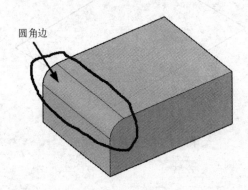

圆角边

图 13-17　【圆角边】命令的效果

　　【圆角边】命令的执行方法如下。
- 选择菜单栏中的【修改】→【实体编辑】→【圆角边】命令。
- 单击【实体编辑】工具栏中的【圆角边】按钮 。
- 在命令行中输入 "FILLETEDGE"，然后按〈Enter〉键。
　　执行【圆角边】命令后，命令行会出现如下提示信息。

> ∽ - FILLETEDGE 选择边或 [链(C) 环(L) 半径(R)]:

　　这时，用户需要选择一个或多个实体对象的边线作为倒圆角的边线，然后按〈Enter〉
键确定。此时，绘制区域中会显示倒圆角的预览图，而且命令行中会出现如下提示信息。

> ∽ - FILLETEDGE 按 Enter 键接受圆角或 [半径(R)]:

　　继续按〈Enter〉键确定，即可完成倒圆角操作。

13.2.3　倒角边

　　【倒角边】命令的作用是为实体对象边建立倒角。执行【倒角边】命令的效果如图 13-18
所示。

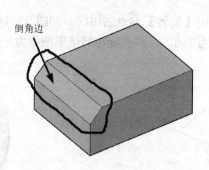

倒角边

图 13-18 【倒角边】命令的效果

【倒角边】命令的执行方法如下。

■ 选择菜单栏中的【修改】→【实体编辑】→【倒角边】命令。

■ 单击【实体编辑】工具栏中的【倒角边】按钮 。

■ 在命令行中输入 "CHAMFEREDGE"，然后按〈Enter〉键。

执行【倒角边】命令后，命令行会出现如下提示信息。

> CHAMFEREDGE 选择一条边或 [环(L) 距离(D)]:

这时，用户需要选择一个或多个实体对象的边线作为倒角的边线，然后按〈Enter〉键确定。此时，绘图区域中会显示倒角的预览图，而且命令行中会出现如下提示信息。

> CHAMFEREDGE 按 Enter 键接受倒角或 [距离(D)]:

继续按〈Enter〉键确定，即可完成倒角操作。

13.2.4 旋转

【旋转】命令的作用是通过绕轴扫描对象创建三维实体或曲面。

【旋转】命令的执行方法如下。

■ 单击【建模】工具栏中的【旋转】按钮 。

■ 在命令行中输入 "REVOLVE"，然后按〈Enter〉键。

执行【旋转】命令后，命令行会出现如下提示信息。

> REVOLVE 选择要旋转的对象或 [模式(MO)]:

这时，用户需要在绘图区域选择旋转的对象，然后按〈Enter〉键完成对象选择。命令行中会出现如下提示信息

> REVOLVE 指定轴起点或根据以下选项之一定义轴 [对象(O) X Y Z] <对象>:

接下来，选择旋转轴的起点与终点，命令行中会出现如下提示信息。

> REVOLVE 指定旋转角度或 [起点角度(ST) 反转(R) 表达式(EX)] <360>:

最后指定旋转角度，即可完成旋转操作。

这里以一个例子进一步说明【旋转】命令的用法。如图 13-19 所示，旋转的对象为矩形，旋转的路径为直线，旋转角度为 360°，那么旋转的结果图形为一个环，如图 13-20 所示。

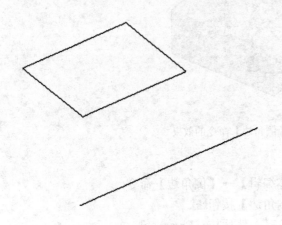

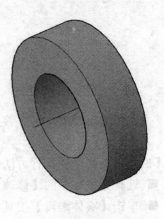

图 13-19　旋转对象与旋转轴　　　　　　　图 13-20　旋转后的图形

下面将简要说明【旋转】命令中的几个选项的用法。

（1）【模式】选项。该选项用于选择模式。该选项与拉伸命令中的同名选项用法基本相同。

（2）指定旋转轴时的【对象】、【X】、【Y】、【Z】选项。该选项用于选择确定旋转轴的方式。若选择【对象】选项，则以选择直线等对象作为旋转轴；若选择【X】、【Y】或【Z】选项，则分别为选择 X、Y、Z 轴作为旋转轴。

（3）【起始角度】选项。该选项用于设置起始旋转的角度。即从旋转对象所在平面开始的旋转指定偏移。

（4）【反转】选项。该选项用于更改旋转方向。

应用·技巧

使用【旋转】命令，用户可以绘制出圆柱、球体、圆锥体和圆环等回转体。该命令与【拉伸】命令配合使用可以绘制出绝大部分规则的三维图形，所以在实际绘图中使用得较多。

示例 13-1　绘制门把手

思路·点拨

"门把手"为回转体图形，所以只需绘制其外轮廓，然后使用【旋转】命令，即可把"门把手"图形绘制出来。

结果文件——参见附带光盘 "End\Ch13\示例 13-1.dwg"；

动画演示——参见附带光盘"AVI\Ch13\示例 13-1.avi"。

本示例将利用刚刚讲解过的【旋转】命令来绘制一个门把手。为了方便观察图形，先将【视觉样式】修改为【概念】。

【操作步骤】

（1）绘制门把手的外形轮廓。使用【直线】与【圆弧】命令，绘制如图 13-21 所示的图形。

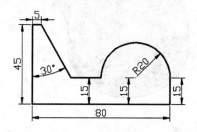

图 13-21　门把手的外形轮廓尺寸

（2）将步骤（1）绘制的图形创建为面域，如图 13-22 所示。

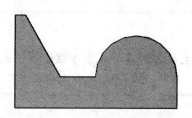

图 13-22　创建面域

（3）使用【旋转】命令，将步骤（2）创建的面域作为旋转对象，以下方的水平线为旋转轴，旋转角度为 360°，旋转完成后门把手即绘制完成，结果如图 13-23 所示。

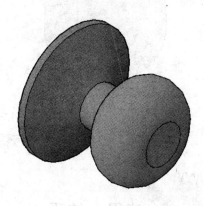

图 13-23　"门把手"图形

13.3　布尔运算

AutoCAD 2015 还提供了可对三维实体进行编辑的布尔运算命令，其中包括【并集】、【差集】和【交集】命令。

13.3.1　并集

【并集】命令的作用是将两个或以上的三维实体、曲面或二维面域合并为一个复合的三维实体、曲面或三维面域。

【并集】命令的执行方法如下。

■ 选择菜单栏中的【修改】→【实体编辑】→【并集】命令。

■ 单击【建模】工具栏中的【并集】按钮 ●。

■ 在命令行中输入"UNION",然后按〈Enter〉键。

执行【并集】命令以后,只需选中需要进行并集的对象,然后按〈Enter〉键,即可完成并集操作。图 13-24 a 为并集前的长方体和圆柱体,而图 13-24b 为它们并集后的图形。

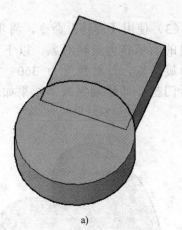
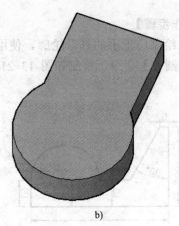

a)   b)

图 13-24   三维实体的并集

a) 并集前的图形   b) 并集后的图形

应用·技巧

在实际绘图中,【并集】命令会用得较多,其主要作用是将几个步骤绘制出来的三维实体组合成一个整体。

13.3.2   差集

【差集】命令的作用是通过从另一个对象减去一个重叠面域或三维实体来创建新对象。【差集】命令的执行方法如下。

■ 选择菜单栏中的【修改】→【实体编辑】→【差集】命令。

■ 单击【建模】工具栏中的【差集】按钮 ●。

■ 在命令行中输入"SUBTRACT",然后按〈Enter〉键。

执行【差集】命令后,命令行中会出现如下提示信息。

选择要从中减去的实体、曲面和面域...

● ▼ SUBTRACT 选择对象:

此时选择要从中减去的对象,然后按〈Enter〉键。命令行中会出现如下提示信息。

选择对象：　选择要减去的实体、曲面和面域...

❨ ▾ SUBTRACT 选择对象：

选择要减去的对象，然后按〈Enter〉键，即可完成差集操作。

下面用一个小例子来说明差集的效果。图 13-25a 为差集前的长方体和圆柱体，要从中减去的对象为圆柱体，要减去的对象为长方体，图 13-25b 为它们差集后的图形。

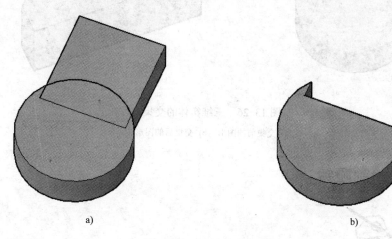

　　　　　　a)　　　　　　　　　　　　　　　　　　b)

图 13-25　三维实体的差集

a) 差集前的图形　b) 差集后的图形

应用·技巧

　　在三维建模中，用户常常会绘制出目标图形的外形轮廓，然后再利用【差集】命令挖出一部分以绘制出细部。

13.3.3　交集

【交集】命令的作用是通过重叠实体、曲面或二维面域创建三维实体、曲面或三维面域。

【交集】命令的执行方法如下。

■ 选择菜单栏中的【修改】→【实体编辑】→【交集】命令。

■ 单击【建模】工具栏中的【交集】按钮 ⬤。

■ 在命令行中输入"INTERSECT"，然后按〈Enter〉键。

执行【交集】命令后，只需选中需要进行交集的对象，然后按〈Enter〉键，即可完成交集操作。图 13-26 a 为交集前的长方体和圆柱体，而图 13-26b 为它们交集后的图形。

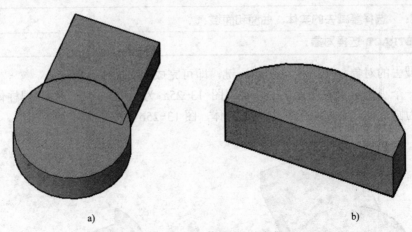

图 13-26 三维实体的交集

a) 交集前的图形　b) 交集后的图形

示例 13-2　绘制哑铃

思路·点拨

"哑铃"可由一个圆柱体和两个球体组合而成，所以只需按位置大小要求绘制出一个圆柱体和两个球体，然后再对它们进行并集操作即可。

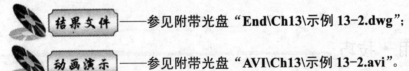

结果文件——参见附带光盘"End\Ch13\示例 13-2.dwg"；

动画演示——参见附带光盘"AVI\Ch13\示例 13-2.avi"。

【操作步骤】

（1）绘制圆柱体。使用【圆柱体】命令，绘制一个底面圆半径为 20mm，高为 250mm 的圆柱体，如图 13-27 所示。

（2）绘制两球体。以圆柱端面圆圆心为球心，绘制两个半径为 50mm 的球体，如图 13-28 所示。

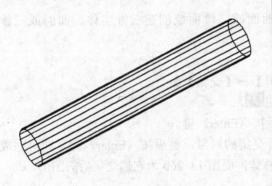

图 13-27　绘制圆柱体

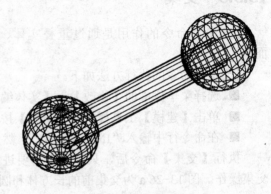

图 13-28　绘制两球体

（3）使用【并集】命令，将之前绘制的图形作为并集的对象，进行并集操作。并集后的图形如图 13-29 所示。

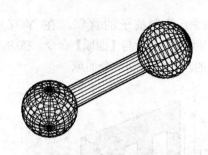

图 13-29　并集后的图形

13.4　综合实例

本节将以 3 个综合实例来向读者介绍如何使用 AutoCAD 2015 进行三维建模。

13.4.1　综合实例 1——绘制椅子

思路·点拨

"椅子"基本是由柱体组成的，只要合理使用【拉伸】命令来绘制适合的柱体，然后再将它们组合起来，即可将椅子完整地绘制出来。

 结果文件——参见附带光盘 "End\Ch13\综合实例 1.dwg"；

 动画演示——参见附带光盘 "AVI\Ch13\综合实例 1.avi"。

【操作步骤】

（1）绘制 4 个正方形。先绘制椅子的脚。使用【矩形】命令，在 XOY 平面中，按图 13-30 所示的尺寸，绘制 4 个边长为 25mm 的正方形，左下正方形的左下角顶点为坐标原点。

（2）拉伸矩形。使用【拉伸】命令，将步骤（1）绘制的正方形向 Z 轴的正方向拉伸 400mm，如图 13-31 所示。

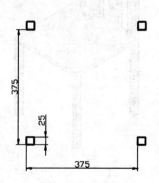

图 13-30　绘制四个正方形

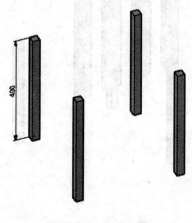

图 13-31　拉伸矩形

（3）绘制椅子的背靠。在 YOZ 平面中，使用【直线】与【面域】命令，按图 13-32所示的尺寸，绘制一个面域。

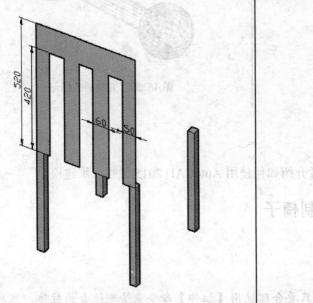

图 13-32　创建面域

（4）拉伸面域。使用【拉伸】命令，将步骤（3）绘制的面域向 X 轴的正方向拉伸 20mm，如图 13-33 所示。

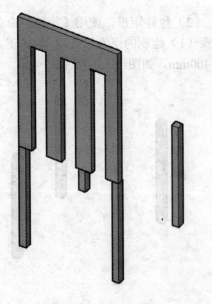

图 13-33　拉伸面域

（5）创建矩形面域在椅子脚顶面的所在平面绘制一个包围 4 个椅子脚顶面的面域，如图 13-34 所示。

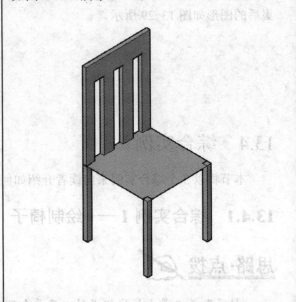

图 13-34　创建矩形面域

（6）使用【拉伸】命令，将步骤（5）绘制的面域向 Z 轴的正方向拉伸 20mm，然后将之前绘制的所有图形进行并集操作，操作完毕的图形如图 13-35 所示。至此，椅子的三维模型绘制完毕。

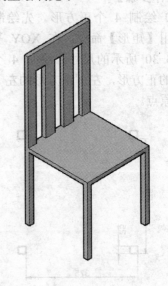

图 13-35　椅子

13.4.2 综合实例 2——绘制单扇门

思路·点拨

"单扇门"由门板与门把手组合而成。门板大概为一个长方体中挖掉几个小长方体的图形；门把手在之前的示例 13-1 中就已经绘制好了，可以直接插入使用即可。

结果文件——参见附带光盘"End\Ch13\综合实例 2\单扇门.dwg"；

动画演示——参见附带光盘"AVI\Ch13\综合实例 2.avi"。

【操作步骤】

（1）绘制矩形面域。使用【矩形】和【面域】命令，在 XOY 平面，按图 13-36 所示的尺寸，绘制一个矩形面域，矩形面域的左下顶点为坐标原点。

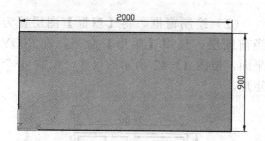

图 13-36 绘制矩形面域

（2）拉伸矩形面域。使用【拉伸】命令，将步骤（1）绘制的矩形面域，向 Z 轴的正方向拉伸 40mm，如图 13-37 所示。

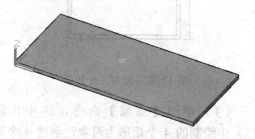

图 13-37 拉伸矩形面域

（3）绘制两个矩形面域。使用【矩形】

和【面域】命令，按图 13-38 所示的尺寸，绘制两个矩形面域。

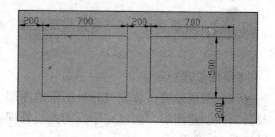

图 13-38 绘制两个矩形面域

（4）使用【拉伸】命令，将步骤（3）绘制的两个面域向门板内拉伸 10mm。

（5）使用【差集】命令，将步骤（2）绘制的长方体作为要从中减去的对象，减去的对象为步骤（4）绘制的两个长方体。完成差集操作后的图形如图 13-39 所示。

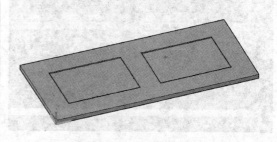

图 13-39 差集后的图形

（6）重复步骤（3）～步骤（5），绘制门板另一面的轮廓。

（7）最后将之前绘制好的"门把手"图形插入到门板的两边，如图 13-40 所示。至此，单扇门三维模型绘制完成。

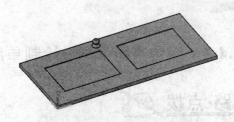

图 13-40　添加门把手后的图形

13.4.3　综合实例 3——绘制窗户

思路·点拨

"窗户"由窗框、铝合金和玻璃三部分组成。用户应将这三部分分别绘制出来，然后通过【移动】命令将它们组合起来，即可完成窗户的绘制。

结果文件——参见附带光盘"End\Ch13\综合实例 3.dwg"；

动画演示——参见附带光盘"AVI\Ch13\综合实例 3.avi"。

【操作步骤】

（1）图层设置。按表 13-1 所示的图层及其属性创建图层，创建完毕后的图层管理器如图 13-41 所示。

表 13-1　图层设置

序号	图层名	线型	线宽	颜色
1	窗框	实线（Continuous）	默认	白色
2	铝合金	实线（Continuous）	默认	9
3	玻璃	实线（Continuous）	默认	青色

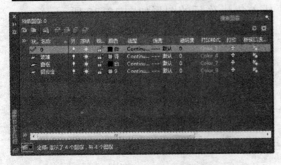

图 13-41　设置好的图层管理器

（2）绘制窗框。将【窗框】图层置为当前图层，使用【矩形】命令，在 XOY 平面，按图 13-42 所示的尺寸，绘制 4 个矩形。

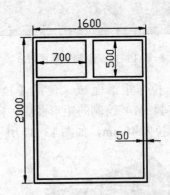

图 13-42　绘制 4 个矩形

（3）使用【面域】命令，选中步骤（2）中绘制的 4 个矩形为对象，创建 4 个矩形面域，如图 13-43 所示。

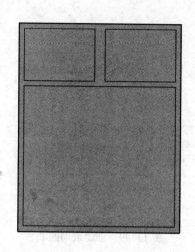

图 13-43 创建 4 个面域

（4）使用【差集】命令，以最大的一个矩形面域作为要从中减去的对象，减去的对象为其他 3 个矩形面域。完成差集操作后的面域图形如图 13-44 所示。

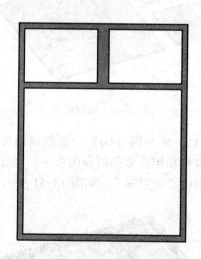

图 13-44 差集后的面域图形

（5）使用【拉伸】命令，将步骤（4）差集后的面域向 Z 轴的正方向拉伸 240mm，如图 13-45 所示。

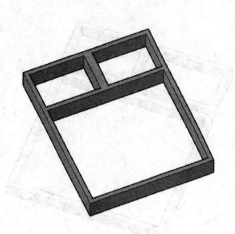

图 13-45 窗框图形

（6）创建铝合金面域。将【铝合金】图层置为当前图层，使用【面域】和【差集】等命令，按图 13-46 所示的尺寸创建面域。

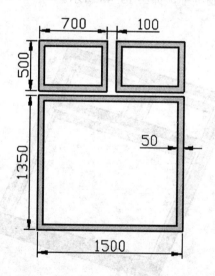

图 13-46 创建铝合金面域

（7）使用【拉伸】命令，将步骤（6）创建的面域向 Z 轴的正方向拉伸 120mm，如图 13-47 所示。

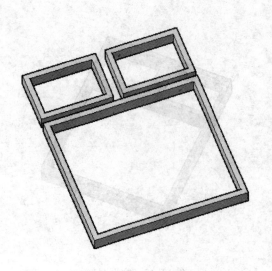

图 13-47　铝合金图形

（8）将步骤（7）绘制的铝合金图形移动到窗框中，如图 13-48 所示。

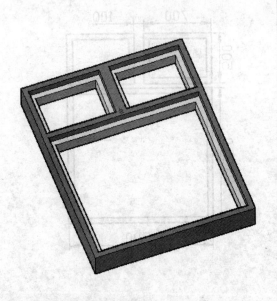

图 13-48　铝合金移动到窗框后的图形

（9）绘制玻璃。将【玻璃】图层置为当前图层，使用【矩形】和【面域】命令，按图 13-49 所示的尺寸创建面域。

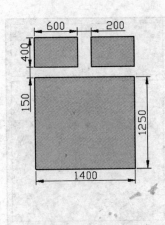

图 13-49　创建玻璃面域

（10）使用【拉伸】命令，将步骤（9）创建的面域向 Z 轴的正方向拉伸 20mm，结果如图 13-50 所示。

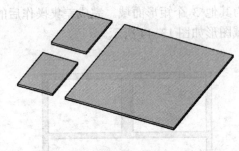

图 13-50　玻璃图形

（11）将步骤（10）绘制的玻璃图形移动到窗框和铝合金的组合图形中，至此，窗户图形就绘制完毕了，如图 13-51 所示。

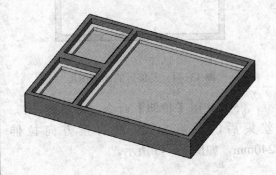

图 13-51　窗户完整图形